NS2 网络模拟器的原理和应用

王 辉 编著

西北工業大學出版社

图书在版编目（CIP）数据

NS2 网络模拟器的原理和应用/王辉编著．—西安：西北工业大学出版社，2008.8(2017.1 重印)
ISBN 978-7-5612-2449-6

Ⅰ．N…　Ⅱ．王…　Ⅲ．计算机网络—计算机模拟　Ⅳ．TP393

中国版本图书馆 CIP 数据核字（2008)第 124438 号

出版发行：西北工业大学出版社
通信地址：西安市友谊西路 127 号　邮编：710072
电　　话：(029)88493844　　88491757
网　　址：www.nwpup.com
印 刷 者：兴平市博闻印务有限公司
开　　本：787 mm×1 092 mm　1/16
印　　张：16.625
字　　数：398 千字
版　　次：2008 年 8 月第 1 版　　2017 年 1 月第 4 次印刷
定　　价：40.00 元

前　言

为什么要用 NS2 做模拟呢？就如同我们撰写一套软件一样，需要花大量的人力去测试软件的正确性。在网络上，许许多多的算法不断地被发展、被改进，一样需要通过测试来验证究竟是哪个算法好。举个例子来说，网络上的搜索算法很多，假设你今天想出了一个新的算法，那你该如何知道这个算法比较好呢？

传统做模拟的方法，通常要写程序代码来实现一个算法，可能要很多的机器来做测试，有的负责做路由器(router)，有的负责当服务器(server)，有的则当用户(client)，甚至需要有比较多的设备实验室、开发测试平台，等等。仅仅是这些设备就会使我们联想到要花一笔不小的经费，即使将来程序代码写出来了，测试完成了，也不能保证完全正确，也许是补丁一大堆。接下来的问题也许会更麻烦。假设在实验室中的测试都正常，可是既然是网络上的算法，当然就要用在网络上。在实验室中的计算机较少，测试的环境也比较单纯，也许在实验室中慢慢测试、慢慢修改调整，最后能达到原本预期的结果。但一旦开始在真实的网络环境中使用、测试，是不是效率依旧良好、是不是真的能发挥原本的算法想完成的事情，都还是个未知数。

本书要介绍的是由 UC Berkeley 设计、起初由 VINT Project 团队维护的一套网络仿真软件 NS2(Network Simulator-Version 2，简称 NS2)。NS2 是一个面向对象的、用离散事件驱动的、利用C++语言和 OTcl 语言编写的网络模拟器，主要是用于局域网和广域网的网络模拟和协议算法模拟。

利用 NS2，可以很方便地模拟一个算法。首先需要建立自己的仿真环境、可能的网络状况，然后设定相关的参数、通讯协议等，交给 NS2 去执行，得到一个输出文件，再利用一些辅助软件如 NAM，XGraph，Gnuplot，Perl 等做进一步的分析。比起传统的做法，NS2 要容易得多，也节省了不少经费和时间。这就是为什么要用 NS2 来做模拟的原因！

同时，选择 NS2 进行网络模拟的另一个原因不仅仅是因为 NS2 是完全免费的，主要是因为 NS2 的开放源代码(Open Source)带来的可扩充性。NS2 虽然内建了不少的协议(protocols)，如 TCP，UDP 等可以供我们使用，但是网络上的协议还远远不止这些。而正因为 NS2 是开放源代码的，而且网络上现在也提供了不少的源代码和应用实例，因此可以很方便地在 NS2 中新增自己所需要的协议。从事网络研究的人都清楚地知道，如果被限制在只能用某一套网络仿真软件来做研究，那么当该软件不提供所需要的功能时，研究将无法再进行下去。但是，NS2 的开放源代码使得这个问题不再存在。

也许有人会问，要新增一个新的协议会不会很难呢？基本上只要具有 C++，OTcl 及面向对象的概念，新增一个新的协议并不是一件非常困难的事情。NS2 本身是架构在面向对象基础之上的，再配合一些 OTcl 的设定，让 OTcl/C++之间结合起来，就是 NS2 的基本结构。

此外，在目前的网络研究上，NS2 可以说已经成为一套标准。许许多多的人在为 NS2 做测试，在增加新的实例以及一些新的协议，使得 NS2 越来越稳定，越来越有价值，越来越具有可信度，让大家能够比较相信这个仿真软件所仿真出来的结果。

当你真正了解了 NS2 网络模拟器后，会感觉到它并不是很难使用，但是第一次使用的时候还是会觉得非常困难，这是因为，NS2 模拟器没有提供一个友好的用户操作界面。虽然已经有很多文档介绍如何使用 NS2，但是这些文档大部分都非常专业。所以，本书的目的是为了给 NS2 入门者提供一些基本使用方法的说明，在本书中主要是告诉入门者 NS2 模拟器是如何工作，如何设置模拟器，如何创建一个新的网络组件，等等。同时本书给出了大量的实例来说明 NS2 的使用。

编　者

2008 年 6 月

目　　录

第一部分　NS2 基础

第 1 章　NS2 概述

1.1　NS2 简介

NS2 是 Network Simulator－Version 2 的缩写。该模拟器是由 UC Berkeley 设计的，当时由 VINT Project 团队进行维护，现在由 SAMAN 和 COnsER 负责。目前 NS2 是 VINT Project 的一部分，VINT Project 同时还设计了一些工具，用于仿真结果的显示、分析和转换。这些转换可以把 NS2 产生的 NS2 格式的拓扑结构转换成真正的网络拓扑结构。

NS2 是一个由C++ 和 OTcl 语言编写的、面向对象的、事件驱动的网络模拟器。它实现了诸如 TCP，UDP 等网络协议，数据传输如 FTP，Telnet，Web，CBR 和 VBR 的模拟以及路由队列的管理机制诸如 DropTail，RED 和 CBQ，路由算法 Dijkstr 等。NS2 还可用于多播和 MAC 层协议的仿真。

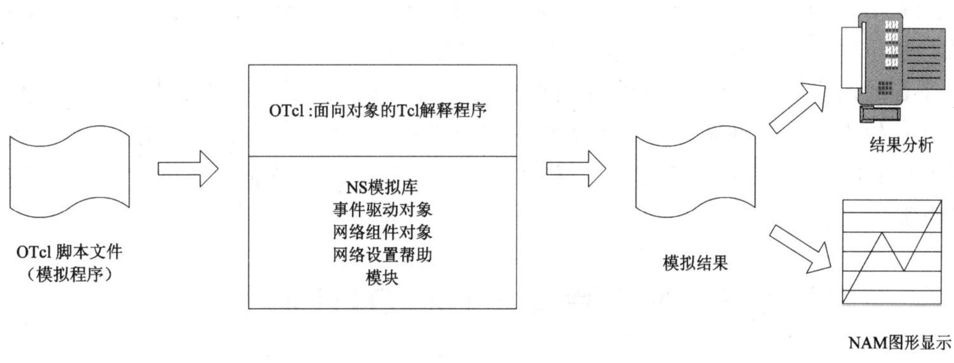

图 1.1　从一个用户的角度看 NS2

如图 1.1 所示，从一个简单用户的角度来看，NS2 是面向对象的 Tcl 脚本解释器（即 OTcl），这个解释器由模拟事件调度器、网络组件对象库和网络组装（plumbing）模块库（事实上，组装模块就是基本模拟对象的成员函数）等组成。换句话说，使用 NS2，就是用 OTcl 脚本语言编写程序、设置和运行模拟网络;用 OTcl 脚本语言初始化一个事件调度器,设置网络的拓扑结构;用网络对象和它的成员函数通过使用事件调度器通知网络源什么时候启动、什么时候结束。

1.2 NS2 的基本结构

如图 1.2 所示,是 NS2 的基本结构。

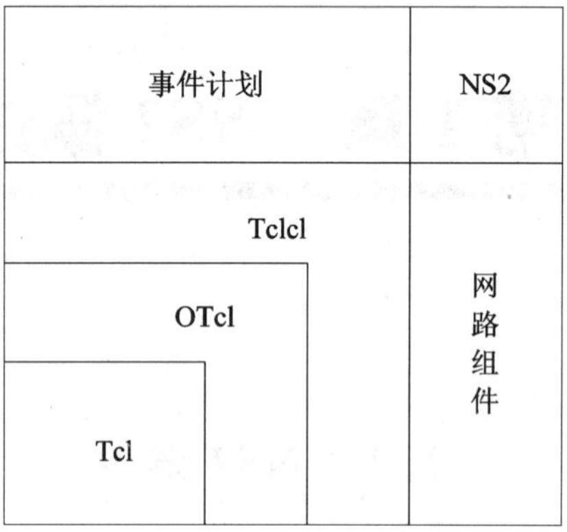

图 1.2 NS2 的基本结构

对一般使用 NS2 的用户来说,你可能会用 OTcl 脚本语言来撰写网络拓扑部分,而 OTcl 事实上就是架构在 Tcl 之上的通过面向对象后所延伸出来的脚本语言。事件调度器(Event Scheduler)和网络组件(Network Component)这两部分,主要是用C++语言来完成的。NS2 是以事件驱动(Event Driven)的概念来进行模拟,比如说,在 1.2 s 的时候开始做 FTP 数据的传输,在 2.0 s 的时候结束传输,这是由事件调度器完成的部分。至于网络组件则是 NS2 中的诸如 Agent(TCP,UDP,…)、Traffic Generator(FTP,CBR,…)部分。图 1.2 中将C++画在最底层是表示 NS2 的核心是C++,然后通过 Tclcl 作为桥梁来沟通 OTcl 及C++,最后搭配一个用户接口(User Interface),这就构成了 NS2 本身。

一个普通的 NS2 用户可以被想象站在图 1.2 的左下角。通过使用 OTcl 库中的模拟对象设计和运行模拟器。事件调度器和大多数的网络组件在C++中实现并且通过 OTcl 连接(即 Tclcl)使其在 OTcl 中有效。所有这些就构成了 NS2,这是一个面向对象的带有网络模拟库的 Tcl 解释器。

1.3 NS2 中 C++ 和 OTcl 的关系

图 1.3 简单地说明了C++和 OTcl 之间的关系,以及它们之间是如何进行“沟通”的。从图 1.3 的右半部分可以看到,有一些像树状的图形,这就是 OTcl 中的对象层次关系(Object Hierarchy),而左半部分也是类似的情况,是C++中的对象层次关系。而中间有虚线箭头相连的部分,就是 OTcl 和C++共享,是可以互相存取的对象。图 1.3 显示了一个对象在C++和 OTcl 中的继承关系。需要注意的是,C++对象通过 OTcl 连接形成的继承关系,在 OTcl

中有与之相匹配的继承关系。有关存取问题，需要参考 Tclcl 的相关文件，在此不再赘述。至于为什么要用两种语言C++和 OTcl，其原因是因为模拟所需要做的是两种不同类型的事情。一方面，一些比较底层的内容需要一种系统的编程语言，这种语言可以有效地控制字节、包头和实现使用大规模数据的算法。对于这些任务，执行时的速度非常重要，但是转化时的速度（如执行模拟，找错，修正错误，重编译，重新执行）相对而言并不重要，并且由于这些底层的东西不需要经常改动，所以利用编译式的C++语言比较恰当，只需编译过一次就可以一直使用。除非当有需要新增或修改这些底层的架构时，才会另外再做编译的动作。而 OTcl 则主要用来处理网络环境的仿真，重复的时间（改变模式和重执行）变得更加重要，因此配置只设置一次（在模拟开始的时候），虽然 OTcl 脚本在每次执行时可能会花一点时间，但是因为网络环境模拟部分经常需要改变，若用C++这类编译语言就不合适。

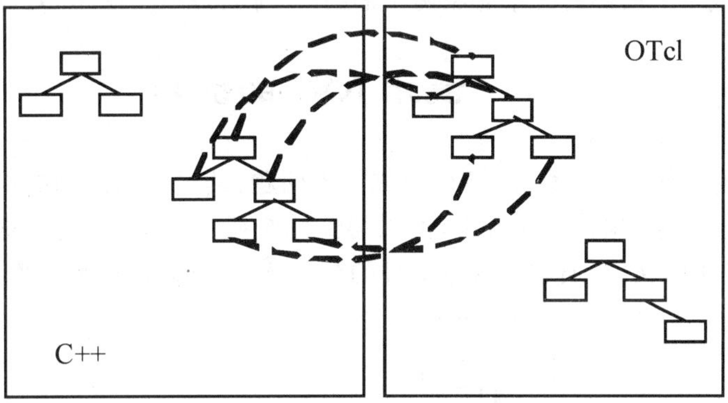

图 1.3　C++ 和 OTcl 之间的关系

OTcl 适用于配置、安装一次性的工作，C++适用于设计不需要经常变动的网络组件或者网络协议。“组装”一词用于网络设置，这是因为一个网络可以被认为是“组装”在网络对象之间的数据通路，通过设置一个对象到另一个合适对象的“邻居”地址指针来进行组装。当一个用户希望创建一个新的网络对象时，就可以通过写一个新对象或者用对象库中的对象进行组合来简单地完成，然后通过对象组装成数据通路。听起来这是一个很复杂的工作，但是实际上配置 OTcl 模块就使得这项工作变得非常简单。NS2 的魅力就在于“组装”。

NS2 中除了网络对象以外，另一个主要的组件就是事件调度器，NS2 中的一个事件就是一个包（Packet）的 ID，这个 ID 对每个包都是唯一的，每个包都有计划时间和指针，指针指向处理这个事件的对象。在 NS2 中，一个事件调度器需要了解模拟时间，通过调用合适的网络组件在当前的时间计划事件队列中引发所有的事件。这些网络组件通常是引发事件的组件，并且让它们完成合适的工作，以和事件所指的包相关联。

网络组件和一个包之间进行通信并不意味着需要消耗实际的模拟时间，所以需要花费一些模拟时间来处理一个包的网络组件通过引发事件来使用事件调度器，并且在进一步处理包之前等待事件被引发。

例如，一个网络交换机组件模拟了一个有 20 ms 交换延时的交换机，将被交换包的事件提交给事件调度器产生 20 ms 延迟的事件。20 ms 后事件调度器调度这个事件出列，启动这个事件并给交换组件，交换组件将传递这个包给与这个组件相连接的合适的输出。

事件调度器的另一个用途就是计时器。例如,TCP 需要一个计时器来确定包的传输时间,超时重传(用相同的 TCP 包号但是不同的 NS2 的包 ID)计时器用相似的方法使用事件调度器以产生延时。唯一的不同就是计时器测量时间值是随着时间变化的,是根据一个包以及和这个包相关联的某个操作联系在一起的,而不是模拟一个延时。

NS2 是用 OTcl 和C++编写的。为了提高运行效率,NS2 把数据通路的实现从控制通路的实现中分离出来,为了减少包和事件的处理时间(不是模拟时间),在数据通路中事件调度器和基本网络组件对象是用C++编写和编译的。这些编译过的对象通过在 OTcl 中为每个C++对象创建相应的 OTcl 对象来一一对应,同时创建C++的控制函数和配置变量作为对应的 OTcl 对象中的成员函数和成员变量。用这种方法,C++对象的控制就交给了 OTcl。同时还可以增加C++对象的成员函数和变量用来和 OTcl 进行连接。那些不需要在模拟器中控制的C++的对象或者由内部另一个对象调用的C++对象是不需要和 OTcl 连接的。

1.4 使用 NS2 的流程

使用 NS2 的流程如图 1.4 所示,首先应先提出问题,其次按照问题的要求编写 Tcl 脚本,完成环境的模拟,接下来,执行 Tcl 脚本,可以得到一个或多个文本文件,这些文件是 NS2 的执行过程中产生的跟踪文件,通过对这些文件的分析统计,可以从中得到模拟结果。

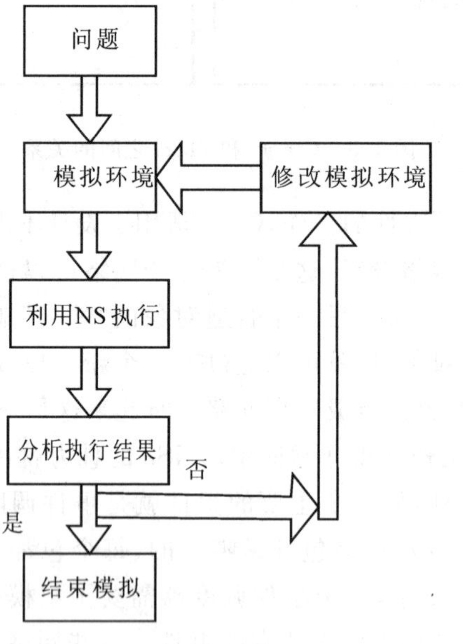

图 1.4 NS2 的使用流程

1.5 模拟结果的分析

在前面的内容中简单地介绍了 NS2 的结构,那么可能有人会问,如何获取 NS2 的模拟结果呢? 正如图 1.1 所示,当一个模拟完成以后,NS2 产生一个或者多个文本输出文件,这些文件中包括详细的模拟数据，这些数据可以用模拟分析工具或者图形化显示工具，如 Networt Animator(NAM)来进行分析。

假设今天的问题是：观察 FTP 传送数据包的情况。首先，要进行环境模拟，假设有两个简单的节点(Node)之间要做 FTP 数据的传输，为此要先写一个 OTcl 脚本，在这个脚本中需要定义 Node、Link、采用怎样 Agent、Traffic Generator，这就是简单的环境模拟。其次，将这个 OTcl 脚本程序交给 NS2 去做模拟，产生结果后，利用 NAM，XGraph 等工具软件帮我们做进一步的分析，并重复这些步骤直到我们认为模拟结果满足要求为止。

1.6　NS2 中对象和各种协议的对应关系

NS2 和 TCP/IP，OSI 七层网络结构的大致对应关系如图 1.5 所示。

<table>
<tr><th>TCP 网络结构</th><th>NS 网络结构</th><th>OSI 网络结构</th></tr>
<tr><td rowspan="3">应用层</td><td rowspan="3">应用层</td><td>应用层</td></tr>
<tr><td>表示层</td></tr>
<tr><td>会话层</td></tr>
<tr><td>传输层(TCP/UDP)</td><td rowspan="2">代理(Agent)</td><td>传输层</td></tr>
<tr><td>网络层(IP)</td><td>网络层</td></tr>
<tr><td rowspan="2">物理层</td><td rowspan="2">节点和连接
(Node and Link)</td><td>数据链路层</td></tr>
<tr><td>物理层</td></tr>
</table>

图 1.5　NS2 和 TCP/IP 及 OSI 七层结构的对应关系

第 2 章 NS2 安装

2.1 在 Unix 平台下安装 NS2

2.1.1 在 Linux 下用 tarball 压缩文件来安装 NS2

在 Linux 下安装 NS 的基本步骤如下：

(1)到 http://www.isi.edu/nsnam/ns/ns-build.html 官方下载网站下载最新版本的 ns-allinone(当前的最新版本为 2.30)。

(2)下载后，得到 ns-allinone-2.30.tar.gz 的压缩文件，然后输入指令：tar zxvf ns-allinone-2.30.tar.gz 将会产生 ns-allinone-2.30 文件夹。

(3)进入 ns-allinone-2.30 文件夹，执行“./install”命令，安装完成后，设定环境变量，这里以 Linux 为例(假设你的 ns 是在 root 目录下解压缩)。

把/root/ns-allinone-2.30/bin:/root/ns-allinone-2.30/tcl8.3.2/unix:/root/ns-allinone-2.30/tk8.3./unix 放到你的 PATH 环境变量。

把/root/ns-allinone-2.30/OTcl-1.0a8,/root/ns-allinone-2.30/lib 放到你的 LD_LIBRARY_PATH 环境变量。

把/root/ns-allinone-2.30/tcl8.3.2/library 放到你的 TCL_LIBRARY 环境变量。

(4)设完环境变量后，进去 ns 目录，然后执行“./validate”命令验证你安装的 NS 是否正确。

2.1.2 在 FreeBSD 下用 ports 安装

在 FreeBSD 下安装 NS2 的基本步骤如下：

(1)检查有没有/usr/ports 的目录，如果没有，则可以到网站 http://www.freebsd.org/ports/进行下载。

(2)执行 port.tar.gz，并放在/usr/下(通常在安装 BSD 时目录已经安装了，但你可以去网络上下载更新)。执行“mv port.tar.gz /usr”命令，将安装文件移到/usr 目录下。

(3)执行命令“tar zxvf port.tar.gz./install”，通过 port 安装 NS2，NAM，XGraph 等软件。

(4)执行命令“cd /usr/ports/net/ns make install”，安装 NS2，安装界面如图 2.1 所示。

(5)执行命令“cd /usr/ports/net/nam make install”，安装 NAM。

(6)执行命令“cd /usr/ports/math/xgraph make install”，安装 XGraph。

(7)用 ports 安装，方便快速且不用再去设路径，因为它已经设好路径在/usr/local/...下了。

图 2.1　FreeBSD 环境安装 NS2 的界面

值得注意的是，在 Linux 下安装和在 FreeBSD 下安装并没有太大的区别，只是在 FreeBSD 下，又多了一种安装方式，就是利用 ports 快速安装。

2.2　在 Win9X/2000/XP 环境下安装 NS2

2.2.1　安装 Cygwin

NS2 是在 Unix 系统上开发的，若将 NS2 安装并运行于 Windows 平台上，需要在 Windows 系统上先安装 Cygwin 软件，它是在 Windows 平台上运行的 Unix(Linux)模拟环境。另外，NS2 的运行需要许多软件包的支持，可以通过手工依次安装，这里采用安装 NS2 的 allinone 包，一次性地把所有软件包都安装到系统中。

(1)连接网站 http://www.cygwin.com，选择 Install or Update now (using setup.exe) 进行下载。

(2)双击~\ns_setup\setup.exe 进行 Cygwin 软件的安装，出现一个如图 2.2 所示的安装向导提示，然后单击“下一步”。

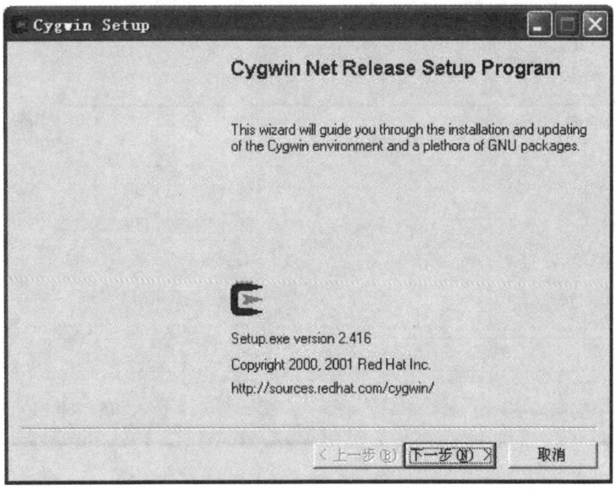

图 2.2　Cgywin 的安装界面(1)

(3)根据如图 2.3 所表示选择要安装的方法:①Install from Internet(直接从互联网上安装);②Download from Internet(从互联网上下载软件包);③Install from Local Directory(从本地目录安装)。

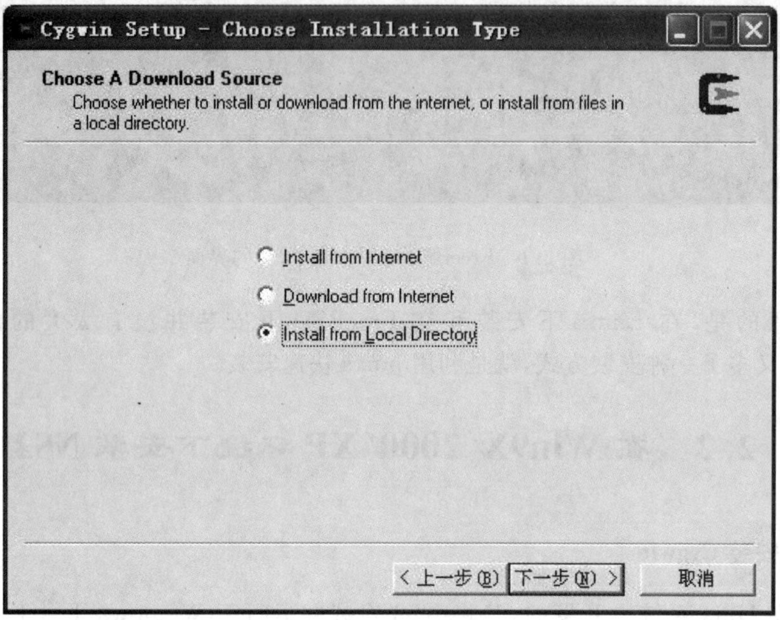

图 2.3 Cgywin 的安装界面(2)

(4)因为在这里已经将软件包下载到计算机中,选用第三种方法,单击"下一步"按钮,出现如图 2.4 所示的界面。

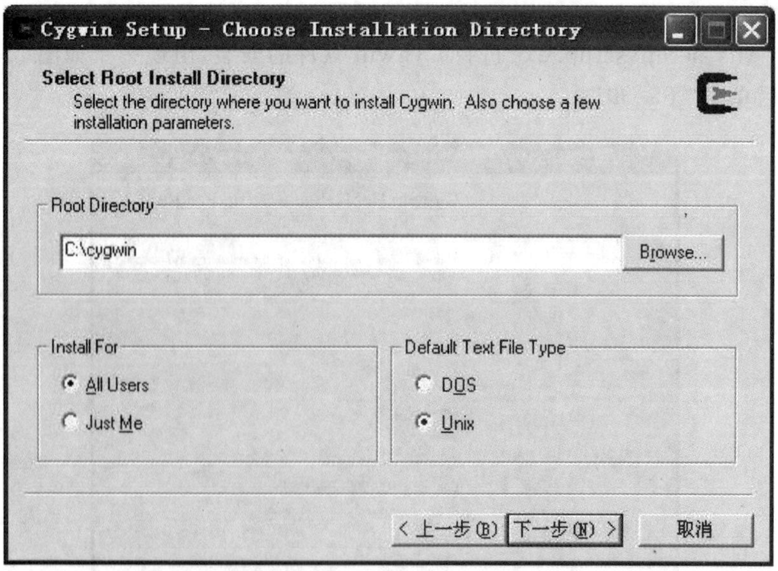

图 2.4 Cgywin 的安装界面(3)

(5)根据图 2.4 选择软件要安装的位置(默认为 C:\cygwin)以及安装参数(使用默认),继续单击“下一步”,出现如图 2.5 所示的界面。

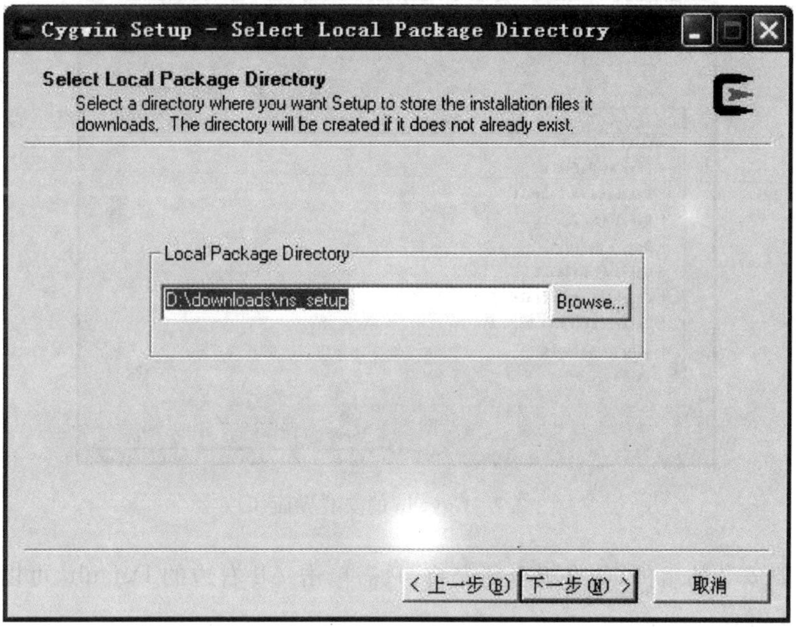

图 2.5　Cgywin 的安装界面(4)

(6)选择你从网上下载的软件包解压缩后所在的位置,继续单击“下一步”,出现如图 2.6 所示的界面。

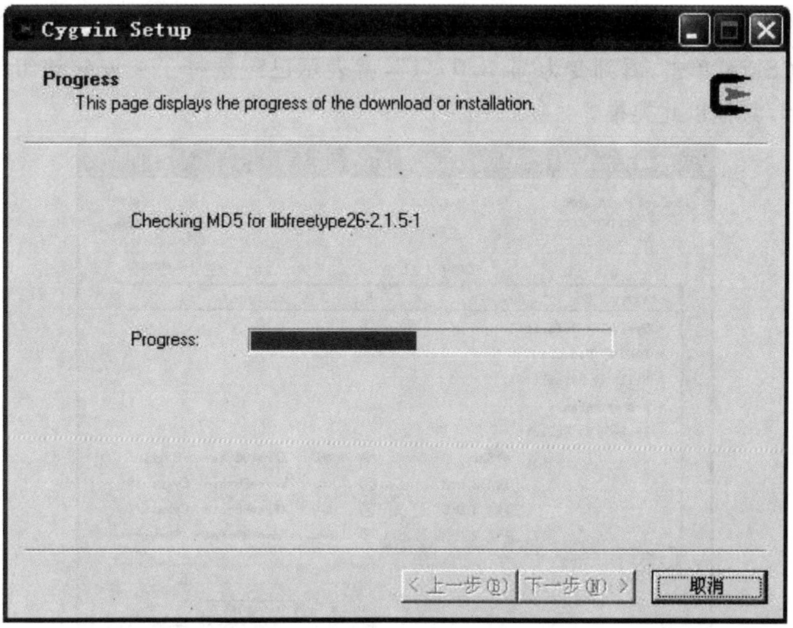

图 2.6　Cgywin 的安装界面(5)

(7)检查软件包的组成部分,检查完成之后出现如图 2.7 所示的界面。

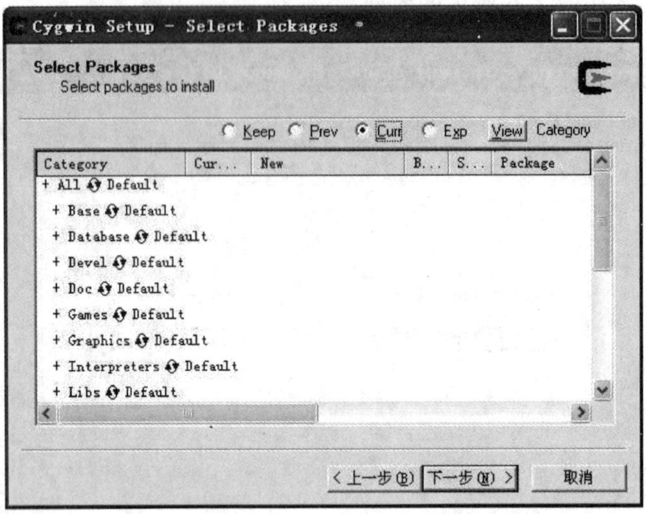

图 2.7　Cgywin 的安装界面(6)

(8)选择要安装的组件,如果想全部安装,只需单击 All 右边的 Default,可以看到 Default 变成 Install 即可。

要使用 NS2,除了默认安装的之外,还需要安装 XFree86 - base,XFree86 - bin,XFree86 - prog,XFree86 - lib,XFree86 - etc,make,patch,perl,gcc,gcc - g + + ,Gawk,Gnuplot,tar 和 gzip 组件。

例如,现在要安装 XFree - 86 base,首先用鼠标拖动滚动条,找到 XFree86,单击左边的"+"展开它的组件,可以看到第一行信息中的 XFree - 86 base,其左边是"Skip"表示没有选中,鼠标指向"Skip"单击,看到变为"4.3.0 - 1",就表示已经选择了要安装该组件。如图 2.8 和图 2.9 所示,其他以此类推。

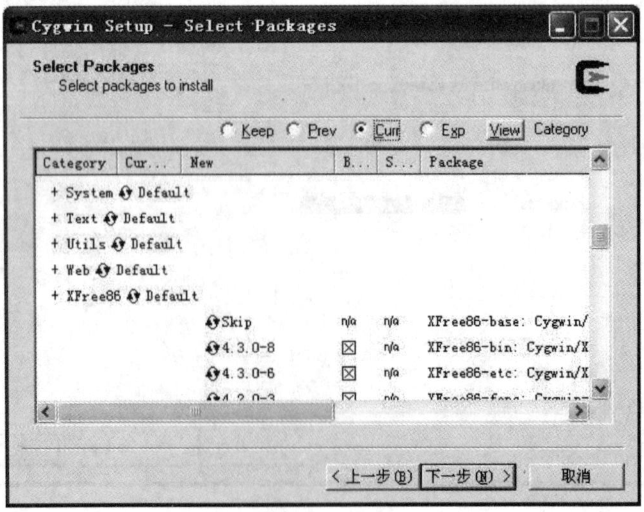

图 2.8　Cgywin 的安装界面(7)

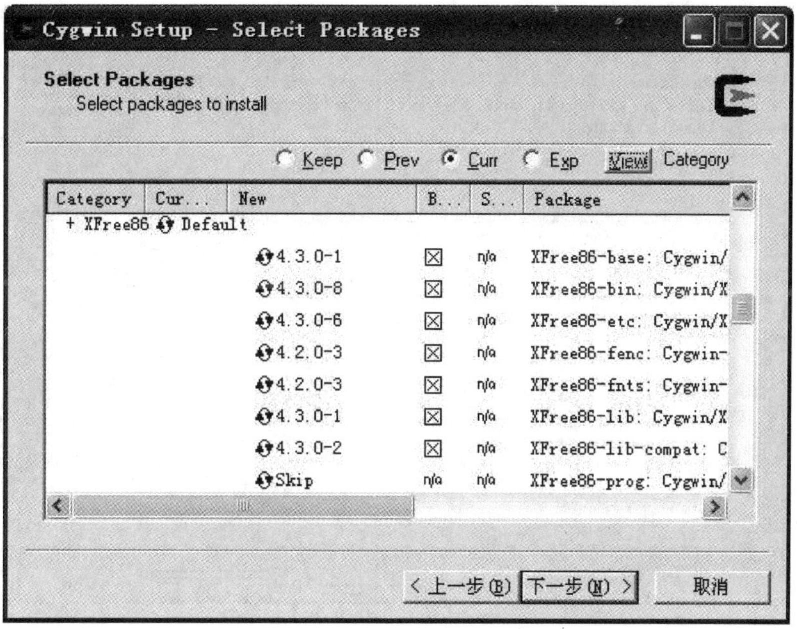

图 2.9　Cgywin 的安装界面(8)

(9)选择完所需要安装的组件后，继续单击“下一步”，软件开始安装，如图 2.10 所示。

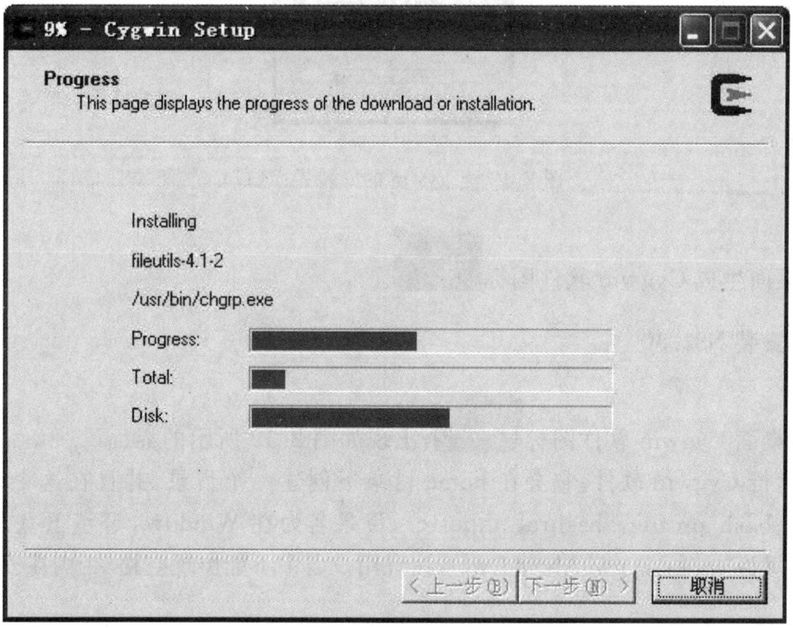

图 2.10　Cgywin 的安装界面(9)

(10)安装结束后出现如图 2.11 所示的界面，单击“完成” 按钮。

(11) 单击如图 2.12 所示的“确定”按钮，完成安装。

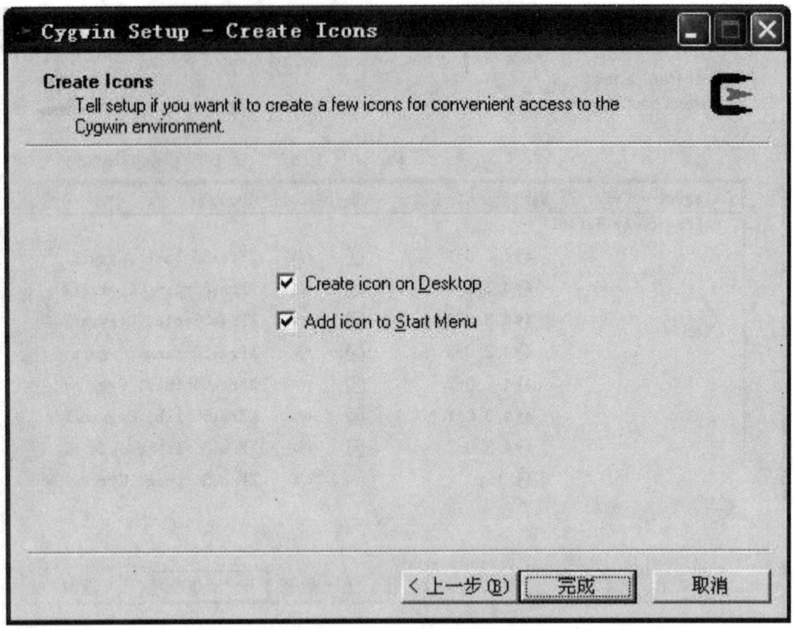

图 2.11　Cgywin 的安装界面(10)

图 2.12　Cgywin 的安装界面(11)

(12)在桌面生成 Cygwin 软件图标。

2.2.2　安装 NS2.30

(1)双击桌面 Cygwin 软件图标,出现如图 2.13 所示的界面。

第一次运行 Cygwin 软件,它会在 home 目录下创建一个目录,并且在这个目录下创建 3 个配置文件(. bash_profile,. bashrc,. inputrc),目录名为在 Windows 环境下登录时所使用的用户名字,这里为 wz(c:\cygwin\home\wz),注意用户名中不能出现空格,否则在安装 NS2.30 软件时会出错。

(2)在 Windows 环境下将 NS2.30 安装软件 ns - allinone - 2.30. tar. gz 复制到 c:\cygwin\home\wz 目录下,并用如下命令将其解压:"tar xvfz ns - allinone - 2.30. tar. gz",如图 2.14 所示。

(3)ns - allinone - 2.30. tar. gz 解压完成后,如图 2.15 所示。

(4)现在进入 ns - allinone - 2.30,运行. /install,安装 NS2.30,如图 2.16 所示。

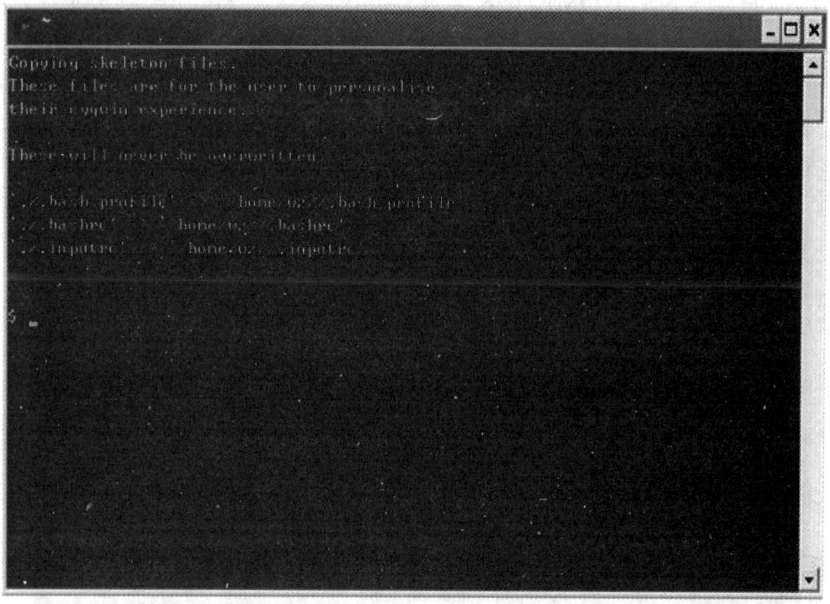

图 2.13　NS2 的安装界面(1)

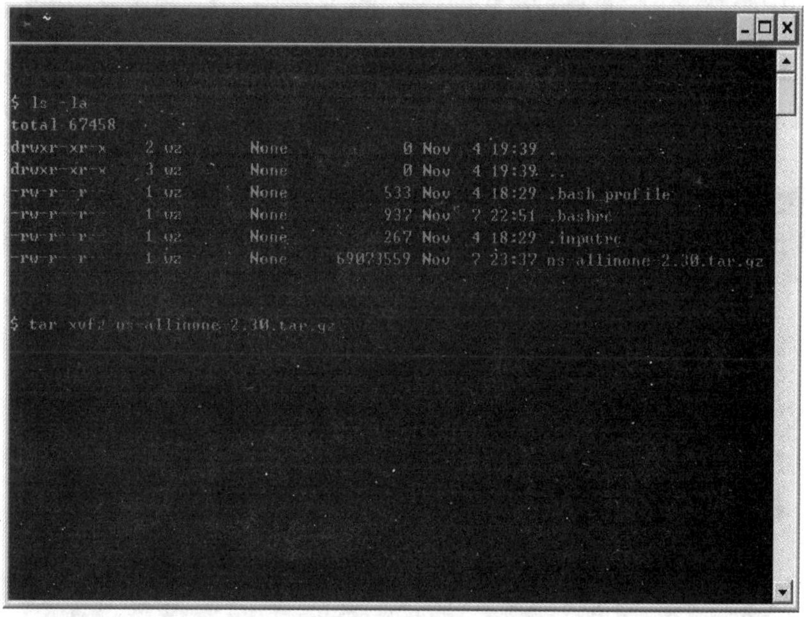

图 2.14　NS2 的安装界面(2)

(5)安装结束后出现如图 2.17 所示的界面。

安装结束后还需要配置. bashrc 文件(在/home/wz/目录下),在文件最后添加以下几行语句(可使用 Windows 自带编辑器 edit 进行添加):

export NS_HOME = pwd/ns - allinone - 2.30

export PATH = $NS_HOME/tcl8.4.13/unix:$NS_HOME/tk8.4.13/unix:$NS_HOME/bin:$PATH

export LD_LIBRARY_PATH = $NS_HOME/tcl8.4.13/unix:$NS_HOME/tk8.4.13/unix:$NS_HOME/otcl-1.12:$NS_HOME/lib:$LD_LIBRARY_PATH

export TCL_LIBRARY = $NS_HOME/tcl8.4.13/library

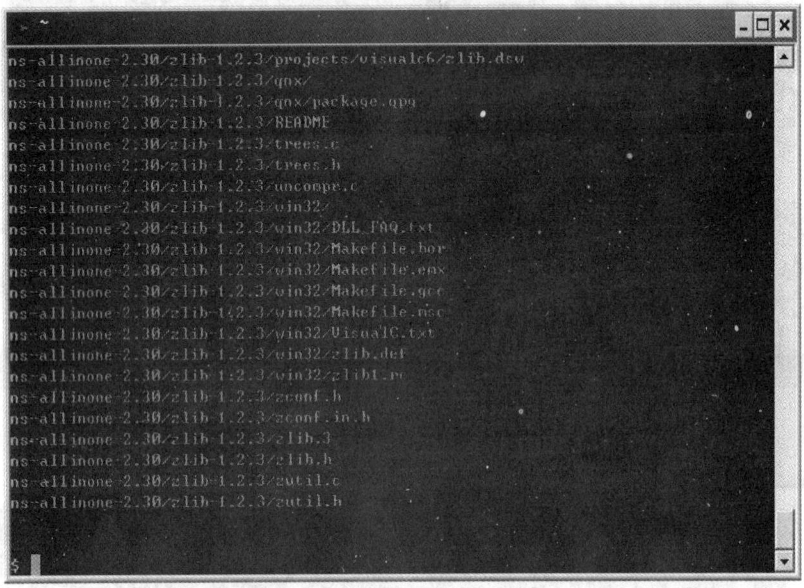

图 2.15 NS2 的安装界面(3)

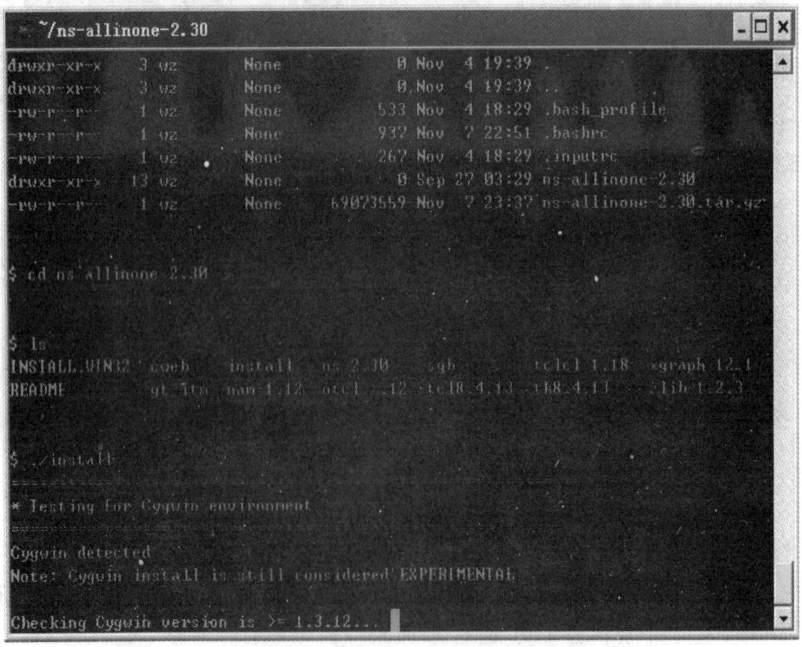

图 2.16 NS2 的安装界面(4)

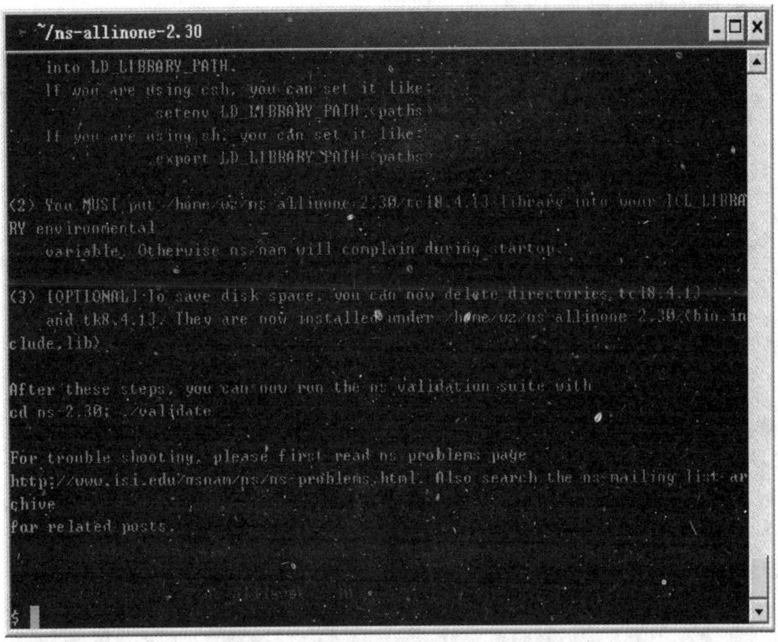

图 2.17　NS2 的安装界面(5)

(6)在 ns－allinone－2.30/ns－2.30 目录下录入“./validate”命令，进入 NS 软件验证，如图 2.18 所示。

不过这会花很多时间验证，需要耐心等候。

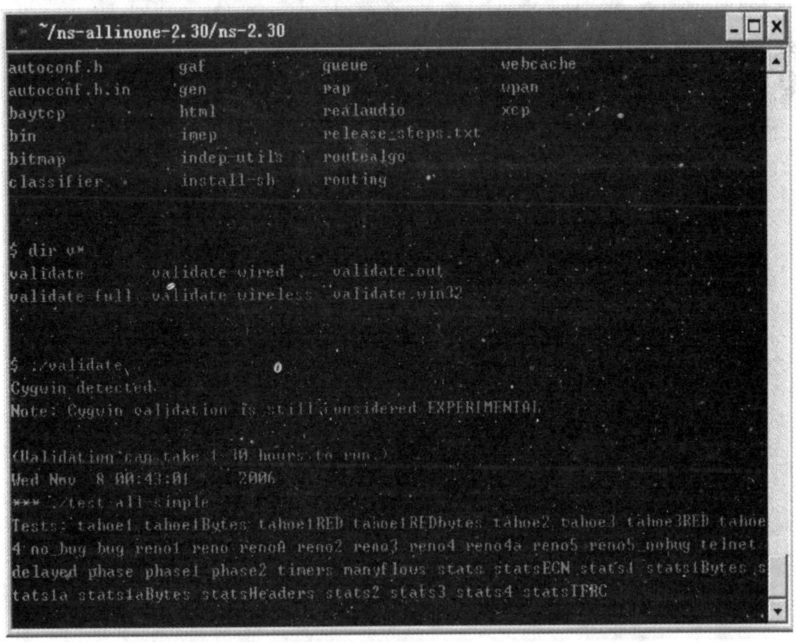

图 2.18　NS2 的安装界面(6)

(7)验证结束后出现如图 2.19 所示的界面。

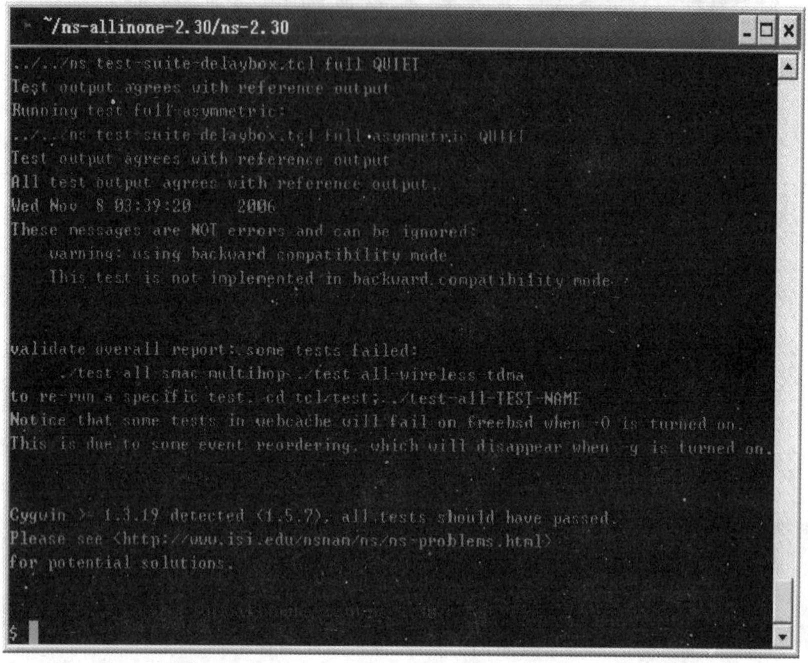

图 2.19 NS2 的安装界面(7)

(8)在命令行输入 NS2,出现"%"符号,表示安装成功,如图 2.20 所示,退出命令为 exit。

图 2.20 NS2 的安装界面(8)

在本小节结束之前，以一个实例来检验 NS2 和 NAM。在命令列中输入 startxwin. bat。会产生一个新的窗口，在此命令窗口中输入：

cd ns－allinone－2. 30/ns－2. 30/ns－tutorial/examples

ns example2. tcl

如图 2. 21 和图 2. 22 所示。

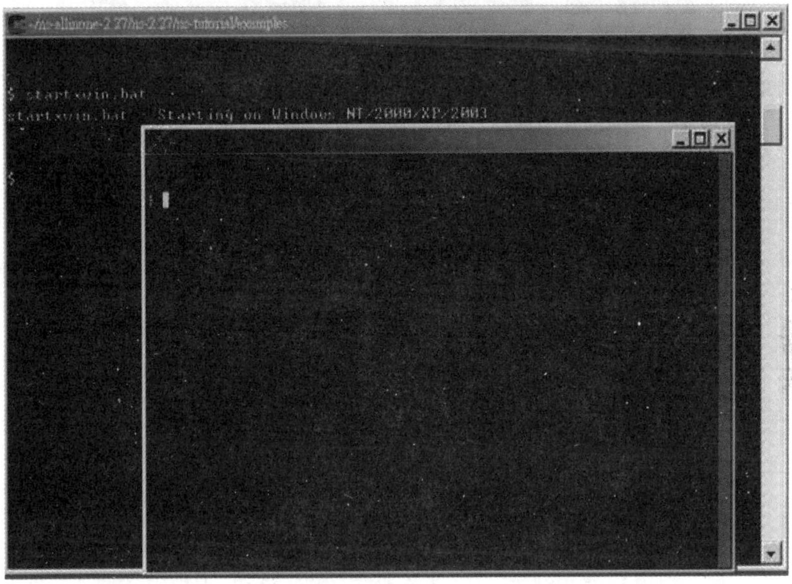

图 2. 21　NS2 运行界面(1)

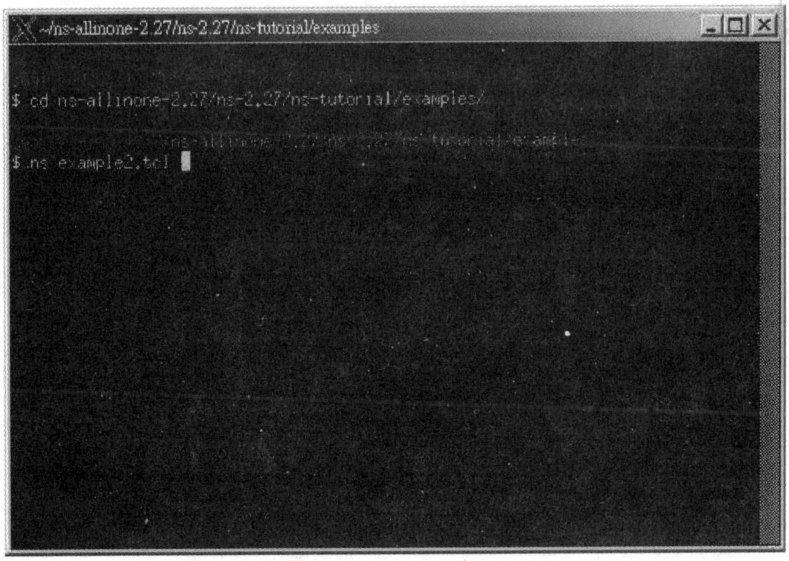

图 2. 22　NS2 运行界面(2)

模拟结束后，NS2 会去执行 NAM，如图 2.23 和图 2.24 所示。

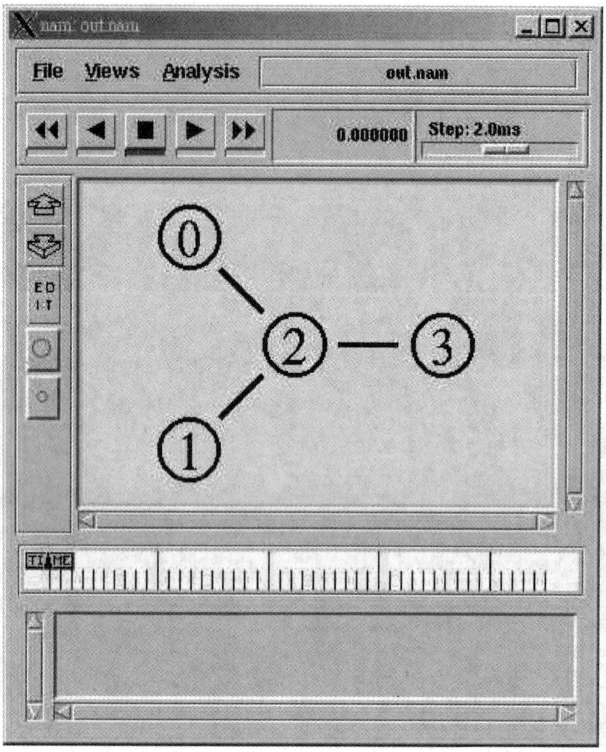

图 2.23　NAM 的运行界面(1)

图 2.24　NAM 的运行界面(2)

按一下 NAM 的“执行”按钮，就可以看到模拟过程的可视化，如图 2.25 所示。

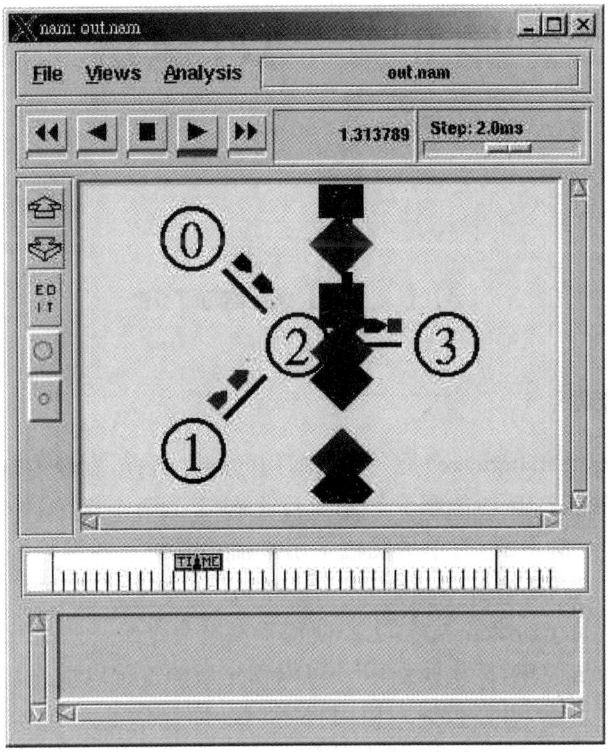

图 2.25　NAM 的运行界面(3)

第 3 章 Tcl 语法

3.1 Tcl 语言简介

3.1.1 Tcl 语言简介

Tcl(Tool Command Language)是一种很通用的脚本语言，发音为“tickle”，它几乎在所有的平台上都可以解释运行，且功能强大。它实际上包含了两个部分：一个语言和一个库。在 NS2 中主要是用来描述脚本的，简单地说就是用来描述要仿真的网络环境和参数等。因此本节主要是简要介绍一下 Tcl 的使用方法。

首先，Tcl 是一种简单的脚本语言，主要使用于发布命令给一些交互程序，如文本编辑器、调试器和 shell。其语法简单，扩充性强，Tcl 可以创建新的过程以增强其内建命令的能力。

其次，Tcl 也是一个库，可以被嵌入应用程序，Tcl 库包含了一个分析器，用于执行内建命令的例程和用户扩充(定义新的过程)的库函数。应用程序可以产生 Tcl 命令并执行，命令可以由用户产生，也可以从用户接口的一个输入中读取(按钮或菜单等)。但 Tcl 库收到命令后将它分解并执行内建的命令，经常会产生递归的调用。

3.1.2 Tcl 语言的特点

Tcl 语言主要有以下三个特点：

(1)可扩展性。能够让每个应用程序很方便地把自己的功能加到它的基本功能中，并且让应用程序的特定功能使用起来非常自然，就好像一开始就是为这个语言设计的一样。

(2)简单通用性。能很方便地与许多不同的应用程序配合工作，而不会限制应用程序的功能。

(3)整合性。由于大部分出色的功能都来自于应用程序，所以这个语言的首要目的就是将扩展部件整合或“胶合”在一起。

3.1.3 Tcl 语言基本语法规则

1. 解释器

Tcl 的数据结构核心是 Tcl_Interp。一个解释器包含了一套命令、一组变量和一些用于描述状态的说明。每一个 Tcl 命令是在特定的 Tcl_Interp 中运行的，基于 Tcl 的应用程序可以同时拥有几个 Tcl_Interp。Tcl_Interp 结构简单，可以快速地新建和删除。

2. 命令综述

Tcl 只支持一种数据结构：字符串(string)。所有的命令、命令中的所有参数、命令的结果以及所有的变量都是字符串。请牢记这一点，所有的东西都是字符串。这是它比较有特点的方面，字符串有三种形式：命令(command)、表达式(expresion)和列表(list)。

一个命令就是一个字符串(string)。命令是用换行符或分号来分隔的，一个命令由许多的域组成。第一个域是命令名，其他的域作为参数来传递。

域之间通常是由空格分开的。

如果一个参数是由一个双引号开始的，该参数会一直到下一个双引号才结束，其中可以有换行符和分号。

当命令的一个子域以方括号开始并以方括号结束时，表示要进行一个命令子替换。并执行该子命令，用其结果来替换原命令中的方括号部分。方括号中的部分都被视为 Tcl 命令。

注释和 shell 很相像，第一个字母是“#”的 Tcl 字符串是注释。

用美元符“$”进行变量替换，即变量的引用。

3.2　变量(Variable)

就如同其他的程序语言一样，变量可以被想成是盒子(boxes)，是用来储存各种类型的数据的。这些盒子或者说是变量，都有各自的名称，而这些名称在需要取用或者是变更变量的值(value)时会被用到。

C 语言在使用变量时，需要事先声明，而 Tcl 则不需要事先声明。Tcl 变量是在第一次使用 set 命令为变量分配数值时产生的。而当不再需要某个变量时，可以使用 unset 来取消这个变量，但通常不需要这样做。

当某个变量需要被引用或者需要变更数值的时候，只要在变量名称前加上一个“$”符号即可，这就是所谓的变量引用。

[例 3.1]　将下面程序代码存到 ex3_1.tcl 文件中。

```
set foo "john"          #设置一个 foo 变量，并为它赋值为“john”
puts "my name is $foo"
```

执行方法：

```
ns ex3_1.tcl
```

执行的结果：

```
my name is john
```

[说明]

程序第一行：把“john”这个字符串指派给变量 foo。程序的第二行：使用 puts 这个指令把后面的字符串显示出来，而在显示出来之前，会先把 $foo 取代成 john，所以真正被显示出来的字符串是 my name is john。

[例 3.2]　将下面程序代码存到 ex3_2.tcl 文件中。

```
set month 2
set day 3
set year 97
set date "$month:$day:$year"
```

```
puts $ date
```

执行方法：

    ns ex3_2. tcl

执行的结果：

    2:3:97

[说明]

在程序中的第四行 set date " $ month: $ day: $ year"中，$ month 会被 2 所替代，同理，$ day 为 3，$ year 为 97，这三个变量替代完后组成一个新的字符串，并借由 set 指令把新字符串指派给变量 date。

[例 3.3]　将下面程序代码存到 ex3_3. tcl 文件中。

```
set foo "puts hi"
eval $ foo
```

执行方法：

    ns ex3_3. tcl

执行的结果：

    hi

[说明]

在这个范例中，foo 这个变量包含了一个 Tcl 命令，接着第二行程序中 $ foo 会替换成"puts hi"，并且当做是 eval 的参数。eval 这个指令主要是用于执行一个 Tcl 命令，所以最后"hi"会被显示出来。

3.3　表达式(Expression)

Tcl 包含许多种类的表达式，如数学表达式、关系表达式等。通常这些表达式都会使用 expr 这个指令去判断表达式的真假或者求得表达式的值。

对字符串的一种解释是表达式。几个命令将其参数按表达式处理，如 expr，for 和 if，并调用 Tcl 表达式处理器(Tcl_ExprLong，Tcl_ExprBoolean 等)来处理它们。其中的运算符与 C 语言的很相似，例如：

逻辑非：!

算术运算：*，/，%，+，-

左移、右移：<<，>>，只能用于整数

逻辑比较：<，>，<=，>=，==，!=

位运算(和，异或，或)：&，^，|

逻辑"和"，"或"：&&

If-then-else：与 C 语言一样，Tcl 中的逻辑真为 1，逻辑假为 0。

[例 3.4]　将下面程序代码存到 ex3_4. tcl 文件中。

```
set value [expr 0==1]
```

```
puts $value
```

执行方法：

```
ns ex3_4.tcl
```

执行的结果：

```
0
```

[说明]

在本例中使用了 expr 去判断 0 是否等于 1，结果是假，所以把 0 存到 value 这个变量中，并把结果显示出来。

[例 3.5]　将下面程序代码存到 ex3_5.tcl 文件中。

```
set value [expr 2>=1]
puts $value
```

执行方法：

```
ns ex3_5.tcl
```

执行的结果：

```
1
```

[说明]

在本例中使用了 expr 去判断 2 是否大于等于 1，结果是真，所以把 1 存到 value 这个变量中，并把结果显示出来。

[例 3.6]　将下面程序代码存到 ex3_6.tcl 文件中。

```
set value [expr 2+3]
puts $value
```

执行方法：

```
ns ex3_6.tcl
```

执行的结果：

```
5
```

[说明]

在本例中使用了 expr 去求得 2+3 的结果，并把所得到的 5 存到 value 这个变量中，最后把结果显示出来。

3.4　命令替换(Command Substitution)

如同变量替换一样，指令替换可以把“原 Tcl 脚本的执行结果‘取代’原 Tcl 脚本”。

[例 3.7]　将下面程序代码存到 ex3_7.tcl 文件中。

```
puts "I am [expr 10 * 2] years old, and my I.Q. is [expr 100-25]"
```

执行方法：

```
ns ex3_7.tcl
```

执行的结果：

I am 20 years old, and my I. Q. is 75

[说明]

在本例中，方括号“[ ]”可以用来作为命令替换，所以在执行此行 Tcl 脚本时，会先去执行[expr 10 * 2]和[expr 100 - 25]，并把结果 20 和 75 取代原 Tcl 脚本中[expr 10 * 2]和[expr 100 - 25]的位置，最后再使用 puts 把此字符串显示出来。

[例 3.8] 假设将下面程序代码存到 ex3_8. tcl 文件中。

```
set my_height 6.0
puts "If I was 2 inches taller, I would be [expr $my_height + (2.0 / 12.0)] feet tall"
```

执行方法：

```
ns ex3_8.tcl
```

执行的结果：

If I was 2 inches taller, I would be 6.166666666666667 feet tall

[说明]

在本例的第二行，方括号中的内容会先被执行，也就是 $ my_height 会被 6.0 所替换，(2.0/12.0)的结果被计算出来，再和 6.0 做相加的运算，然后把两数相加的结果去替换字符串中的[expr $ my_height + (2.0 / 12.0)，最后才把字符串显示出来。

3.5 流程控制(Control Flow)

跟其他的程序设计语言相同，Tcl 也提供了一些方法可以用来控制程序的流程，这包含了 if - else，switch，while，for，foreach 等命令，这些命令的使用方法请参考下面例题。

[例 3. 9] 将下面程序代码存到 ex3_9. tcl 文件中。

```
set my_planet "earth"
if {$my_planet == "earth"} {
    puts "I feel right at home."
}
elseif {$my_planet == "venus"} {
    puts "This is not my home."
}
else {
    puts "I am neither from Earth, nor from Venus."
}
set temp 95
if {$temp < 80} {
    puts "It's a little chilly."
}
else {
    puts "Warm enough for me."
```

```
}
```

执行方法：

```
ns ex3_9. tcl
```

执行的结果：

```
I feel right at home.
Warm enough for me.
```

[**例 3.10**]　将下面程序代码存到 ex3_10. tcl 文件中。

```
set num_legs 4
switch $ num_legs {
    2 {puts "It could be a human. "}
    4 {puts "It could be a cow. "}
    6 {puts "It could be an ant. "}
    8 {puts "It could be a spider. "}
    default {puts "It could be anything. "}
}
```

执行方法：

```
ns ex3_10. tcl
```

执行的结果：

```
It could be a cow.
```

[**例 3. 11**]　将下面程序代码存到 ex3_11. tcl 文件中。

```
for {set i 0} { $ i < 5} {incr i 1}{
    puts "In the for loop,and i = =  $ i"
}
```

执行方法：

```
ns ex3_11. tcl
```

执行的结果：

```
In the for loop, and i = = 0
In the for loop, and i = = 1
In the for loop, and i = = 2
In the for loop, and i = = 3
In the for loop, and i = = 4
```

[**例 3. 12**]　将下面程序代码存到 ex3_12. tcl 文件中。

```
set i 0
while { $ i < 5} {
    puts "In the while loop, and i = =  $ i"
    incr i 1
```

```
}
```

执行方法：

```
ns ex3_12.tcl
```

执行的结果：

```
In the while loop, and i == 0
In the while loop, and i == 1
In the while loop, and i == 2
In the while loop, and i == 3
In the while loop, and i == 4
```

[**例 3.13**] 假设将下面程序代码存到 ex3_13.tcl 文件中。

```
foreach vowel {a e i o u} {
    puts "$vowel is a vowel"
}
```

执行方法：

```
ns ex3_13.tcl
```

执行的结果：

```
a is a vowel
e is a vowel
i is a vowel
o is a vowel
u is a vowel
```

3.6 过程(Procedure)

在 Tcl 中允许使用者自定义过程，定义过程的基本语法如下：

proc name params body

其中，name 为过程的名称，params 是参数列表，body 则是过程的主体。定义完成后就可以像任何其他的 Tcl 指令一样执行。

[**例 3.14**] 将下面程序代码存到 ex3_14.tcl 文件中。

```
proc sum_proc {a b} {
    return [expr $a + $b]
}

proc magnitude {num} {
    if {$num > 0}{
        return $num
    }
```

```
    set num [expr $num * (-1)]
    return $num
}

set num1 12
set num2 14
set sum [sum_proc $num1 $num2]

puts "The sum is $sum"
puts "The magnitude of 3 is [magnitude 3]"
puts "The magnitude of -2 is [magnitude -2]"
```

执行方法：

```
ns ex3_14.tcl
```

执行的结果：

```
The sum is 26
The magnitude of 3 is 3
The magnitude of -2 is 2
```

[说明]

在程序中定义了两个过程 sum_proc 和 magnitude，sum_proc 有两个输入参数 a 和 b，这个过程最主要的功能是把 a 和 b 相加，并把结果回传；另外一个过程 magnitude 只有一个参数 num，这个过程的功能是去判断 num 是正数还是负数，若是正数则直接回传，若是负数就先与 -1相乘，再回传，简单地说，magnitude 就是求绝对值。

[例 3.15] 将下面程序代码存到 ex3_15.tcl 文件中。

```
proc dumb_proc {}{
    set myvar 4
    puts "The value of the local variable is $myvar"
    global myglobalvar
    puts "The value of the global variable is $myglobalvar"
}

set myglobalvar 79
dumb_proc
```

执行方法：

```
ns ex3_15.tcl
```

执行的结果：

```
The value of the local variable is 4
The value of the global variable is 79
```

[说明]

这个例题主要为了说明局部变量(local variable)和全局变量(global variable)的概念。当程序中需要用到程序外已经定义好的变量时,必须先使用“global”这个保留字做作为全局变量的声明,才能存取程序外已经定义好的变量。

[例 3.16] 将下面程序代码存到 ex3_16. tcl 文件中。

```
# Writing a procedure called "test"
proc test {} {
    set a 43
    set b 27
    set c [expr $a + $b]
    set d [expr [expr $a - $b ] * $c]
    for { set k 0 } { $k < 10 }{ incr k } {
      if { $k < 5}{
           puts " k < 5 , pow = [ expr pow( $d , $k)]"
      }
      else {
           puts "k >= 5, mod = [ expr $d % $k ]"
      }
    }
}
# Calling the "test" prodedure created above
test
```

执行方法:

```
ns ex3_16. tcl
```

执行结果:

```
k< 5 , pow =1.0
k< 5 , pow =1120.0
k< 5 , pow =1254400.0
k< 5 , pow =1404928000.0
k< 5 , pow =1573519360000.0
k>= 5 , mod =0
k>= 5 , mod =4
k>= 5 , mod =0
k>= 5 , mod =0
k>= 5 , mod =4
```

3.7　数组(Array)

[例 3.17]　将下面程序代码存到 ex3_17. tcl 文件中.

```
set myarray(0) "Zero"
set myarray(1) "One"
set myarray(2) "Two"

for {set i 0} { $i < 3} {incr i 1} {
    puts $myarray($i)
}
```

执行方法:

```
ns ex3_17.tcl
```

执行的结果:

```
Zero
One
Two
```

[说明]

本例的程序一开始定义了一个数组,名称为 myarray,共有三个元素(element),第一个为"Zero",存放在数组中 0 的位置;第二个为"One",存放在数组中 1 的位置;第三个为"Two",存放在数组中 2 的位置,程序最后是把数组的每个元素都显示出来。

[例 3.18]　假设将下面程序代码存到 ex3_18. tcl 文件中.

```
set person_info(name) "Fred Smith"
set person_info(age) "25"
set person_info(occupation) "Plumber"
foreach thing {name age occupation} {
    puts "$thing == $person_info($thing)"
}
```

执行方法:

```
ns ex3_18.tcl
```

执行的结果:

```
name == Fred Smith
age == 25
occupation == Plumber
```

[说明]

这个例题主要是为了说明存放在数组中的元素不一定是数字,在 Tcl 中,数组可以存放数字或者字符串,并且存放的位置不一定要用 0,1,2,…这样的编号。

[例 3.19] 假设将下面程序代码存到 ex3_19.tcl 文件中.

```
set person_info(name) "Fred Smith"
set person_info(age) "25"
set person_info(occupation) "Plumber"
foreach thing [array names person_info] {
    puts " $ thing  = =  $ person_info( $ thing)"
}
```

执行方法：

```
ns ex3_19.tcl
```

执行的结果：

```
name = = Fred Smith
age = = 25
occupation = = Plumber
```

[说明]

这个例题跟例 3.18 的最大不同在于 foreach 循环，在例 3.18 中，数组中每个元素存放的位置必须一一列出，才能显示出数组中每个元素的值；但是在本例中，使用了 array name person_info，使用这样的方法就可以列出 person_info 中的 name，age，occupation，这个方法在元素很多的时候特别好用。

3.8 类(Class)

下面这个例子是一个面向对象的例子。这个例子非常简单，但是说明了对象在 Tcl 中的创建方法和使用方法。作为一个普通的 NS2 用户，编写自己的对象的可能性是很小的。但是，由于用户在 NS2 模拟程序中使用所有的 NS2 对象，不管是用C++语言编写的，还是通过连接将变量传递给 Tcl，或者就是用 Tcl 编写的，它们都是以 Tcl 对象为基础的，所以，了解 Tcl 类对学习是很有帮助的。

[例 3.20] 将下面程序代码存到文件 ex3_20.tcl 中。

```
# add a member function call "greet"
Class mom
mom instproc greet{}{
    $ self instvar age_
    puts " $ age_ year old mom say:
    How are you doing?"
}

# Create a child class of "mom" called "kid"
# and override the member function "greet"
Class kid - superclass mom
```

```
Kid instproc greet{}{
    $ self instvar age_
    puts " $ age_ year old kid say:
    What's up, dude?"
}

# create a mom and a kid object, set each age
set a [new mom]
$ a set age_ 45
set b [new kid]
$ b set age_ 15

# calling member function "greet" of each object
$ a greet
$ b greet
```

执行方法：

```
ns ex3_19. tcl
```

执行结果：

```
45 year old mom say:
How are you doing?
15 year old kid say:
What's up, dude?
```

[说明]

这个例子中定义了两个类，其中类 kid 是类 mom 的子类，都有一个成员为 greet。在类定义完成后，都说明了一个实例对象。每个实例中 age 变量都给出了初始值，mom 类是 45，kid 类是 15。每个实例中都调用了 greet 成员函数。关键字 Class 创建一个对象，关键字 instproc 用来定义一个类的成员函数，类之间的继承用关键字 superclass 来说明。在定义的成员函数中，$ self 的作用和C++中"this"指针的作用相同，关键字 instvar 建成随后这些变量的名字是否已经在它的类中或者在它的父类中声明。如果已经声明了，就直接引用；如果还没有声明，就直接创建。最后，关键字 New 创建了一个对象实例。

3.9　字符串(String)

[例 3.21]　将下面程序代码存到 ex3_21. tcl 文件中。

```
set str "This is a string"
puts "The string is: $ str"
puts "The length of the string is: [string length  $ str]"
puts "The character at index 3 is: [string index  $ str 3]"
```

```
puts "The characters from index 4 through 8 are: [string range $ str 4 8]"
puts "The index of the first occurrence of letter "i" is: [string first i $ str]"
```

执行方法：

ns ex3_21. tcl

执行的结果：

The string is: This is a string

The length of the string is: 16

The character at index 3 is: s

The characters from index 4 through 8 are: is a

The index of the first occurrence of letter "i" is: 2

[说明]

本例中的[string length $ str]可以用来显示字符串长度，[string index $ str 3]可以用来显示字符串中的第四个字母(第一个字母的 index 为 0)，[string range $ str 4 8]可以用来显示从字符串中第五个到第九个的字母，[string first i $ str]可以用来显示字母 i 在字符串中第一次出现时的 index 值，也就是第一次出现时在第(index+1)个位置。

3.10 输出(Output)

[例 3.22] 将下面程序代码存到 ex3_22. tcl 文件中。

```
set f [open "/tmp/myfile" "w"]
puts $ f "We live in Texas. It's already 110 degrees out here. "
puts $ f "456"
close $ f
```

执行方法：

ns ex3_22. tcl

执行的结果：

使用文字编辑器打开/tmp/myfile，其内容如下：

We live in Texas. It's already 110 degrees out here.

456

[说明]

一般来说，若是 puts 没有指定输出的话，默认的输出是显示器，但在本例中指定的输出为文件，所以会把要显示出的字符串写入该输出文件中。

3.11 列表(List)

字符串的另一种解释为列表(List)。一个列表是包含了用空格隔开的很多域的字符串。例如“Al Sue Anne John”是一个有四个元素的列表，在列表中换行符被视为分隔符。例如：b c {d e {f g h}}是一个有三个元素的列表 b,c 和{d e {f g h}}。

Tcl 的命令包括 concat, foreach, lappend, lindex, linsert, list, llength, lrange, lreplace, lsearch,和 lsort,可以用来对列表进行操作。

3.12　Tcl 内置命令

Tcl 提供了下面的内置函数。其中:"?"后面的参数表示可选项。常用的命令如下:

(1)append ? *varName* ? *value value value*

将所有的参数"value"附加到变量 varName 后面。如果变量"varName"不存在,则将所有的参数"value"合并。

[例 3.23]　append 命令示例,假设将下面程序代码存到 ex3_23. tcl 文件中。

```
set i "aaa"
append i "bbb" "ccc"
```

执行结果:

```
i = aaabbbccc
```

(2)array *option arrayName* ? *arg arg* ...?

数组变量的处理命令。其中"arrayName"为被操作的数组。"option"为操作的命令。

[例 3.24]　array 命令示例,假设将下面程序代码存到 ex3_24. tcl 文件中。

```
set a(1) 1111
set a(2) 2222
set a(three) 3333
```

以下各个命令均以上面的程序段为例子(在 tclsh 中运行)。

1)array names arrayName 返回一个包含数组元素名字的列表。

例如:tclsh>array names a

执行结果:

```
1 2 three
```

2)array size arrayName 返回数组的元素个数。

例如:tclsh>array size a

执行结果:

```
3
```

3)arrry startsearch arrayName 初始化一次查找,返回一个查找标识(searchId)在下面的命令是中使用。

例如:tclsh>array startsearch a

执行结果:

```
s-1-a
```

4)array nextelement arrayName searchId 返回数组中的下一个元素。如果没有则返回一个空字符。

例如:tclsh>array nextelement a s-1-a

执行结果：

1111

5)array anymore arrayName searchId 如果在被查找的数组“arrayName”中还有需要处理的元素，则返回“1”，否则返回“0”。其中“searchId”表示被查找数组“arrayName”中要查找的值。

例如：tclsh>array anymore a s-1-a

执行结果：1

6)array donesearch arrayName searchId 表示结束对数组的查找，并撤销与本次查找有关的所有状态。其中“searchId”表示被查找数组“arrayName”中要撤销的值。

例如：tclsh>array donesearch a s-1-a

7)array nextelement arrayname searchId 返回被查找数据“arrayName”中下一个元素，如果在本次查找中所有的元素都已经被返回，则返回一个空字符。

例如：tclsh>array nextelement a s-1-a

执行结果：

2222

例如：tclsh? array nextelement a s-1-a

执行结果：

3333

(3)break

跳出循环。

(4)case string in patList body ......

case string patList body ......

case string in {patList body......}

case string {patList body......}

分支跳转命令。

[例 3.25] case 命令示例

```
case abc in {a b} {puts 1} default {puts 2} a* {puts 3}
```

case 语句的结果返回为“3”。

[例 3.26] case 命令示例

```
case a in {
    {a b} {format 1}
    default {format 2}
    a* {format 3}
}
```

case 语句的结果返回为“1”。

[例 3.27] case 命令示例

```
case xyz {
  {a b} {format 1}
  default{format 2}
```

a * {format 3}

}

case 语句的结果返回为“2”。

注意:default 不可以放在第一位。

(5)catch script ? *resultVarName*? ? *optionsVarName*?

用于阻止由于错误而导致中断执行。该命令递归调用 Tcl 解释器以执行“script”,不论在执行“script”的过程中是否有错误发生,总是返回无错误信息。

(6)close fileId

关闭文件描述符。

(7)concat ? *arg arg* ...?

将所有参数“arg”连接在一起并产生一个列表。

(8)continue

从本次循环中退出并开始新一轮的循环。

(9)eof fileId

如果文件“fileId”已经结束,则返回“1”,否则返回“0”。

(10)error *message* ? *info*? ? *code*?

返回 TK_ERROR 代码,使得解释器停止运行。其中“message”为错误信息的字符串。

(11)eval *arg* ? *arg* ...?

将所有的参数“arg”连起来组成 Tcl 脚本。

(12)exec ? *switches*? *arg* ? *arg* ...?

子过程的调用命令。所有的参数“arg”为指定的子过程名。

(13)exit ? *returnCode*?

终止过程的执行。将“returnCode”返回给系统作为终止的状态值。

(14)expr *arg* ? *arg arg* ...?

计算表达式的值。

(15)file subcommand name

一组用于处理文件名和文件属性的命令。基本格式如下:

file *option name* ? *arg arg* ...?

常见的操作如下:

file atime *name*? time? 返回文件的最近存取时间。

file dirname *name* 返回 name 所描述的文件名的目录部分。

file executable *name* 返回文件是否可被执行。

file exists *name* 返回 1 表示文件存在,0 表示文件不存在。

file extension *name* 返回文件的扩展名。

file isdirectory *name* 判断是否为目录。

file isfile *name* 判断是否为文件。

file lstat *name* varName 以数组形式返回。执行 lstat 系统函数。存储在 varname。

file mtime *name* 文件的最近修改时间。

file owned *name* 如果文件属于当前用户，则返回“1”，否则返回“0”。

file readable *name* 判断文件是否可读。

file readlink *name* 给出符号连接的真正的文件名。

file rootname *name* 返回除最后一个字符“.”以外的所有字符。

file size *name* 返回文件的大小。

file stat *name varName* 以“name”调用“stat”内核，并以数组的形式将内核调用的结果信息存在数据变量“varName”中。

file tail *name* 返回“name”中最后一个目录分隔符后的所有字符，如果没有分隔符，就返回“name”。

file type *name* 返回“name”的文件类型，其中包括 file，directory，characterSpecial，lockSpecial，fifo，link，或 socket 等项。

file writable *name* 判断文件是否可写。

(16)flush *fileId*

立即处理由 fileId 描述的文件缓冲区。

(17)for *start test next body*

for 循环。同 C 语言一样。

(18)format *formatString*

格式化输出，类似于 C 中的 sprintf。

(19)gets *fileId varname*

从文件中读出一行。

(20) glob ? *switches*? *pattern* ? *pattern* ... ?

返回和“pattern”相匹配的文件名。

(21)global *varname* ? *varname* ... ?

访问全局变量“varname”。

(22)if *expr*1 ? then? *body*1 elseif *expr*2 ? then? *body*2 elseif ... ? else? ? *bodyN*?

条件判断语句。

(23)incr *varName* ? *increment*?

如果没有给出“incremnet”，将“varname”加 1，否则将“varname”加“increment”。

(24)info *option* ? *arg arg* ... ?

获取当前 Tcl 解释器的状态信息。常见的操作如下：

1)info args *procname*

返回过程名为“procname”的过程中的参数列表。

2)info body *procname*

返回过程名为“procname”的过程中的函数体。

3)info cmdcount

返回当前的解释器已经执行的命令个数。

4)info commands ? *pattern*?

如果没有指定“pattern”，返回所有的命令列表，包括内建和自建的命令。“parttern”

是用 C Shell 匹配风格写成的。

5)info complete *command*

如果“command”是个完整的命令，则返回“1”，否则返回“0”。

6)info default *procname arg varname*

“procname”必须是 Tcl 的过程名，“arg”必须是该过程的参数。如果“arg”没有默认的值，则该命令返回“0”，否则返回“1”。并将“arg”

7)info exists *varName*

判断是否存在该变量。

8)info globals? *pattern*?

返回全局变量的列表，模式同样是用 C Shell 风格写成的。

9)info hostname

返回主机名。·

10)info level ? *number*?

如果不指定参数“number”，则返回当前正在调用的过程在栈中的绝对位置，参见 uplevel 中的描述。如果给定参数“number”，则返回包含了在该 level 上的命令名和参数的列表。

11)info library

返回标准的 Tcl 脚本的库目录。实际上是变量 tcl_library 的值。

12)info locals ? *pattern*?

返回 local 列表。

13)info procs ? *pattern*?

返回所有过程的列表。

14)info script

返回内部正在执行的文件名。

15)info tclversion

返回 Tcl 的版本号。

16)info vars ? *pattern*?

返回当前可见的变量名列表。

(25)join *list* ? *joinString*?

将列表“list”中的元素连成一个字符串。

(26)lappend *varName* ? *value value value* ... ?

将所有“value”加入列表“varname”中。

(27)lindex *list* ? *index*... ?

将 list 视为一个列表，返回“list”中下标为“index + 1"的元素。列表中的第一个元素下标是 0。

(28)linsert *list index element* ? *element element* ... ?

在列表“list“中下标为 index 的元素前插入所有的新元素“element”。

(29)list ? *arg arg* ... ?

将所有的参数发在一起产生一个列表。

(30)llength *list*

返回列表中元素的个数。

(31)lrange *list first last*

返回列表中从 frist 到 last 之间的所有元素。

(32)lreplace *list first last* ? *element element* ... ?

用新元素"element"替换列表"list"中从 first 到 last 的所有元素。

(33)lsearch ? *options*? *list pattern*

在列表中搜索和"pattern"相匹配的元素，成功则返回元素的序号，否则返回"－1"。其中，"option"有三种形式：

－exact 精确匹配

－glob shell 的通配符格式的匹配

－regexp 正则表达式的匹配

默认形式为"－glob"。

(34)lsort ? *options*? *list*

对列表进行排序。其中"option"有以下几种形式：

－ascii 默认形式，用 Unicode 顺序进行排序

－dictionary 与 acsii 类似，只是不区分大小写

－integer 转化为整数再比较

－real 转化为浮点数再比较

－command command 执行"command"来做比较

(35)open *fileName*

open *fileName access*

open *fileName access permissions*

该命令可以打开文件、串口或者通道，并且返回通道的标识符。其中"access"表示文件(或者通道)的访问方式。

(36)proc *name args body*

创建一个新的 Tcl 过程。

(37)puts ? －nonewline? ? *channelId*? *string*

向通道"channelId"中写入字符串"string"。

(38)pwd

返回当前目录的绝对路径。

(39)read ? －nonewline? *channelId*

read *channelId numChars*

第一种方式是将从通道"channelId"中读取的数据写入到文件的后面，如果给出了"－nonnewline"，则如果文件的最后一行为一个新起行，就丢弃该行。

第二种方式中给出了有多少字符需要读取。

(40)regexp ? *switches*? *exp string* ? *matchVar*? ? *subMatchVar*

如果正则表达式"exp"和给定字符串"string"全部或者部分匹配，则返回"1"，否则返回"0"。

(41)regsub ? *switchs*? *exp string subSpec varName*

执行正则表达式的替换，用“subSpec”的内容替换“string”中和正则表达式“exp”相匹配的部分。

(42)return

从过程中返回，或者为脚本设置返回码。

(43)scan *string format* ? *varName varName* ...?

从字符串“string”中按照“format”格式读取字符并写入到变量“varname”中。

(44)seek *channelId offset* ? *origin*?

根据“channelId"的值改变当前的访问位置。

(45)set *varName* ? *value*?

返回“varName”的值。如果给定了“value”的值，就把变量“varName”的值设置为“value”。

(46)source *filename*

将指定文件“filename”的内容传送给 Tcl 解释器作为一个脚本文件。

(47)split *string* ? *splitChars*?

将字符串“string”分解为列表。缺省以空白为分隔符，也可通过 splitChars 来设定分隔符

(48)string *option arg* ? *arg* ...?

一组处理字符串的命令。

1)string compare ? -nocase? ? -length int? *string*1 *string*2

按照每个字符的方式比较字符串“string1”和“string2"。根据 string1 比 string2 小于、相等和大于分别返回 -1,0,和 1。

2)string first *needleString haystackString* ? *startIndex*?

在字符串“haystackString”中查找和字符串“needleString”精确匹配的字符。如果找到，则返回字符串“haystackString”中第一个匹配的索引号。否则返回“-1”。

3)string length *string*

返回字符串“string”的长度。

4)string match *pattern string*

判断字符串“string”和 pattern 是否匹配。

5)string range *string first last*

返回字符串“string”中从 first 到 last 之间的内容。

6)string tolower *string*

将字符串“string”转换为小写。

7)string toupper *string*

将字符串“string”转换为大写。

8)string trim *string*

将 string 的左右空格符去掉。

9)string trimleft string

将 string 的左空格符去掉。

10)string trimright string

将 string 的右空格符去掉。

(49)tell *fileId*

返回文件“fileId”的指针位置。

(50)time *script* ? *count*?

计算脚本“script”的执行时间。

(51)trace *option* ? *arg arg* ...?

一组监控变量访问、命令使用和命令执行的命令。详细的参数请查阅相关的手册。

(52)unknown *cmdName* ? *arg arg* ...?

试图调用和使用一条不存在的命令。当 Tcl 解释器发现一条不存在的命令时查看是否存在 unknown 命令,如果有,则调用它,没有则出错。

(53)unset ? -*nocomplain*? ? --? ? *name name name* ...?

删除一个或多个变量。

(55)uplevel ? *level*? *arg* ? *arg* ...?

在不同的栈之间执行脚本。将所有的参数“arg”连接起来,在由“level”所指定的变量中执行。如果“level”是一个整数,给出的是执行本命令前的移动距离。缺省值为 1(即上一层)。

(56)upvar ? *level*? *otherVar myVar* ? *otherVar myVar* ...?

在不同的栈中为变量建立连接。这里的“level”与命令 uplevel 中的“level”含义相同。

(57)namespace? subcommand? ? *arg* ...?

创建和处理命令和变量。

一个名字空间是一个命令和变量的集合,通过名字空间的封装来保证他们不会影响其它名字空间的变量和命令。Tcl 总是维护了一个全局名字空间(global namespace)包含了所有的全局变量和命令。

[例 3.28] 创建一个新的名字空间,将下面程序代码存到 ex3_28. tcl 文件中

```
namespace eval Counter
{
    namespace export Bump
    variable num 0
    proc Bump {}
{
        variable num //声明局部变量
        incr num
    }
}
```

名字空间是动态的,可变的。

[例 3.29] 创建一个新的名字空间,将下面程序代码存到 ex3_29. tcl 文件中

```
namespace eval Counter
{
```

```
    variable num 0 //初始化
    proc Bump {}
    {
        variable num
        return [incr num]
    }
}
//添加了一个过程
namespace eval Counter
{
    proc test {args}
    {
        return $args
    }
}
//删除 test
namespace eval Counter
{
    rename test ""
}
```

第 4 章　NS2 语法

4.1　一个简单的例子

首先，我们用一个简单的例子说明 NS2 的语法。这个例子是一个用 Tcl 脚本语言编写的简单网络配置和模拟环境，图 4.1 说明了其网络拓扑结构。

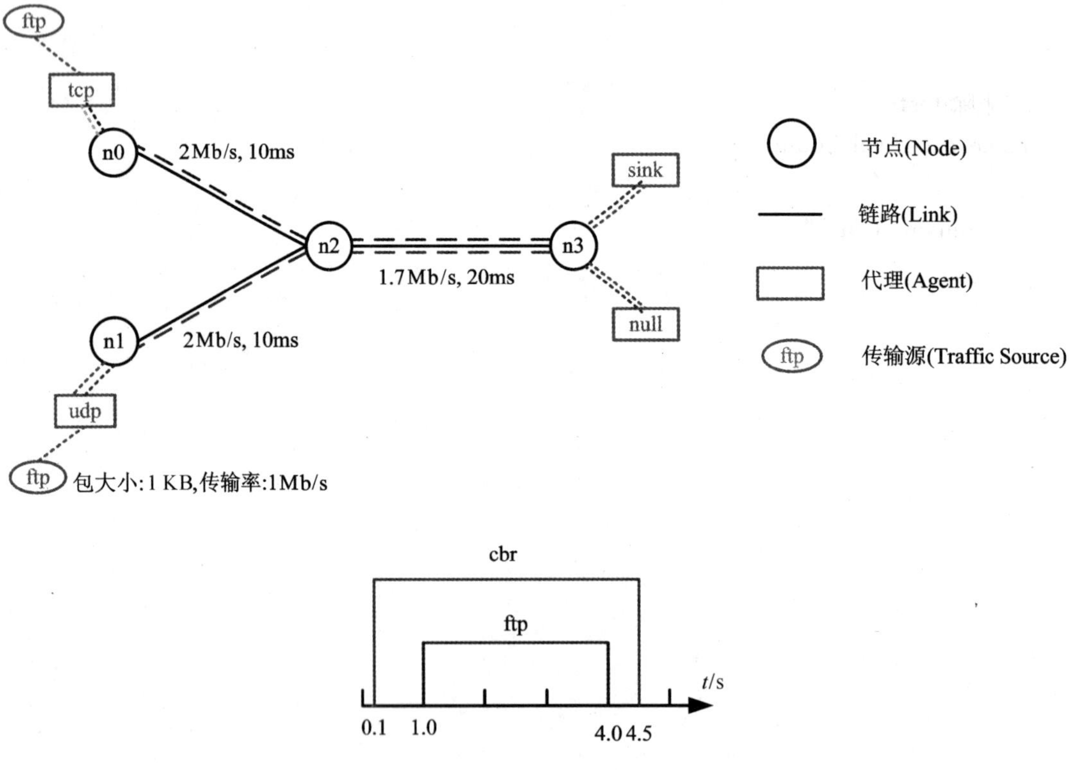

图 4.1　一个简单网络的拓扑和模拟实例

如图 4.1 所示，这个网络是由四个节点(n0，n1，n2，n3)组成的，在 n0 和 n2 节点之间是双向链路，n1 和 n2 的带宽是 2Mb/s，10ms 的延时。n2 和 n3 之间也是双向的链路，它们之间的带宽是 1.7Mb/s，延时是 20ms。每个节点都采用 DropTail 队列，最大容量是 10。n0 是 TCP 代理，并且和 n3 之间建立一个“sink”连接，在缺省的情况下，一个包最大的大小为 1 KB，TCP 的“sink”代理可以产生并且发送 ACK 包给发送端，并且可以在接受端释放这个包。n1 是 UDP 代理，和 n3 的空代理之间建立连接。这个空代理可以释放接受的包。ftp 和 cbr 这两个传输发生器分别和 TCP,UDP 代理绑定,cbr 被配置以 1Mb/s 的频率产生 1 KB 的包,cbr 在 0.1s 的时候开始,在 4.5s 的时候结束,ftp 是在 1.0s 的时候开始在 4.0s 的时候结束。例 4.1 所示代码为这个简单网络结果的模拟脚本。

[例 4.1]　一个简单的 NS2 模拟脚本,其完整程序代码存放在文件 ex4_1.tcl 中。

```
# Create a simulator object
set ns [new Simulator]

#Define different colors for date flows( for NAM)
$ns color 1 Blue
$ns color 2 Red

#Open the NAM trace file
set nf [open out.nam w]
$ns namtrace-all $nf

# Define a 'finish' procedure
proc finish{}{
      global ns nf
      $ns flush-trace
      #Close the nam trace file
      close $nf
      #Execulte nam on the trace file
      exec nam out.nam &
      exit 0
}

#Create four noedes
set n0 [$ns node]
set n1 [$ns node]
set n2 [$ns node]
set n3 [$ns node]

#Create links between the nodes
$ns duplex-link $n0 $n2 2MB 10ms Droptail
$ns duplex-link $n1 $n2 2MB 10ms Droptail
$ns duplex-link $n2 $n3 1.7MB 20ms Droptail

#Set Queue Size of link (n2-n3) to 10
$ns queue-limit $n2 $n3 10
```

```
#Give node position (for NAM)
$ns duplex-link-op $n0 $n2 orient right-down
$ns duplex-link-op $n1 $n2 orient right-up
$ns duplex-link-op $n2 $n3 orient right

#Monitor the queue for link(n2-n3). (for NAM)
$ns deplex-link-op $n2 $n3 queuePos 0.5

#Setup a TCP connection
set tcp [new Agent/TCP]
$tcp set class_ 2
$ns attach-agent $n0 $tcp
set sink [new Agent/TCPSink]
$ns attach-agent $n3 $sink
$ns conncect $tcp $sink
$tcp set fid_ 1

#Setup a FTP over TCP connection
set ftp [new Application/FTP]
$ftp attach-agent $tcp
$ftp set type_ FTP

#Setup a UDP connection
set udp [new Agent/UDP]
$ns attach-agent $n1 $udp
set null [new Agent/Null]
$ns attach-agent $n3 $null
$ns connect $udp $null
$udp set fid_ 2

#Setup a CBR over UDP connection
set cbr [new Application/Traffic/CBR]
$cbr attach-agent $udp
$cbr set type_ CBR
$cbr set packet_size_ 1000
$cbr set rate_ 1mb
$cbr set random_ false
```

```
# Schedule events for the CBR and FTP agents
$ ns at 0.1 " $ cbr start"
$ ns at 1.0 " $ stp start"
$ ns at 4.0 " $ ftp stcp"
$ ns at 4.5 " $ cbr stop"

# Detach tcp and sink agents(not really necessary)
$ ns at 4.5 " $ ns detach - agent  $ no  $ tcp; $ ns detach - agent  $ n3  $ sink"

#  Call the finish procedure after 5 seconds of simulation time
$ ns at 5.0 "finish"

#  print CBR packet size and interval
  puts "CBR packet size = [ $ cbr set packet_size_]"
  puts "CBR interval = [ $ cbr set interval]"

#  Run the simulation
$ ns run
```

下面对例 4.1 中的语句进行解释，并介绍其作用。

在通常情况下，一个 NS2 的脚本从建立一个模拟对象的实例开始。

set ns [new Simulator]　产生一个 NS2 模拟对象的实例，并且分配一个变量给 NS2(斜体字用来表示变量和数值)，这个语句主要完成的工作如下：①包格式的初始化；②产生一个事件调度计划；③选择一个默认的地址格式。

Simulator 对象有以下几个性质：

(1)产生组件对象，比如节点和链路；

(2)连接已经创建的网络组件对象；

(3)设置网络组件参数；

(4)在代理之间建立链接；

(5)指定 NAM 显示选项等。

大多数成员函数是用于模拟设置和事件调度的，但是也有一些是用于 NAM 显示的。Simulator 的成员函数在文件 ns/tcl/lib/ns - lib. tcl 中。

$ ns color fid color　设置每个数据流的颜色，Simulator 的成员函数是用来进行 NAM 显示的，在实际的模拟中没有作用。

$ ns namtrace - all file - descriptor　让模拟器以 NAM 的输入格式记录模拟结果。同时还给出了后续由 $ ns flush - trace 命令写入的跟踪文件的文件名。同样的，成员函数 trace - all 是用来以常规的格式记录模拟过程。

proc finish {}　这个过程是在命令 $ ns at 5.0 "finish"后被调用的。在这个函数中，定义了 post - simulation 过程。

set n0 [$ ns node]　成员函数 node 是用来创建一个节点。在 NS2 中，一个节点是一个组件对象，该组件对象由地址和端口组成，用户可以通过将地址和端口分别定义的对象来定义一个节点，然后将它们连接在一起。当然，模拟器中的这个函数使得创建一个节点是非常容易的，可以通过研究～ns/tcl/libs/ns－lib. tcl 和～ns/tcl/libs/ns－node. tcl 这两个文件来了解一个节点是如何创建的。

$ ns duplex－link node1 node2 bandwidth delay queue－type　创建两个已经定义的节点之间的双向链路，并对每个链路定义其带宽和延时。在 NS2 中，节点的队列输出被当做链路的一部分，因此，当用户创建一个链路时，需要定义队列的类型。在上例的模拟脚本中，使用的 DropTail 队列。如果用户想采用 RED 队列，只需用 RED 替代 DropTail 即可。NS2 执行队列的方法将在以后的章节中描述。和节点一样，链路也是一个组件对象，用户可以创建它们的子对象并且和节点连接。关于链路的描述在～ns/tcl/libs/ns－lib. tcl 和～ns/tcl/libs/ns－link. tcl 文件中。

$ ns queue－limit node1 node2 number　设置节点 1 和节点 2 之间两个单向链路的队列限制，如要了解模拟对象的成员函数有多少种类型，请参阅文件～ns/tcl/libs/ns－lib. tcl 和～ns/tcl/libs/ns－link. tcl 获取相关的知识。

$ ns duplex－link－op node1 node2 ...　用来设置 NAM 显示的。

$ set tcp [new Agent/TCP]　创建 TCP 代理。在通常情况下，用户可以使用这种方法创建任何的代理或者传输源。代理和传输源都在基本的对象中(不是在混合对象中)，通常是在C++ 中执行，并和 OTcl 连接。因此，没有特别的模拟器对象的成员函数来创建这些对象实例。为了创建代理或者传输源，用户必须要用类来命名对象(如 Agent/TCP，Agnet/TCP-Sink，Application/FTP 等)。这些说明在 NS2 的文档中或者本书中都有描述，但是比较简单的方法是查看 ～ns/tcl/libs/ns－default. tcl"文件。这个文件中包含了默认的网络对象的配置参数。

$ ns attach－agent node agent　这个 attach－agent 成员函数在一个节点对象上附加一个代理对象。事实上，该函数就是特定节点上的附加成员函数，即将给定的代理绑定在节点上。

$ ns connect agent1 agent2　当两个需要相互通信的代理创建后，接下来就要在这两个代理之间建立一个逻辑的网络链路。

假设所有的网络配置已经完成，接下来就是要写一个模拟脚本(也可以说是模拟计划)。模拟器对象本身有很多模拟事件调度计划的成员函数，但是经常使用的只有下面这个语句：

$ ns at time "string"　功能是创建一个事件调度计划在指定的模拟时间开始执行指定的字符串。就像例 4.1 中，$ ns at 0.1 " $ cbr start"就是创建一个事件调度计划调用 CBR 传输源对象，并启动 CBR 进行数据传输。在 NS2 中，通常一个传输源是不传输真实的数据的，但是它通知下面的代理有数据需要传输，然后，这个代理获知要传输数据的数据量，创建数据包并传输数据。

在所有的网络配置完成后，计划和模拟过程的描述就已经完成，接下来就是运行这个模拟，即 $ ns run。

4.2　基本语法

4.2.1　常用命令

NS2 的基本命令格式为：ns <OTclfile> <arg> <arg>...。模拟器是通过 NS2 解释程序调用的，模拟器是由 OTcl 脚本文件定义的。常用的主要命令如下：

(1) set ns [new Simulator]

目的在于创造一个 NS2 的仿真对象，主要的功能为初使化包的格式(packet format)和创造一个事件调度计划(Scheduler)。

(2) set node_ [$ns node]

建立一个名称为“node_”的节点，当然如果你想要创造很多个点的时候，一行一行写程序似乎太慢了，可以利用 Tcl 循环方式产生大量的节点(Nodes)，代码如下：

```
# Create 30 nodes
for {set i 0} {$i < 30} {incr i}
{
    set n($i) [$ns node]
}
```

(3) $ns simplex - link < n0 > < n1 > < bandwidth > < delay > < queue_type >

建立一条节点 n0 到 n1 的链路，并设定带宽“bandwidth”、延时“delay”和队列类型“queue_type”。队列的类型主要有 DropTail(a FIFO queue)，FQ，SFQ，DRR，RED，CBQ，CBQ/WRR 等。例如，在 n0 及 n1 之间建立一个带宽为 2Mb，队列类型为 DropTail 的链路，代码如下：

```
$ns duplex-link $n0 $n1 2Mb 20ms DropTail
```

(4) $ns duplex - link < n0 > < n1 > < bandwidth > < delay > < queue_type >：

建立一条双向链路，其他都同上。

(5) $ns attache - agent < node > < agent >

将代理(Agent)和节点(Node)绑定在一起。代理简单地说是表示节点的协议(Protocol)。例如，创建一个 TCP 协议的节点。代码如下：

```
# Create TCP Agent
set tcp [new Agent/TCP]
# TCP agent attach node(n0)
$ns attach-agent $n0 $tcp
# Create application upon TCP agent
set ftp [new Application/FTP] $ftp attach-agent $tcp
```

(6) $ns connect < agent1 > < agent2 >

在两个代理<agent1>和<agent2>中建立一条逻辑连接，但它不同于在“Simplex - link”和“duplex - link”中所建立的实体链路。

(7) $ns trace - all < tracefile >

将 NS2 模拟的内容写回到文件名为<tracefile>的文件中。例如：

set nf [open out. tr w] $ ns trace - all $ nf

建议此指令最好放在程序的前面(在建立 node 和 link 之前)，以免模拟结果无法完整写回文件。

(8) $ ns namtrace - all < tracefile >

同样是将 NS2 模拟的内容写回到文件名为< tracefile >的文件中，不过同时在 NAM 中也可以显示。

(9) $ ns at < time > < event >

在特定的时间< time >执行事件< event >。例如：

```
# 在 4.5 s 的时候执行 ftp
$ ns at 4.5 " $ ftp start"
# 在 5 s 时候执行自己所定义的 finish 函数
$ ns at 5.0 "finish"
```

(10) $ ns run

开始执行事件调度<scheduler>。

(11)set now [$ ns_ now]

这个事件调度表示在模拟器中始终保持时间跟踪，返回事件调度的当前时间。

(12) $ ns_ halt：

停止或者暂停事件调度。

(13) $ ns_ cancel <event>

取消事件，将事件从准备运行的事件列表中移走。

(14) $ ns_ create - trace <type> <file> <src> <dst> <optional arg：op>

在源<src>和目标<dst>之间创建一个类型为<type>的跟踪对象，并将跟踪对象写入文件<file>中作为跟踪的输出，如果“op”定义为“nam”，就产生 NAM 的跟踪文件，否则，如果“op”没有定义，就默认产生 NS 跟踪文件。

(15) $ ns_ flush - trace

将所有的跟踪对象写入到缓冲区。

(16) $ ns_ at - now <args>

这个命令从效果上和命令“ $ ns_ at $ now $ args”相似，但是这个命令因为 Tcl 的字符串的原因而不能独立使用。

(17) $ ns_ use - scheduler <type>：

指定事件调度的类型，主要有 List，Calender，Heap，RealTime，默认类型为 Calendar。

(18) $ ns_ after <delay> <event>：

调度事件<event>将在延迟<delay>时间后执行。

(19) $ ns_ clearMemTrace：

用于内存的调试。

(20) $ ns_ is - started：

如果模拟器已经开始运行，则此命令返回“真”，否则返回“假”。

(21) $ ns_ dumpq：

当事件调度停止时，这个命令将所有的事件在计划表中排队。

(22) $ ns_ create_packetformat：

设置包的格式。

4.2.2　有关节点和包的命令

常用的有关节点的命令如下：

(1) $ ns_ node [＜hier_addr＞]

创建和返回一个节点的实例。如果给出了＜hier_addr＞可选项，将节点的地址分配给＜hier_addr＞。但是需要注意的是，必须通过 set - address - format 设置地址格式。

(2) $ ns_ node - config - ＜config - parameter＞ ＜optional - val＞

这个命令是用来配置节点的。配置参数是指节点的地址类型、不同的网络组件的类型、跟踪状态打开与否、移动 IP 的打开等。如果是 Reset 选项就是将节点配置成默认状态。节点的默认状态是：如果没有指定的值，就是带地址或者路由的简单节点(基本节点类)。

(3) $ node id

返回节点的 id 数。

(4) $ node node - addr

返回节点的地址。如果在_at addressing 地址的情况下，节点的地址和它的 id 号相等。如果是在分级地址的情况下，节点的地址是字符串的形式。

(5) $ node reset

重新设置这个节点的代理。

(6) $ node agent ＜port_num＞

返回指定端口代理的句柄。如果在给定的端口没有找到代理，将返回一个空字符串。

(7) $ node entry

返回节点的入口指针，它是处理这个节点上接收到的包的_rst 对象。

(8) $ node attach ＜agent＞ ＜optional：port_num＞

将代理＜agent＞和节点绑定。在没有指定端口号的情况下，节点分配一个端口号并且把代理和这个端口绑定。因此一旦绑定代理，它接收发往这个节点上这个端口的包。

(9) $ node detach ＜agent＞ ＜null_agent＞

这是命令 8 的逆操作。它将代理从节点中分离出来并且在代理绑定的端口上安装一个空代理。它用来处理传输被发往分离代理的包。

将代理＜agent＞连接到端口＜port_num＞上，如果没有指定端口号＜port_num＞，则节点自己分配一个空闲的端口，将代理＜agent＞连到这个端口上。 $ node detach ＜agent＞＜port_num＞将代理＜agent＞和端口＜port_num＞分离，并将一个空代理连接到这个端口上。

(10) $ node neighbors

返回节点的邻居列表。

(11) $ node add - neighbor ＜neighbor_node＞

将邻居节点＜neighbor_node＞增加到邻居列表中。

4.2.3 有关链路的命令

下面是有关链路的命令列表：

(1) $ ns_ simplex - link <node1> <node2> <bw> <delay> <qtype> <args>

在节点 1<node1>和节点 2 <node2>之间建立单向链路，带宽为<bw>，延迟为<delay>，链路的队列类型为<qtype>，相关的参数通过<args>设定。

(2) $ ns_ duplex - link <node1> <node2> <bw> <delay> <qtype> <args>

在节点 1<node1>和节点 2<node2>之间建立双向链路。这是一个简单的双向链路，一个是从节点 1 到节点 2，另一个是从节点 2 到节点 1，其他参数和单向链路一样。

(3) $ ns_ duplex - intserv - link <n1> <n2> <bw> <dly> <sched> <signal> <adc> <args>

在节点 1<node1>和节点 2<node2>之间建立双向链路，队列的类型为"intserv"，带宽为<bw>，延迟为<delay>。这个队列的类型执行两个优先服务级别的事件调度，intserv 队列的类型是由<sched>指定的，允许控制单元的类型为<adc>和信号模块的类型为<signal>。

(4) $ ns_ simplex - link - op <n1> <n2> <op> <args>

用于设置单向链路的属性。属性有方向、颜色、标签和队列位置。

(5) $ ns_ duplex - link - op <n1> <n2> <op> <args>

用于设置双向链路的属性。

(6) $ ns_ link - lossmodel <lossobj> <from> <to>

产生可以在 NAM 中可见的丢失包。

(7) $ ns_ lossmodel <lossobj> <from> <to>

在链路中插入丢失模块。

下面是和链路有关的过程列表：

(1) $ ns_ register - nam - linkconfig <link>

这是由" $ link orient"使用的内部过程，它用来注册或者修改在 NAM 中创建的链路的顺序。

(2) $ ns_ remove - nam - linkconfig <id1> <id2>

这个过程用于将双向链路断开。

(3) $ link head

返回链路的实例变量 head_。head_是链路<link>的入口指针并且指向链路的_rst 对象。

(4) $ link add - to - head <connector>

允许链路中的连接器<connector>对象被 head_所指，即连接器<connector>对象在链路中变成_rst 。

(5) $ link link

返回实例变量 link_。link_变量是用来在链路中模拟延时的。

(6) $ link queue

返回实例变量 queue_。变量 queue_是链路中的队列元素，在一个特殊的链路中可能有一个或者多个队列元素。

(7) $ link cost <c>

设置链路的权值<c>。

(8) $ link cost?

返回链路的权值,链路默认的权值为1。

(9) $ link if - label?

返回和链路相关的网络接口(对多播路由而言)。

(10) $ link up

将链路的状态设为"up"。

(11) $ link down

和上一个命令相似,这个命令将链路的状态设为"down"。

(12) $ link up?

返回链路的状态。链路状态的默认值是"up"。

(13) $ link all - connectors op

将操作<op>应用到链路中的所有连接。

(14) $ link all - connectors

将所有的连接复位。

(15) $ link install - error <errmodel>

在 link_元素之后安装误码模块。

在上述的链路命令以及和链路有关的命令中,还有其他一些过程支持不同类型的链路。这些链路继承于基类"Link",例如:单向链路(SimpleLink)、完整服务链路(IntServLink)、基类队列链路(CBQLink)、对等队列链路(FQLink)以及支持多播路由的过程和 NAM 会话等。上述这些过程的源代码见 ns/tcl/lib(ns - lib. tcl,ns - link. tcl,ns - intserv. tcl,ns - namsupp. tcl,ns - queue. tcl),ns/tcl/mcast/(McastMonitor. tcl,ns - mcast. tcl),ns/tcl/session/session. tcl 等文件中。

下面是队列管理和包计划的命令列表:

(1) $ ns_ queue - limit <n1> <n2> <limit>

设置两个节点<n1>和<n2>之间队列的最大缓冲区。

(2) $ ns_ trace - queue <n1> <n2> <optional:file>

在队列中对日志设置跟踪对象。

(3) $ ns_namtrace - queue <n1> <n2> <optional:file>

和上个队列跟踪命令相似,在队列中设置 nam 跟踪。

(4) $ ns _ monitor - queue < n1 > < n2 > < optional: qtrace > < optional: sampleinterval>

这个命令是插入对象以观测队列大小的变化。返回插入对象的句柄,查询这个对象以决定平均队列的大小,其默认值为0.1。

第二部分　NS2 结果分析

第 5 章　跟踪文件 out. tr

当利用 Tcl 脚本文件执行 NS2 模拟后，就会产生一个跟踪文件，这个跟踪文件默认的文件名为 out. tr，这个文件主要记录数据包在仿真过程中的传输情况。out. tr 文件的基本格式如图 5.1 所示。

```
r 51.062966 1 2 tcp 1040 ------- 1 0.1 2.1 3646 85545
+ 51.062966 2 1 ack 56 ------- 1 2.1 0.1 3647 86468
- 51.062966 2 1 ack 56 ------- 1 2.1 0.1 3647 86468
r 51.063798 1 2 tcp 1040 ------- 1 0.1 2.1 3648 85571
+ 51.063798 2 1 ack 48 ------- 1 2.1 0.1 3649 86469
- 51.063798 2 1 ack 48 ------- 1 2.1 0.1 3649 86469
r 51.06463 1 2 tcp 1040 ------- 1 0.1 2.1 3650 85594
+ 51.06463 2 1 ack 40 ------- 1 2.1 0.1 3675 86471
- 51.06463 2 1 ack 40 ------- 1 2.1 0.1 3675 86471
```

event	time	from node	to node	pkt type	pkt size	flags	fid	src addr	dst addr	seq num	pkt id

图 5.1　our. tr 文件的基本格式

跟踪文件中的每一行从一个事件调度开始，分别用“+”、“-”、“d”、“r”来表示不同的事件，其后是这个事件的开始时间、源节点和目标节点等，跟踪文件中共有 12 列，每一列所代表的意义分别描述如下：

(1)event：表示事件的类型，其中：

r：表示目的端收到数据包；

+：表示数据包放入队列中；

-：表示数据包从队列中取出；

d：表示队列已经满了，这个数据包被丢掉。

(2)time:表示事件发生的时间。

(3)from node:表示数据包的源节点。

(4)to node:表示数据包的目标节点。

(5)pkt type:表示数据包的类型。

(6)pkt size:表示数据包的大小。

(7)flags:表示数据包的标志。

(8)fid:表示连接的 ID 号。

(9)src addr:表示源节点的地址,由节点号和端口号组成。

(10)dst addr:表示目标节点的地址,由节点号和端口号组成。

(11)seq num:表示网络层包的顺序号(sequence number),需要注意是,对于 UDP 应用来说是不需要顺序号的,但是 NS2 依然保持这个顺序号是为了便于分析。

(12)pkt id:表示数据包的唯一 ID 号。

这个跟踪文件的每一行记录着包的传输过程,但是从表面上很难观察和分析包的传输情况,通常会利用一些工具(如 Perl,Awk,Gnuplot 等),来提取所需要的数据。

第 6 章　动画演示工具 NAM

NAM 是基于 Tcl/TK 的动画演示工具，用以观察网络模拟的跟踪行为和现实世界中数据包的跟踪数据，NAM 的设计理念是创造一个动画演示工具，以能够读取大批量的动画演示数据集，并能够灵活地扩展，以适应不同网络环境下的场景可视化要求。为此，NAM 应该能够从信息量很大的跟踪文件中读取简单的演示事件命令。为了能处理庞大的动画数据信息，需要在计算机内存中保存少量的有用信息。

使用 NAM 进行演示的第一步是产生跟踪文件 out. tr，其中包含了网络的拓扑信息，如节点、链路以及数据包的跟踪数据。该文件一般由 NS2 创建。在 NS2 的模拟过程中，用户可以通过跟踪事件生成拓扑结构、布局信息和数据包的跟踪信息等。

生成跟踪文件之后，就可以用 NAM 进行演示。演示开始时，NAM 会读取跟踪文件，创建网络拓扑，显示窗口界面，进行必要的布局设置，然后停止在时间标记为 0 的地方。借助其中的用户接口，NAM 实现了各方面的演示控制。

6.1　NAM 的命令行选项

NAM 的基本命令格式如下：

nam [- g\<geometry\>][- t\<graphInput\>][- i\<interval\>][- j\<startup time\>] [- k\<initial socket port number\>][- N\<application name\>][- c\<cache size\>][- f\<configuration file\>][- a][- p][- S][\<tracefile(s)\>]

其中命令行各个选项的含义如下：

- g 确定启动时 NAM 窗口的几何坐标位置；

- t 设定使用 tkgraph，并确定其输入文件；

- i 设定屏幕刷新速率，以毫秒为单位；

- j NAM 的启动时间；

- k 初始的端口号；

- N 设定此 NAM 实例的应用程序名称；

- c 当需要进行反向时，用于设定存储活动对象信息的缓存最大值；

- f 当演示启动时，需要载入的初始化文件；

- a 创建一个独立的 NAM 实例；

- p 打印出 NAM 的 trace 文件的格式；

- S 开启同步的 X 环境行为，以便于图形的调试，仅用于运行 X 环境的 Unix 系统下的跟踪文件<tracefile>。

6.2　用户接口

启动 NAM 之后，首先会显示一个 NAM 控制窗口，如图 6.1 所示。通过它可以在一个 NAM 实例下运行多个演示视图，在 NAM 控制窗口的顶部有一个菜单条，包含 File 和 Help 菜单。File 菜单下有 New 命令，点击它可以出现 nam Editor，创建网络拓扑；Open 命令可以打开已有的跟踪文件；WinList 命令能够弹出一个窗口，其中显示了所有当前打开的跟踪文件；点击 Quit 命令会退出 NAM 系统；点击 Help 菜单会弹出一个帮助屏，以及用来显示版权和版本信息的按钮。

跟踪文件被载入后(可用 Open 菜单命令或在命令行中指定的跟踪文件)，会显示一个演示窗口。在这个演示窗口中，有 Save Layout 命令，用于将当前的网络布局保存到指定的文件中。Print 命令将打印当前的网络布局。

View 命令下有 4 个按钮：

New View 按钮：为当前的演示创建一个新的视图，用户可以滚动、放大和缩小视图中的内容。这些视图都是同步演示的。

Show Monitor 复选框：如果被选中，在窗口的下半部会出现一个面板以显示监视器。

Show Autolayout 复选框：如果被选中，在窗口的下半部分会出现一个面板，其中包含输入编辑框和自动布局调整按钮，当使用链路方向的布局方式时，这些输入编辑框不起作用。

Show Annotation 复选框：如果被选中，在窗口的下半部出现一个列表框，以时间顺序列出所有的注解。

菜单条之下是一个控件条，其中包含 6 个按钮，1 个标签，1 个滚动条，它们可以以任意顺序被点击。

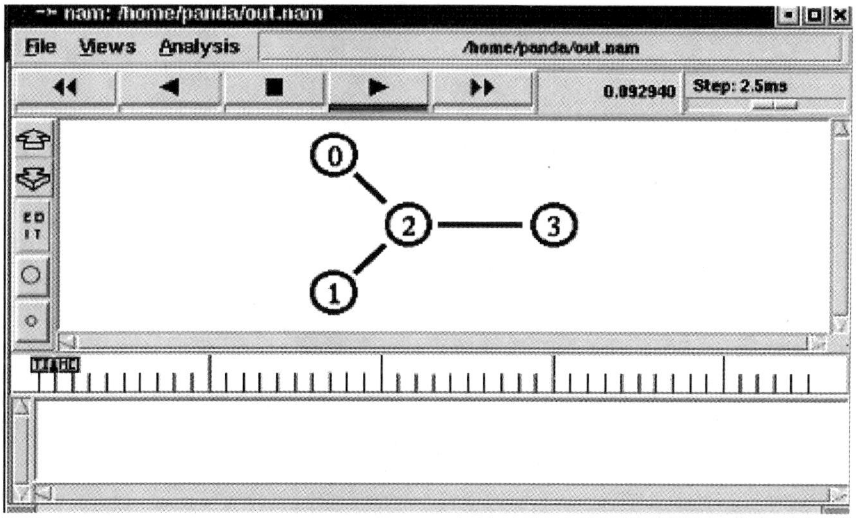

图 6.1　NAM 的界面

在 NS2 中常用的 NAM 的命令如下：

1. 设置选项——颜色、形状、标签

设置节点的颜色：$ node color "color"(red,blue,green 等)；

设置节点的形状(预设圆形)：$ node shape square(circle,square,和 hexagon)；

设置节点的的标签：$ node label "Text"；

设置节点的标签的颜色：$ node label - color blue。

2. 设置链路的选项——颜色、标签、标签的颜色

设置链路颜色：$ ns duplex - link - op $ n1 $ n2 color green；

设置链路的标签：$ ns duplex - link - op $ n1 $ n2 label "Text"；

设置链路标签的颜色：$ ns duplex - link - op $ n1 $ n2 label - color blue。

第 7 章　分析工具 Awk

7.1　Awk 简介

Awk 是一种程序语言，它具有一般程序语言常见的功能，因 Awk 语言具有某些特点，例如：使用解释器(Interpreter)不需先行编译，变量无类型之分(Typeless)，可使用文字当数组的注标(Associative Array)等特点，因此，使用 Awk 撰写程序比使用其他语言更简洁便利，且节省时间。Awk 还具有一些内在功能，使得 Awk 擅于处理数据记录(Record)，字段(Field)型的数据；此外，Awk 内建有 Pipe 的功能，可将处理中的数据传送给外部的 Shell 命令加以处理，再将 Shell 命令处理后的数据传回 Awk 程序，这个特点也使得 Awk 程序很容易使用系统资源。

7.2　Awk 的运行过程

为了便于解释 Awk 程序架构以及相关的术语，这里就以 NS2 的跟踪文件为例加以介绍。

7.2.1　字段定义

Awk 可以从数据文件中读取数据，特别是可以对文本文件进行数据处理，例如，利用 Awk 对 NS2 产生的跟踪文件进行分析和处理，可以将跟踪文件的每一行看做是一条数据记录，每一个列看成为一个字段，字段之间以空格隔开。

在 Awk 读入数据后，会把每个记录、每个字段的值存入字段变量，如表 7.1 所示。

表 7.1　Awk 的字段变量的含义

字段变量	含　义
$0	为一字符串，其内容为目前 Awk 所读入的数据记录
$1	代表 $0 上第一个字段的数据
$2	代表 $0 上第二个字段的数据
……	……

7.2.2　程序结构

Awk 程序的基本结构如下：

Pattern1 { Actions1 }

Pattern2 { Actions2 }

……

PatternN { ActionsN }

其中,Pattern 一般常用"关系判断式"来表示,例如:

x > 3 用来判断变量 x 是否大于 3;

x = =5 用来判断变量 x 是否等于 5。

Awk 提供和 C 语言相同的关系操作符,如:>、<、>=、<=、==、!=等等。

Actions 是由许多 Awk 指令构成的,而 Awk 的指令与 C 语言中的指令非常类似。如 IO 指令:print,printf( ),getline……流程控制指令:if (…) {…} else {…},while(…){…} ……

Awk 程序的流程是先判断 Pattern 的结果,若为"真",则执行相对应的 Actions,若为"假",则不执行相对应的 Actions。若是处理的过程中没有 Pattern,Awk 会无条件地去执行 Actions。

7.2.3 运行流程

当执行 Awk 程序时,它会反复执行以下 4 个步骤:

(1)自动从指定的数据文件中读取一条记录。

(2)自动更新相关的内部变量的值。

(3)逐次执行程序中所有的 Pattern { Actions }指令。

(4)当执行完程序中所有 Pattern { Actions }时,若数据文件中还有未读取的记录行,则反复执行步骤 1 到步骤 4。

Awk 会自动重复进行上述 4 个步骤的执行,因此使用者不必在程序中写循环语句。

第 8 章　绘图工具 XGraph 和 Gnuplot

8.1　XGraph 简介

如果安装 NS2 时采用的是 allinone 的方式，则你就会发现其中包含了一个工具，即 XGraph，这个工具的原理非常简单，只要给它提供一个文件，包含 x 轴和 y 轴的信息，它就可以根据这些信息，画出曲线图来，如图 8.1 所示。

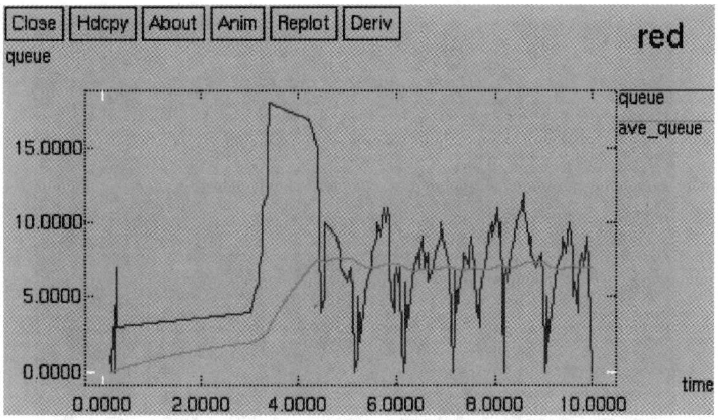

图 8.1　XGraph 绘图工具

但是在 NS2 中，并没有提供这样一些函数，能够快速地产生在 XGraph 中进行绘图的数据，因此必须用户自己定义要显示的参数，并将这些数据写入文件中。例如，利用 XGraph 工具描绘出在模拟过程的某一时间内包的丢失情况，就必须自己编写一个 shell 脚本或者 perl 程序去抓取在指定时间段内跟踪文件中相关的数据记录，并产生一个新的关于丢包记录的数据文件，然后在命令行模式下输入“Xgraph＜文件名＞”，才可产生相应的曲线图。

8.2　Gnuplot 简介

Gnuplot 是一个命令行的交互式绘图工具（command - driven interactive function plotting program）。用户通过输入命令，可以逐步设置或修改绘图环境，并以图形描述数据或函数，使我们可以借由图形做更进一步的分析。

首先，执行 $ startxwin. bat，如图 8.2 所示。

其次，在新开出来的窗口输入 Gnuplot，即进入 Gnuplot 的绘图环境中，如图 8.3 所示。

图 8.2　进入 Cgywin 环境

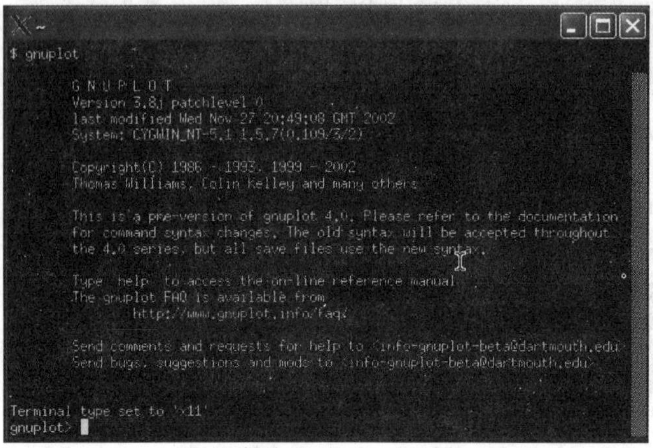

图 8.3　Gnuplot 环境

8.2.1　坐标轴设置

当设定坐标轴参数时，绘图参数可分为变量名称、标点、网格、显示范围、坐标轴显示方式和显示与否等 6 方面。在表 8.1 中列出了几个常用的设置功能。

表 8.1　Gnuplot 中坐标轴的设置参数

功　　能	绘图参数名称
标点设定	xtics, ydtics
网格设定	grid
坐标显示方式	logscale
显示范围设定	autoscale, xrange, yrange
坐标轴显示与否	xzeroaxis, yzeroaxis

1. 标点设定

xtics 是对 x 坐标轴上的标点做设定。如起始点、结束点、间隔或在轴上特定点放特定的名称。其语法为：

set xtics { {<start>, <incr>{, <end>}} |{({"<label>"} <pos> {, {"<label>"} <pos>}...)} }

unset xtics　# 不标示任何 x 轴上的标点。

show xtics　# 显示 x 轴标点的状况。

例如：gnuplot > plot sin(x)，如图 8.4 所示。

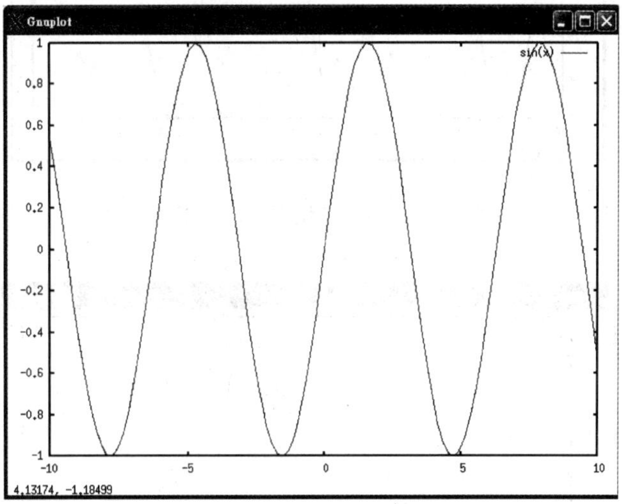

图 8.4　Gnuplot 环境下绘制的正弦函数

在 x 轴上的标点设定是以 5 为单位。若是想要把标点距离设小一点，例如设为 1，可以使用

set xtics -10,1,10

plot sin(x)

其结果如图 8.5 所示。

ytics 与 xtics 相似，其不同点是 ytics 作用在 y 轴上。

2. 网格设定

在 xOy 坐标平面上依刻度画上方格子。

例如：

gnuplot> set grid

gnuplot> plot sin(x)

其结果如图 8.6 所示。

若是想要把网格去掉，只要执行 unset grid 即可。

3. 坐标显示方式设定

分为线性与对数两种。默认方式为前者，若要改为对数方式，其语法为

set logscale <axes> <base>

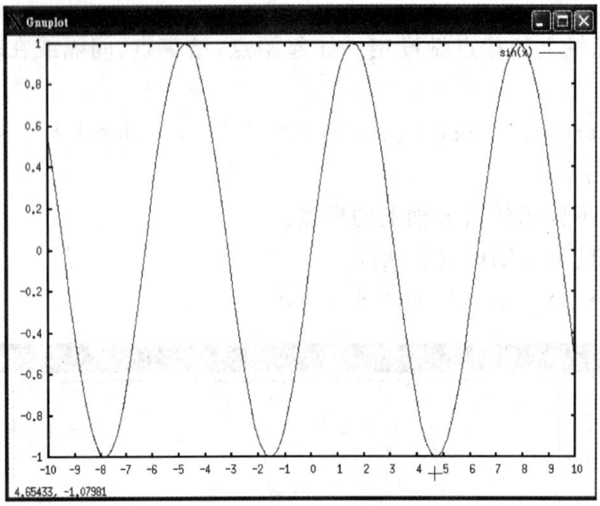

图 8.5　Gnuplot 环境下绘制的正弦函数

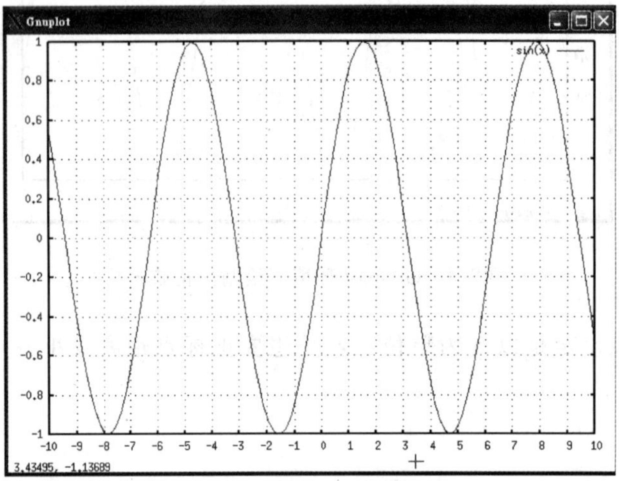

图 8.6　Gnuplot 下带网格的正弦函数

其中，axes 为 x 轴、y 轴、z 轴的任意组合。base 预设为 10。

4. 显示范围设定

改变各轴的显示范围。autoscale 参数设定后 Gnuplot 自动调整显示范围，而 xrange，yrange则是可以由使用者设定该轴的范围。以 xrange 为例，其语法为：

set xrange [{＜xmin＞ : ＜xmax＞}]

其中，参数＜xmin＞与＜xmax＞代表 x 轴的起点与终点，可以是数字或数学表达式。

例如：

gnuplot＞ set xrange [0:10]

gnuplot＞ plot sin(x)

其结果如图 8.7 所示。

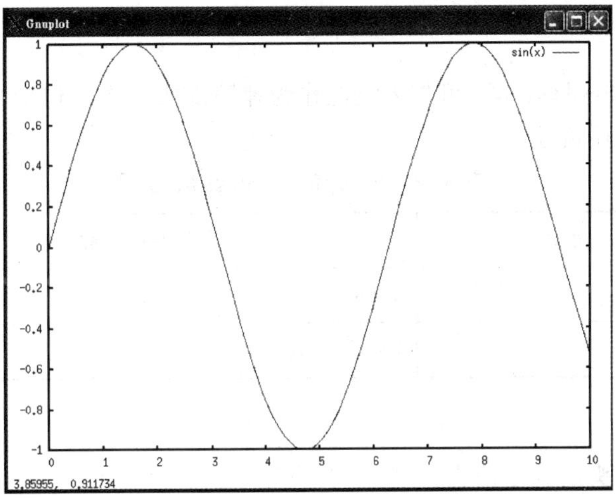

图 8.7　Gnuplot 环境中设置显示范围的正弦函数

5. 坐标轴显示设定

设定是否要画出坐标轴,以 x 轴为例:

```
set xzeroaxis        # 设定显示 x 坐标轴
unset xzeroaxis      # 设定不显示 x 坐标轴
show xzeroaxis       # 检查 x 坐标轴显示与否
```

例如:

```
gnuplot> set x zeroaxis
gnuplot> plot sin(x)
```

其结果如图 8.8 所示。

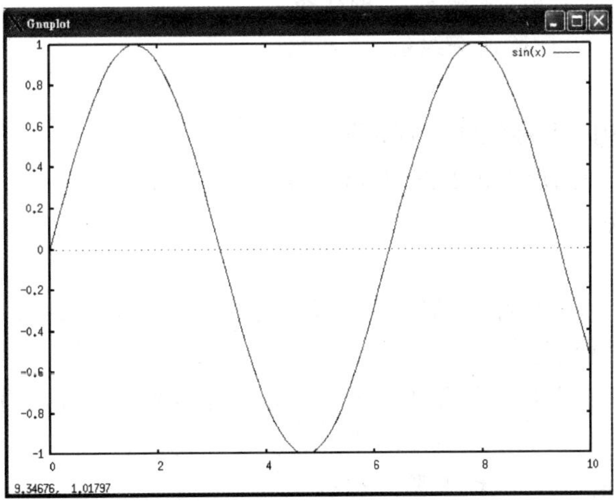

图 8.8　Gnuplot 环境下的显示坐标轴的正弦函数

若是要把 xzeroaxis 去掉,只要执行 unset xzeroaxis 即可。

8.2.2 标识设置

Gnuplot 除了绘出图形外，还可加入批注作为辅助说明。批注包括文字与线条两个方面，常用的设置在表 8.2 中说明。

表 8.2 Gnuplot 标识参数设置

功能	绘图参数名称
线条	arrow
文字批注	key, label, title, xlabel, ylabel

1. 线段绘制

可以选择有无箭头。其语法为：

set arrow {＜tag＞} {from ＜sx＞,＜sy＞{,＜sz＞}}{to ＜ex＞,＜ey＞{,＜ez＞}}{{no}head}

unset arrow {＜tag＞}　　　　# 删除一线条

show arrow　　　　　　　　# 显示线条使用情况

其中，参数＜tag＞是给该线段一个整数名称，若不设定则为最小可用整数。此线段由坐标(sx,sy,sz)到(ex,ey,ez)(在二维图形中为(sx,sy)到(ex,ey))。参数“nohead”表示没有箭头的线段，参数“head”或没有“nohead”参数表示为有箭头的线段。例如：

set arrow to 1,2 #画一带有箭头的线段由原点到(1,2)

set arrow 3 from 0.4, 0.3 to 0.2, 0.1　#画一条名称为“3”的带箭

#头线段，坐标从(0.4,0.3)

#到(0.2,0.1)

unset arrow 3　　#删除名称为“3”的线条

unset arrow　　　#删除所有线条

2. 文字批注

可以分为题头(title)和标注(label)的设定。

题头(title)：设定在图形的正上方，其语法为：

set title {"＜title-text＞"} {＜xoff＞}{,＜yoff＞}

show title

其中，设定参数＜xoff＞或＜yoff＞为微调标头放置的地址。xlabel，ylabel 的语法与 title 相同，其各自描述一坐标轴。

标识(label)：为在图上任一位置加上文字说明，一般与线条一并使用。例如：

set label {＜tag＞} {"＜label_text＞"}{at ＜x＞,＜y＞{,＜z＞}}{＜justification＞}

unset label {＜tag＞}　　　# 删除一标示

show label　　　　　　　# 显示标示使用情况

其中，参数＜tag＞与“线条”(arrow)中＜tag＞意义相同，用以区别不同的标识。参数＜justification＞是调整文字放置的位置，可以是左＜left＞、右＜right＞或中部＜center＞。例如：

```
set label "y=x"at 1,2              # 将 y=x 放在坐标 (1,2) 之处
set label 3 "y=x^2" at 2,3 right   # 将 y=x^2 放在坐标 (2,3) 之处,并命名为"3"
set label 3 center                 # 将名为"3"的标识居中放置
unset label 3                      # 删除名为"3"的标识
unsel label                        # 删除所有标识
```

图形绘制完成后,Gnuplot 会将函数名称或图形文件名称置于右上角。设定 key 参数可改变名称放置的位置。其语法为:

```
set key
set key <x>,<y>{,<z>}              #其中参数 <x>, <y>, <z> 设定名称
                                   #放置位置
unset key                          #不显示名称
show key                           #再度显示名称
```

8.2.3　图形设置

Gnuplot 描绘数据图形是在读入数据文件中的坐标值后,以图样绘制的。而描绘函数图形是计算若干点的函数值后,也是以某种图样绘制函数曲线。Gnuplot 提供了 9 种图样,分别如下:

(1)lines:将相邻的点以线条连接。如 plot sin(x) with lines。

(2)points:将每一点以"点"样绘制。如 plot sin(x) with points。

(3)linespoints:同时具有 lines 及 points 的功能。如 plot sin(x) with linespoints。

(4)impulses:将每一点画一垂直线至 x 轴。如 plot sin(x) with impulses。

(5)dots:将每一点绘一细点。如 plot sin(x) with dots。

(6)steps:以垂直线及水平线各一条来连接两点,形成梯形。若连接(x1,y1),(x2,y2)两点,以(x1,y1)到(x2,y1)和(x2,y1)到(x2,y2) 两线段连接。如 plot sin(x) with steps。

(7)errorbars:对每一点坐标值(x,y),画一条由(x,ylow)至(x,yhigh)的线段。如 plot sin(x) with errorbars。

(8)boxes:按照给定的 x 坐标为中心从 y 轴到给定的 y 坐标画一个方框。如 plot sin(x) with boxes。

(9) boxerrorbars: 组合 errorbars 与 boxes 两者的功能。如 plot sin(x) with boxerrorbars。

8.2.4　输出设置

Gnuplot 的输出参数设定有终端 terminal 和输出 output 两种。

1. Terminal 输出

设定 Gnuplot 的输出设备,Gnuplot 提供许多输出设备,其命令格式为:

```
set terminal {<terminal-type>}
show terminal
```

其中,参数<terminal-type>为输出设备的名称。

2. Output 输出

Gnuplot 将输出送至标准输出。此设定可将图形输出到文件或者标准输出设备。命令格式如下：

set output {"＜filename＞"}

show output

将输出送至文件＜filename＞中。

第 9 章　实　　例

本章将以一个简单的网络环境为实例，介绍如何使用第 5 章到第 9 章所介绍的工具来分析和显示模拟结果，其中包含了如何去测量端对端的延迟（End - to - End Delay）、延迟时间变化量（Jitter）、丢失包（Packet Loss）和吞吐量（Throughput）。而采用的方法是分析跟踪文件，这种方法的优点是简单且不需要去修改 NS2 的核心；但缺点是如果仿真数据太多，跟踪文件会很大，这样会增加分析所需要的时间。另外一种方法，是去更改 NS2 核心，增加或修改一些文件，把所需要测量的数据直接记录下来，这种方法的优点是模拟结束后，所需要测量的数据已经完全记录下来，但缺点是要涉及 NS2 核心的部分，对于初学者而言，这是一个很大的困难。

在此，以例 4.1 为例，来说明通过几种常用的分析工具对跟踪文件进行分析的方法。如图 9.1 所示，模拟结束后，会产生两个文件，一个是 out. nam，这是给 NAM 用的，用来把模拟的过程通过 NAM 可视化地显示出来，这可以让用户用“看”的方式去了解包是如何从源节点传输到目标节点的。另一个文件是 out. tr，这个文件记录了仿真过程中包传输中的所有事件，例如第一条记录是一个 CBR 包，长度为 1 000 B，在时间 0. 1s 的时候，从 n1 传送到 n2。这个文件对我们做性能分析很重要。

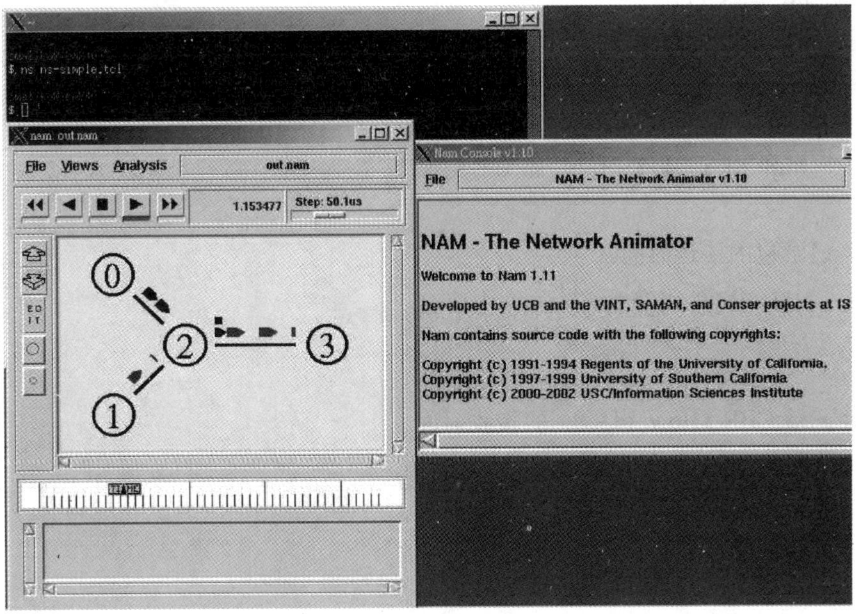

图 9.1　例 4.1 仿真结果的 NAM 显示

9.1 用 Awk 分析

利用 Awk 程序分析跟踪文件，从而对吞吐量、延迟等进行分析。

9.1.1 端对端的延迟测量

下面的 Awk 程序的功能是测量 CBR 包端到端的延迟时间，文件名为 measure－delay. awk。

[例 9.1] 编写 Awk 程序测量 CRB 包端到端的延迟时间。

```
BEGIN {
    #程序初始化，设定一变量以记录目前处理包的最大 ID。
    highest_packet_id = 0;
}
{
    action = $1;
    time = $2;
    node_1 = $3;
    node_2 = $4;
    type = $5;
    flow_id = $8;
    node_1_address = $9;
    node_2_address = $10;
    seq_no = $11;
    packet_id = $12;
    #记录目前最大的 packet ID
    if ( packet_id > highest_packet_id )
        highest_packet_id = packet_id;

    #记录包的传送时间
    if ( start_time[packet_id] = = 0 )
        start_time[packet_id] = time;

    #记录 CBR (flow_id=2) 的接收时间
    if ( flow_id = = 2 && action ! = "d" ) {
        if ( action = = "r" ) {
            end_time[packet_id] = time;
        }
    }
        else {
            #把不是 flow_id=2 的包或者是 flow_id=2 但此包被丢掉的
```

```
            #时间设为 -1
            end_time[packet_id] = -1;
        }
}
END {
#当数据记录全部读取完后,开始计算有效包的端点到端点延迟时间
for ( packet_id = 0; packet_id <= highest_packet_id; packet_id++ )
{
    start = start_time[packet_id];
    end = end_time[packet_id];
    packet_duration = end - start;

    #只把接收时间大于传送时间的记录列出来
    if ( start < end ) printf("%f %f\n", start, packet_duration);
    }
}
```

该程序的执行方法如下($ 为 shell 的提示符号):

```
$ awk -f measure-delay.awk out.tr
```

若是要把执行结果存到文件中,可使用如下命令(即把执行结果存到 cbr_delay 文件中):

```
$ awk -f measure-delay.awk out.tr > cbr_delay
```

执行结果:

```
    0.100000 0.038706
    0.108000 0.038706
    0.116000 0.038706
    0.124000 0.038706
    0.132000 0.038706
    ……
```

9.1.2 Jitter 测量

Jitter 就是延迟时间变化量(Delay Variance),由于网络的状态随时都在变化,有时候流量大,有时候流量小,当流量大的时候,许多包就必须在节点队列中等待被传送,因此每个包从发送端到目标端的时间不一定会相同,而这个差异就是所谓的 Jitter。Jitter 越大,则表示网络越不稳定。下面的程序为测量 CBR 的 Jitter 的 Awk 文件,文件名为 measure-jitter.awk。

[例 9.2] 编写 Awk 程序进行 Jitter 测量。

```
BEGIN {
    #程序初始化
    old_time=0;
    old_seq_no=0;
    i=0;
```

```
}
{
    action = $1;
    time = $2;
    node_1 = $3;
    node_2 = $4;
    type = $5;
    flow_id = $8;
    node_1_address = $9;
    node_2_address = $10;
    seq_no = $11;
    packet_id = $12;

    #判断是否为 n2 传送到 n3,类型为 cbr,动作为接受包
    if(node_1==2 && node_2==3 && type=="cbr" && action=="r")
    {
        #求出目前包的序号和上次成功接收的序号差值
        dif=seq_no-old_seq_no;

        #处理第一个接收包
        if(dif==0) dif=1;

        #求出 jitter
        jitter[i]=(time-old_time)/dif;
        seq[i]=seq_no;
        i=i+1;
        old_seq_no=seq_no;
        old_time=time;
    }
}
END {
    for (j=1; j<i ;j++)
        printf("%d\t%f\n",seq[j],jitter[j]);
}
```

执行方法($ 为 shell 的提示符号):

```
$ awk -f measure-jitter.awk out.tr
```

若是要把执行结果存到文件中,命令如下(即把执行结果存到 cbr_jitter 文件中):

```
$ awk -f measure-jitter.awk out.tr > cbr_jitter
```

执行结果：

```
1  0.008000
2  0.008000
3  0.008000
4  0.008000
......
```

9.1.3 丢包数量的测量

[例 9.3] 编写程序测量 CBR 的包丢失数量。

```
BEGIN {
    #程序初始化,设定一变量记录 packet 被 drop 的数目
    fsDrops = 0;
    numFs = 0;
}
{
    action = $1;
    time = $2;
    node_1 = $3;
    node_2 = $4;
    src = $5;
    flow_id = $8;
    node_1_address = $9;
    node_2_address = $10;
    seq_no = $11;
    packet_id = $12;

    #统计从 n1 送出的包的数量
    if (node_1==1 && node_2==2 && action == "+")
        numFs++;
    #统计 flow_id 为 2,且被丢掉的包
    if (flow_id==2 && action == "d")
        fsDrops++;
}
END{
    printf("number of packets sent:%d lost:%d\n", numFs, fsDrops);
}
```

执行方法($ 为 shell 的提示符号)：

```
$ awk -f measure-drop.awk out.tr
```

执行结果：

number of packets sent:550 lost:8

这代表 CBR 送出了 550 个包，但其中 8 个包丢失了。

9.1.4 Throughput 测量

下面的程序功能是测量 CBR 的吞吐量，这里所说的吞吐量是指的平均吞吐量。

[例 9.4] 编写程序测量 CBR 的吞吐量。

```
BEGIN {
    init=0;
    i=0;
}
{
    action = $1;
    time = $2;
    node_1 = $3;
    node_2 = $4;
    src = $5;
    pktsize = $6;
    flow_id = $8;
    node_1_address = $9;
    node_2_address = $10;
    seq_no = $11;
    packet_id = $12;

    if(action=="r" && node_1==2 && node_2==3 && flow_id==2) {
        pkt_byte_sum[i+1]=pkt_byte_sum[i]+ pktsize;
        if(init==0) {
            start_time = time;
            init = 1;
        }
        end_time[i] = time;
        i = i+1;
    }
}
END {
    #为了画图好看，把第一条记录的吞吐量设为零，以表示传输开始
    printf("%.2f\t%.2f\n", end_time[0], 0);
```

```
    for(j=1 ; j<i ; j++){
        th = pkt_byte_sum[j] / (end_time[j] - start_time) * 8/1000;
        printf("%.2f\t%.2f\n",end_time[j],th);
    }
    #为了画图好看,把最后一条记录的吞吐量再设为零,以表示传输结束
    printf("%.2f\t%.2f\n",end_time[i-1],0);
}
```

执行方法($ 为 shell 的提示符号):

$ awk -f measure-throughput.awk out.tr

若是要把执行结果存到文件中,命令如下(即把结果存到 cbr_throughput 文件中):

$ awk -f measure-throughput.awk out.tr > cbr_throughput

执行结果:

```
0.14   0.00
0.15   1000.00
0.15   1000.00
0.16   1000.00
......
```

9.2 用 XGraph 和 Gnuplot 绘图

前面介绍如何用 Awk 测量延迟、丢包量和吞吐量后,需要将测量所得到的数据直观地描绘出来。下面介绍用 XGraph 和 Gnuplot 工具进行绘图,但是由于 XGraph 绘图效果较差,因此只简单介绍,这里重点介绍 Gnuplot。

9.2.1 用 XGraph 绘图

在 Shell 的提示符号后输入 startxwin.bat,接着会出现一个新的窗口,在此窗口输入 XGraph cbr_delay,就可以把前面所保存的文件画出来。XGraph 是把第一行当做 x 轴的数据,第二行当做是 y 轴的数据,然后进行绘图。

1. CRB 的端对端延迟图(见图 9.2)

在模拟刚开始的时候,由于只有 CBR 的包,所以延迟时间是固定的,但在 1.0 s 后,网络多了 FTP 的数据包,这使得 CBR 数据包和 FTP 数据包之间开始抢占网络带宽,因此延迟时间变得不再固定,但等到 FTP 数据传输结束后,CBR 数据包的延迟又变成固定值了。

2. CRB 的 Jitter 图(见图 9.3)

Jitter 的变化情况跟延迟的原因是相同的,都是由于 FTP 数据包的加入才会使得延迟时间发生变化。

3. CRB 的吞吐量图

从图 9.4 中可以很清楚地看出,从 0.1 s 到 4.5 s,CBR 的传输速率大都维持在 1 Mb/s。

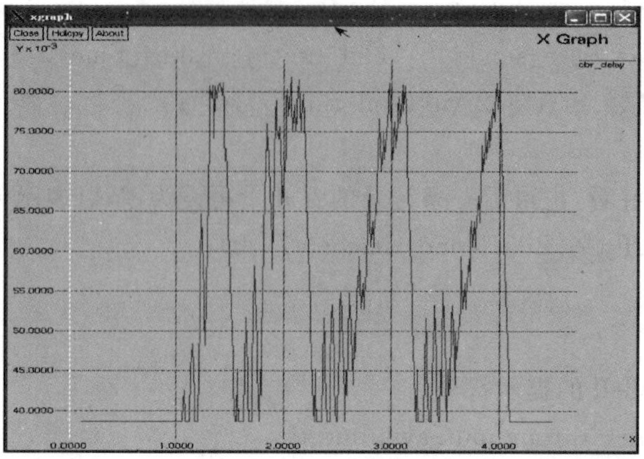

图 9.2　用 XGraph 绘制的 CRB 的端对端延迟图

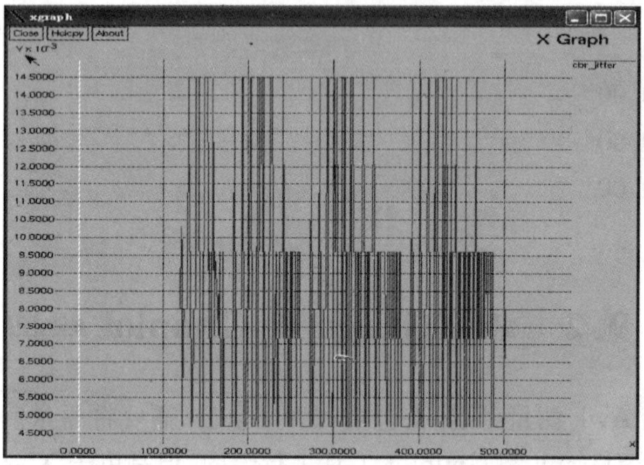

图 9.3　用 XGraph 绘制的 CRB 的 Jitter 图

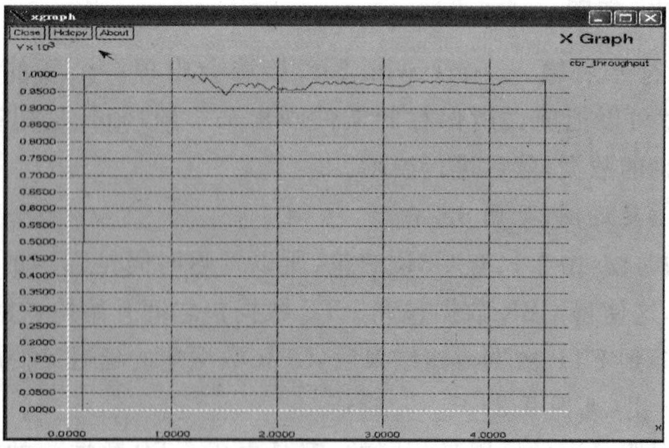

图 9.4　用 XGraph 绘制的 CRB 的吞吐量图

9.2.2 用 Gnuplot 绘图

下面以绘制 cbr_delay 文件为例，先简单示范如何进行绘图，然后逐步讲解图形美化的过程。画图的指令是 plot，数据文件为 cbr_delay。用下面命令实现绘图，得到如图 9.5 所示的图。

gnuplot> plot "cbr_delay"

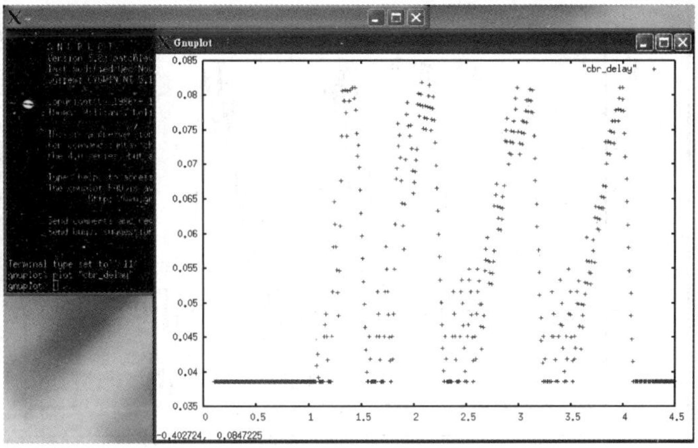

图 9.5 用 plot 命令绘制的 crb - delay 文件

图是画出来了，但是是以打点的方式绘制的，比较粗糙；为了进一步美化，需要对环境变量进行设置，下面讲解如何设置环境变量。如图 9.6 和图 9.7 所示。

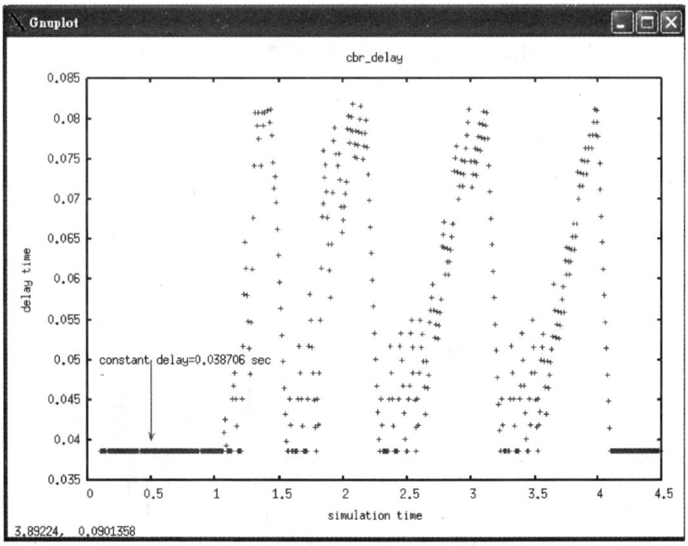

图 9.6 设置环境变量后绘制的 crb - delay 文件

gnuplot> set title "cbr_delay" #设置图的标题

gnuplot> set xlabel "simulation time" #设置 x 轴的标题

gnuplot> set ylabel "delay time"　　　　#设置 y 轴的标题
gnuplot> unset key
gnuplot> set label "constant delay = 0.038706 sec"at 0.1, 0.05
gnuplot> set arrow from 0.5,0.05 to 0.5, 0.04
gnuplot> plot "cbr_delay" with linespoints

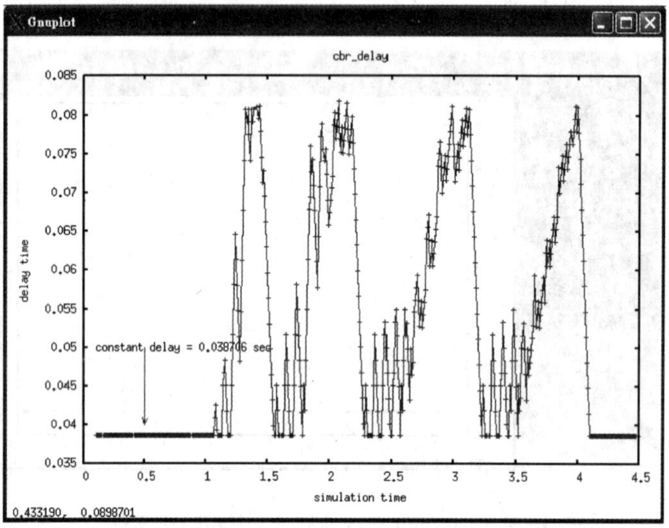

图 9.7　用“linepoint”图样绘制的 crb－delay 文件

gnuplot> set output "cbr_delay.gif" #把输出的文件名设为 cbr_delay.gif
gnuplot> replot #把数据重新绘一次
最后,就会产生一个名为 cbr_delay.gif 的文件了。

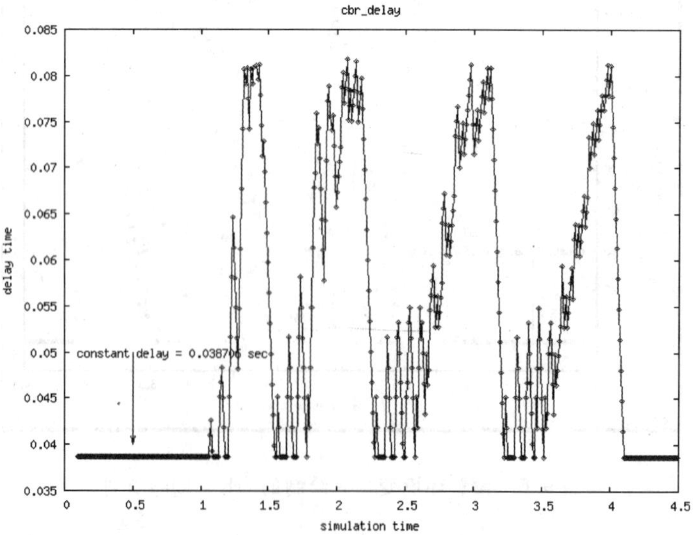

图 9.8　文件 cbr_delay.gif 的绘图

第三部分 NS2 对象

第 10 章 模拟器(Simulator)

10.1 类 Simulator

有关模拟器的全部定义在 Tcl 的 Simulator 类中。它提供了一套完整的接口用于模拟的配置以及为模拟选择的一个事件调度方案。一个模拟脚本通常以创建这个类的实例开始,然后调用各种方法来创建节点、拓扑结构和设置模拟的其他方面。

本章所讲的过程和函数可以在～ns/tcl/lib/ns－lib. tcl,～ns/scheduler. {cc,h}和～ns/heap. h 文件中找到。

10.2 Simulator 初始化

当需要在 Tcl 中创建一个新的模拟对象时,将执行以下初始化操作:

(1)初始化包的格式(调用 create_packetformat)。

(2)创建一个调度器(默认为一个时间调度器 calendar scheduler)。

(3)创建一个"空代理"(null agent),一个可以适用于各种场合的接收器。

初始化包的格式是设置在整个模拟过程中都需要使用的包域偏移值。这将在后面的章节中做更加详细的说明。调度器以事件驱动的方式执行模拟,也可以用其他的调度器代替,这些调度器提供了一些不同的语义(在后面的章节中有详细的介绍)。空代理是通过下面的命令来创建的:

set nullAgent_ [new Agent/Null]

设置代理通常是将它作为一个接收器,接收那些被丢弃的包或者作为一个目标节点接收那些没有被计算或者没有被记录的包。

10.3 调度器和事件

模拟器是事件驱动的模拟器。目前模拟器有 4 种调度机制，每种由不同的数据结构来实现，分别是简单链表式(a simple linked－list)、堆式(heap)、时间队列式(calendar queue)和一种特殊类型的“实时”(real－time)数据结构式。

调度器通过选择下一个最先执行的事件进行执行，执行完毕后，返回继续执行下一个事件的方式进行工作。用于调度器的时间单位是秒。模拟器都是单线程的，因此在任何时刻都只能执行一个事件。如果在同一时刻有多个事件需要执行，那么它们的执行将按照先调度先进行的原则执行。调度器是不会对同时发生的事件进行重新排序的，调度器对于同一输入产生相同的执行顺序。特别注意的是，调度器都不支持事件的并行执行和预先占用。

一个事件通常包含“开始时间”和“函数句柄”两部分。事件的定义在～ns/scheduler.h中。如：

```
class Event {
    public:
        Event* next_;             /* 事件列表 */
        Handler* handler_;        /* 当事件准备就绪时调用事件的句柄 */
        double time_;             /* 事件准备就绪的时间 */
        int uid_;                 /* 事件唯一的 ID */
        Event():time_(0), uid_(0) {}
};      /* 所有事件的句柄基类。当一个事件被调度时，此基类必须传递给事件句柄，*/
        /* 如果需要释放，也必须由句柄释放。 */
class Handler {
    public:
        virtual void handle(Event* event);
};
```

Event 基类派生了两种对象：packets 和 at－event。packets 对象将在以后的章节中详细介绍，at－event 对象实际上是预先计划在特定时间内发生的一个 Tcl 过程。通过下面这个简单的例子来说明如何使用这个对象。

```
...
set ns_ [new Simulator]
$ ns use-scheduler Heap
$ ns_at 300.5 " $ self complete_sim"
...
```

这段简单的 Tcl 代码首先创建了一个模拟对象，然后采用基于堆(heap－based)的调度机制，最后在 300.5 s 时调度函数 $ self complete_sim 并执行，注意：假设这段代码是包含在一个对象实例过程中，其中 $ self 的指代对象事先已经定义。

1. 简单链表式调度器

简单链表式调度器(Scheduler/List 类)采用简单的链表结构来实现，这个链表是按时间顺序(从最先的到最晚的)排列的。因此事件的插入和删除需要扫描整个链表以确定适当的位置,下一执行事件的确定是将链表的第一项从表头删除。这种调度机制是以先进的先出的方式执行事件。

2. 堆式调度器

堆式调度器(Scheduler/Heap 类)采用堆结构来实现。当事件的数量比较多时,通常采用这种方式而不采用简单链表方式,这是因为插入和删除操作使用的时间较少。

3. 时间队列式调度器

时间队列式调度器(Scheduler/Calendar 类)采用类似于年度日历的模拟数据结构。在这种数据结构中,同月同日但不同年的事件可以记录在同一天中。

4. 实时式调度器

实时式调度器(scheduler/RealTime 类)采用实时同步执行时间的方式。这种调度器是作为链表式调度器的一个子类来实现的。NS2 的实时性能仍在开发之中。

5. NS2 中的调度器时钟的精确度

调度器时钟精确度的定义是模拟器能够表示的最小时间跨度。NS2 的时钟变量是一个双精度实型变量。根据 IEEE 浮点数的标准,双精度实型数据共 64 位,其中符号位 1 位,指数位 11 位,尾数位 52 位。

任何浮点数都可以表示成 $x*2^n$ 的形式,这里 x 是尾数,n 是指数。因此 NS2 中的时钟的精度可以表示成 $1/2^{52}$。随着模拟的进行,剩余的表示时间的位不断减少,因此精度也随之减少。

10.4　其他方法

类 Simulator 提供了许多用于设置模拟的方法,通常分为三类:创建和管理拓扑的方法、执行跟踪的方法和帮助处理调度器的函数。下面是与拓扑结构不相关的模拟方法的命令:

```
simulator instproc now                 # 返回调度器执行的当前时间
simulator instproc at args             # 特定时间执行的调度代码
simulator instproc cancel args         # 取消事件
simulator instproc run args            # 启动调度器
simulator instproc halt                # 暂停调度器
simulator instproc flush - trace       # 清除缓冲区内的所有跟踪对象
simulator instproc create - trace type files src dst   # 创建一个跟踪对象
simulator instproc create_packetformat    # 设置模拟器的包格式
```

10.5　命令一览

格式:ns <OTcl 文件> <参数> <参数> …

描述:执行 NS2 模拟脚本的基本命令。

模拟器 NS2 是通过 NS2 解释器激活的,每次模拟可以在一个 OTcl 脚本(文件)里定义。在目录 ns/tcl/ex 下有 OTcl 脚本的例子。

下面是常用的模拟器命令:

(1)set ns_ [new Simulator]

创建一个模拟器对象实例。

(2)set now [$ ns_ now]

调度器在模拟时跟踪时间,返回给调度器当前时间。

(3) $ ns_ halt

停止或暂停调度器。

(4) $ ns_ run

启动调度器。

(5) $ ns_ at <time> <event>

在特定的时间<time>调度事件<event>执行。

(6) $ ns_ cancel <event>

取消事件<event>。

(7) $ ns_ create - trace <type> <file> <src> <dst> <optional arg:op>

在源对象<src>和目标对象<dst>之间创建一个类型为<type>的跟踪对象“trace - object”,同时为了存储跟踪输出(trace - outputs),将跟踪对象 trace - object 附加到文件<file>上。如果<op>被定义为“nam”,就表示创建 NAM 跟踪文件;否则,如果没有定义<op>,NS2 将以默认方式创建跟踪文件。

(8) $ ns_ flush - trace

清除所有跟踪对象的写入缓冲区。

(9) $ ns_ gen - map

清除已创建的模拟中的节点、节点组件、链路等对象。

(10) $ ns_ at - now <arg>

这个命令和命令“ $ ns_ at $ now $ args”的效果相似,但是需要注意的是,这个命令可能由于 Tcl 的字符串长度限制而失效。

(11) $ ns_ use - scheduler <type>

定义模拟调度器类型。不同种类的调度器有简单链表式、时间队列式(Calendar)、堆式(Heap)和实时(RealTime)。默认为时间队列式(Calendar)。

(12) $ ns_ after <delay> <event>

在延迟<delay>后执行事件<event>。

(13) $ ns_ clearMemTrace

内存调试。

(14) $ ns_ is - started

如果模拟器已经启动,则返回“真”;否则,返回“假”。

(15) $ ns_ dumpq

当调度器停止时,清除调度器队列中的事件。

(16) $ ns_ create_packetformat

设置模拟器的包格式。

第 11 章　节点和包(Node and Packet)

本章主要介绍在 NS2 中创建节点的方法。利用 NS2 进行模拟时，首先需要创建 Simulator 类的一个简单实例来进行控制和执行。Simulator 类提供了创建和管理拓扑结构的实例过程，同时在其内部包括调用每种拓扑元素的方法。在本章中，首先介绍 Simulator 类中的过程，然后介绍节点(Node)类的获取和操作方法以及创建节点的实例过程，最后通过介绍分类器(Classifier)来讲解创建复杂节点对象的方法。

本章所介绍的过程和函数存放在~ns/tcl/lib/ns-lib. tcl，~ns/tcl/lib/ns-node. tcl，~ns/tcl/lib/ns-tmodule. tcl，~ns/rtmodule. {cc,h}，~ns/classifier. {cc,h}，~ns/classifier-addr. cc，~ns/classifier-mcast. cc，~ns/classifier-mpath. cc 和~ns/replicator. cc 等文件中。

11.1　节点的基本元素

建立节点的基本命令如下：

```
set ns [new Simulator]
$ns node
```

节点实例过程包含多个简单的分类器对象。在 OTcl 中，节点是一个标准的类。但是，节点组件本身也是 TclObject 对象。典型单播节点的结构如图 11.1 所示，一个节点内部包括两个 TclObject 对象：一个地址分类器(classifier_)和一个端口分类器(dmux_)。这些分类器的作用是将数据包分发到正确的代理或者链路出口。

一个节点至少包括以下几个部分：

(1)地址或者 id_，初始值是 0，以后每建一个节点自动加 1；

(2)邻居列表(neighbor_)；

(3)代理列表(agent_)；

(4)节点类型识别器(nodetype_)

(5)路由模块。

在单播节点的内部结构中，entry_仅仅是一个变量标志，而不是像地址分类器 classifier_那样是一个真实对象。

在 NS2 中默认的节点类型为单播节点。如果要创建多播节点，应在节点创建时，增加"-multicast on"选项，具体格式如下：

```
set ns [new Simulator -multicast on]
```

多播节点的内部结构如图 11.2 所示，当使用多播路由时，地址的最高位用来表示的是多播地址还是单播地址。如果该位为 0，则表示一个单播地址；否则，地址为多播地址。

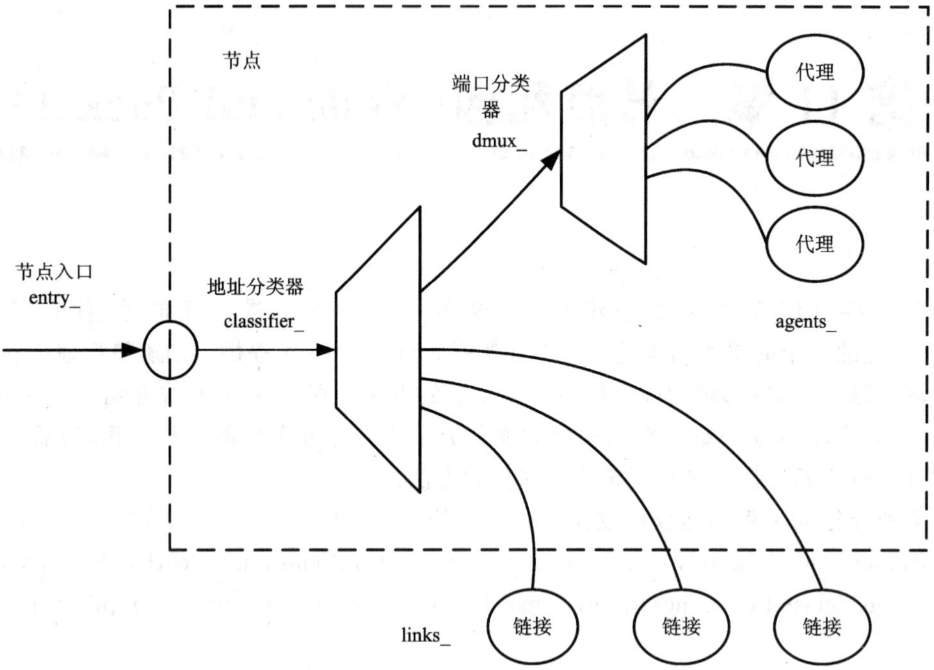

图 11.1　单播节点的内部结构

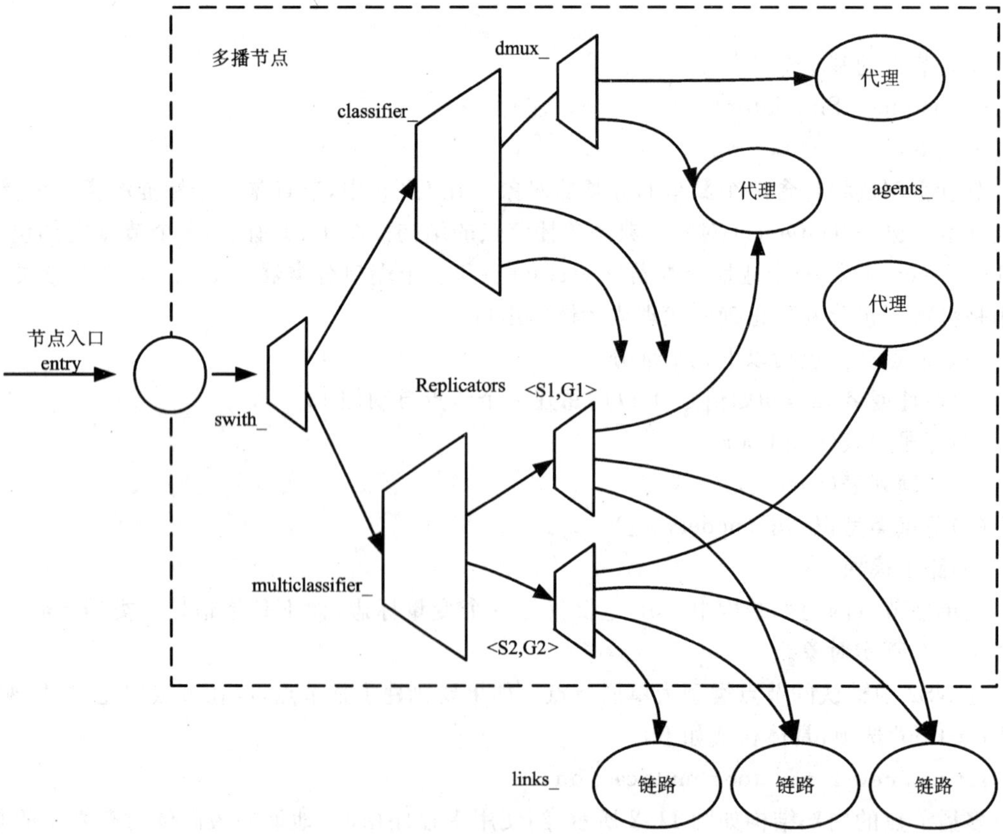

图 11.2　多播节点的内部结构

11.2　节点的设置方法

配置单个节点的过程可以分为以下几方面：

(1)控制函数；

(2)地址和端口号管理,单播路由函数；

(3)代理管理；

(4)记录邻居。

11.2.1　控制函数

(1) $ node entry 返回节点的入口指针。

用来控制到达节点的包,节点的实例变量 entry_,储存节点的入口指针。对于单播节点,这是一个用来查看目标地址高段位的地址分类器;另一个节点实例变量 classifier_是地址分类器的指针。对于多播节点而言,入口指针不是 entry_而是 switch_,但是需要查看地址分类器的第一位,从而确定是把包发给单播分类器还是多播分类器。

(2) $ node reset 重新设置节点上的所有代理。

11.2.2　地址和端口管理

1. $ node id

返回节点的 id 号。这个 id 号是在创建模拟器时每创建一个节点自动加 1 的,同时设置了一个数组 Node_用来存储节点,并以 id 号为数组下标。

2. 过程 $ node agent (port)

返回一个端口号为 port 的代理句柄。如果不存在这种代理,过程返回空字符串。

3. 过程 alloc - port

返回下一个可获得的端口号。它使用了一个实例变量 np_来跟踪下一个没有分配的端口号。

4. 过程 add - route 和 add - routes

对单播节点而言,这两个过程是为分类器增加路由。

基本语法格式如下：

$ node add - route <destination id> <TclObject>

其中,任选项<TclObject>是 dmux_的入口,节点的多路复用端口。如果任选项<destination id>和这个节点的 id 号相同,它通常是一个发送到那个节点的包的链路终端,但是也可能是另外一些分类器或者另外种类的分类器的入口。

5. $ node add - routes <destination id> <TclObjects>

用于添加多重路由路径到同一个目标地址,通过所有路由到达的这个目标地址是以循环的方式同时平均分配带宽的。这条指令不仅需要用于动态路由策略有效,而且实例变量 multiPath_为 1 时,同时还需要使用多路分类器。

6. 增加路由(add - routes( ))的逆操作就是删除路由(delete - routes( ))

同样需要配置两个参数,一个是 id,一个是 TclObjects 列表以及一个模拟器的空代理的指针。在多路分类器中将已经安装的路由器列表中的 TclObjects 删除。如果分类器中路由入口没有指向多路分类器,那么路由器就从 classifier_中将入口删除,并设置空代理。

动态路由通常使用两个附加的方法:实例过程 init-routing( )设置实例变量 mutiPath_,使之与同名的类变量相同;同时增加了该节点上的路由控制器对象的一个实例变量 rtObject_。过程 rtObject( )返回该节点路由对象的句柄。

最后,当节点上关联的链路状态发生改变时,过程 intf-changed( )可以被网络的动态代码激活。

11.2.3 代理管理

过程 attach( )可以将给定的代理加入到 agents_链表中,并给该代理分配一个端口号和源地址,设置代理的目标是它的 entry( )(例如节点的),添加节点上的多路复用端口(dmux_)指针到代理对应 dmux_的分类器上。

相反地,detach()就是从 agents_中移出代理,并将代理目标指针和节点 dmux_指向空。

11.2.4 记录邻居

每个节点都保存了一个邻居列表在对象变量 neighbor_中。过程 add-neighbor( )就是在邻居列表中增加一个邻居,过程 neighbors( )则返回这个列表。

11.3 节点设置接口

在介绍本节内容之前,需要特别强调一点,本节所介绍的节点设置接口(API)始终在变化中,其内部实现还不是很完善,特别是将来还有可能有比较大的变动。另外,现在这个版本的接口没有包含所有旧格式的节点。

Simulator::node-config{ }采用弹性的和模式化的方式在同一个基类 Node 下创建不同的节点定义。创建一个具有无线通信能力的移动节点,不再需要一个特殊的节点创建命令,例如,dsdv-create-mobile-node( );只需要改变默认参数设置,例如:

```
$ ns node-config -adhocRouting dsdv
```

只要将此命令放在节点创建命令 $ ns node 之前,就可以建立这个特殊的节点了。除了路由模块以外,还可以在单一节点里合并"专用"的路由函数,而不需要依靠多重继承和特别的对象辅助。关于新节点 API 函数和过程放在文件~ns/tcl/lib/ns-node.tcl 中。

节点设置接口包括两个部分,第一部分为节点的设置,第二部分为创建特殊类型的节点。关于后者,已经在 11.1 节中进行了简单的介绍,下面将介绍第一部分——节点设置。

节点设置实际上就是在节点创建之前定义节点的不同特性。其中可能包含在模拟中使用的地址结构类型、定义移动节点的网络成分、打开或者关闭代理/路由/MAC 层的跟踪选项、为无线节点选择 adhoc 路由协议的种类或者定义其能量模型等。

例如,在下面的代码中,我们配置一个无线移动节点,该节点在层次拓扑结构中使用 AODV 协议作为 adhoc 路由协议。假设已打开代理层和路由层的跟踪,并且模拟的拓扑已经由"set top [new Topography]"实例化,节点设置命令如下:

```
$ ns_ node-config -addressType hierachical \
```

```
- adhocRouting AODV \
- llType LL \
- macType Mac/802_11 \
- ifqType Queue/DropTail/PriQueue \
- ifqLen 50 \
- antType Antenna/OmniAntenna \
- propType Propagation/TwoRayGround \
- phyType Phy/WirelessPhy \
- topologyInstance $topo \
- channel Channel/WirelessChannel \
- agentTrace ON \
- routerTrace ON \
- macTrace OFF \
- movementTrace OFF
```

在上面所列的选项中，除了 - addressingType 设置为 flat 以外，其他选项的默认值都为空。选项 - reset 可以用来恢复节点配置的所有参数为默认值。

节点设置命令既可以用上例中的格式书写，也可以分开写在不同的行上，例如：

```
$ns_ node-config -addressingType hier
$ns_ node-config -macTrace ON
```

也可以只调用那些需要改变的选项。例如，上例中虽然已经为移动节点设置了 AODV 协议，还可以用下面命令设置 AODV 的基站节点：

```
$ns_ node-config -wireRouting ON
```

如果基站节点的其他所有特性与移动节点一样，基站节点就可以采用有线路由，但是移动节点则不行。因此采用上述方法就可以只改动需要改动的地方。

除非在节点配置命令中部分参数发生了改变，否则在节点配置命令执行之后创建的所有节点都具有相同的性质，所有参数值在其被显示改变之前也是不会改变的。所以，在创建一个 AODV 基站和移动节点之后，如果我们想创建简单节点，应使用如下命令以恢复参数为默认值，即配置一个简单节点。

```
$ns_ node-config -reset
```

表 11.1 列出了这种类型节点可选的变量。脚本例子～ns/tcl/ex/simple - wireless. tcl 和～ns/tcl/ex/sat - mixed. tcl 为相应的实例。

表 11.1　节点配置选项表

选项	有效值	默认值
	general	
addressType	flat，hierarchical	flat
MPLS	ON，OFF	OFF
	both satellite - and wireless - oriented	
wiredRouting	ON，OFF	OFF

续 表

选项	有效值	默认值
llType	LL,LL/Sat	" "
macType	Mac/802 _ 11, Mac/Csma/Ca, Mac/Sat, Mac/Sat/UNS2lottedAloha,Mac/Tdma	" "
ifqType	Queue/DropTail,Queue/DropTail/PriQueue	" "
phyType	Phy/WirelessPhy,Phy/Sat	" "
	wire - oriented	
adhocRouting	DIFFUSION/RATE,DIFFUSION/PROB,DSDV,DSR,FLOODING,OMNIMCAST,AODV,TORA	" "
propType	Propagation/TwoRayGround,Propagation/Shadowing	" "
propInstance	Propagation/TwoRayGround,Propagation/Shadowing	" "
antType	Antenna/OmniAntenna	" "
channel	Channel/WirelessChannel,Channel/Sat	" "
topoInstance	<topology file>	" "
mobileIP	ON,OFF	OFF
energyModel	EnergyModel	" "
initialEnergy	<value in Joules>	" "
rxPower	<value in W>	" "
txPower	<value in W>	" "
idlePower	<value in W>	" "
agentTrace	ON,OFF	OFF
routerTrace	ON,OFF	OFF
macTrace	ON,OFF	OFF
movementTrace	ON,OFF	OFF
errProc	UniformErrorProc	" "
FECProc	?	?
toraDebug	ON,OFF	OFF
	satellite - oriented	
satNodeType	polar,geo,terminal,geo - repeater	" "
downlinkBW	<bandwidth value,e. g. "2Mb">	" "

11.4　分类器

当节点接收到一个包时首先就是要检查包的域，这里的域通常是指它的目标地址，但有时也可能是指它的源地址，然后确定包的下一个接收器。

在 NS2 中，这项工作是由分类器对象来完成的，多个分类器对象将包从节点中转发出去，并且每个分类器检查包的不同部分。节点中有不同类型且目的不同的分类器。本小节将介绍一些简单且常用的分类器对象。

首先介绍分类器的基类，然后分别介绍地址分类器、多播分类器、多路分类器、哈希分类器和复制器。

一个分类器提供一种方法，该方法通过逻辑准则来和包进行匹配，并且根据匹配的结果确定其他模拟对象。每个分类器中都包含一张以 slot 号为索引的模拟对象表。分类器的主要功能就是根据与接收到的包所关联的 slot 号来传递这个包到这个 slot 号所指的对象。类 Classifier(在～ns/classifier.h 中定义)是派生其他分类器的基类。

```
class Classifier:public NsObject {
public:
      ~Classifier( );
      void recv(Packet * , Handler * h = 0);
protected:
      Classifier();
      woid install(int slot, NsObject * );
      void clear(int slot);
      virtual int command(int argc, const char * const * argv);
      virtual int classify(Packet * const) = 0;
      void alloc(int);
      NsObject * * slot_; / * table that maps slot number to a NsObject * /
      int nslot_;
      int maxslot_;
};
```

方法 classify( )为纯虚函数，表示类 Classifier 仅仅是个基类。方法 alloc( )在表中动态分配足够的空间用于存放 slot 号。方法 install( )和 clear( )是从表中添加和移出对象。方法 recv( )和 OTcl 接口是在～ns/classifier.cc 中实现的，程序代码如下：

```
/ *
 * objects only ever see "packet" events,
 * which come either from an
 * incoming link or a local agent
 * /
void Classifier::recv(Packet * p, Handler * )
{
```

```
    NsObject* node;
    int cl = classify(p);
    if (cl < 0 || cl >= nslot_ || (node = slot_[cl]) == 0) {
        Tcl::instance().evalf("%s no-slot %d",name(), cl);
        Packet::free(p);
        return;
    }
    node->recv(p);
}
int Classifier::command(int argc,const char*const* argv)
{
    Tcl& tcl = Tcl::instance();
    if (argc ==3) {
        /*
         * $classifier clear $slot
         */
            if (strcmp(argv[1],"clear") == 0) {
                int slot = atoi(argv[2]);
                clear(slot);
                return (TCL_OK);
            }
        /*
         * $classifier installNext $node
         */
        if (strcmp(argv[1],"installNext") == 0) {
            int slot = maxslot_+1;
            NsObject* node=(NsObject*)TclObject::lookup(argv[2]);
            install(slot,node);
            tcl.resultf("%u",slot);
            return TCL_OK;
        }
        if (strcmp(argv[1], "slot") == 0) {
            int slot = atoi(argv[2]);
            if ((slot >= 0) || (slot < nslot_)) {
                tcl.resultf("%s",slot_[slot]->name());
                return TCL_OK;
        }
        tcl.resultf("Classifier: no object at slot %d",slot);
        return (TCL_OK);
```

```
        }
    } else if (argc == 4) {
        /*
         * $classifier install $slot $node
         */
    if (strcmp(argv[1], "install") == 0) {
        int slot = atoi(argv[2]);
        NsObject* node = (NsObject*) TclObject::lookup(argv[3]);
        install(slot,node);
        return (TCL_OK);
      }
    }
    return (NsObject::command(argc,argv));
}
```

当分类器 recv( )一个包时，它将包传给方法 classify( )。基类的每个派生类中 classify 的定义是不同的。方法 classify( )常常用来确定 slot 号并且将 slot 号返回到 slot 表中。如果在 slot 表中无法找到对应的 slot 号，分类器将调用实例过程 no－slot{ }，在 slot 表中增加此 slot 号。但是，在基类中 Classifier::no－slot{ }打印错误信息的同时结束此操作。

方法 command( )向解释器提供了下面的类成员函数(instproc－likes)：

(1)clear{<slot>}：清除 slot 号。

(2)installNext{<object>}：将对象加入一个空闲的 slot 中并返回 slot 号。注意：这个类成员函数被储存了这个存储对象指针的同名实例过程重载，然后可以从 OTcl 中快速查询分类器中加入的对象。

(3)slot{<index>}：返回储存在特殊 slot 下的对象。

(4)install{<index>,<object>}：将特殊的对象加入指定的 slot 中。注意：这个类成员函数也是被储存了这个存储对象指针的同名实例过程重载，然后也可以从 OTcl 中快速查询分类器中加入的对象。

11.4.1　地址分类器

地址分类器用来支持单播包的传送。它应用目标地址的偏移量和掩码来产生 slot 号，该 slot 号通过方法 classify( )返回。类 AddressClassifier 在～ns/classifier－add. cc 中定义，其程序代码如下：

```
class AddressClassifier:public Classifier {
public:
      AddressClassifier( ):mask_(~0),shift_(0) {
            bind("mask_",(int*)&mask_);
            bind("shift_",&shift_);
      }
protected:
```

```
    int classify(Packet * const p) {
        IPHeader * h = IPHeader::access(p->bits( ));
        return ((h->dst( ) >> shift_) & mask_);
    }
    nsaddr_t mask_;
    int shift_;
};
```

这个类并没有对包的目标地址域的语义做直接的改变，只是根据包的 dst_域返回一些数字作为 slot 号，以便在方法 Classifier::recv( )中调用，而 mask_和 shift_的值则通过 OTcl 设置。

11.4.2 多播分类器

多播分类器是根据源地址和目的地址对包进行分类。它利用链式哈希表保存对应源和目标的 slot 号。当一个包到达时，此时分类器并不知道它所对应的源和目的，所以就调用过程 Node::new-group{ }在表中添加其对应的入口，利用 set-hash 方法在分类器的链表中增加新的元素(源，组，slot 等)。多播分类器在文件 ns/classifier-mcast.cc 中定义，其程序代码如下：

```
static class MCastClassifierClass:public TclClass {
public:
    MCastClassifierClass( ):TclClass("Classifier/Multicast") {}
    TclObject* create(int argc,const char*const* argv) {
        return (new MCastClassifier( ));
    }
} class_mcast_classifier;
    class MCastClassifier:public Classifier {
    public:
        MCastClassifier( );
        ~MCastClassifier( );
    protected:
        int command(int argc,const char*const* argv);
        int classify(Packet * const p);
        int findslot( );
        void set_hash(nsaddr_t src, nsaddr_t dst, int slot);
        int hash(nsaddr_t src,nsaddr_t dst) const {
            u_int32_t s = src ^ dst;
            s ^= s >> 16;
            s ^= s >> 8;
            return (s & 0xff);
        }
```

```
        struct hashnode {
            int slot;
            nsaddr_t src;
            nsaddr_t dst;
            hashnode * next;
        };
        hashnode * ht_[256];
        const hashnode * lookup(nsaddr_t src,nsaddr_t dst) const;
    };
    int MCastClassifier::classify(Packet *const pkt)
    {
        IPHeader *h = IPHeader::access(pkt->bits());
        nsaddr_t src = h->src() >> 8; /*XXX*/
        nsaddr_t dst = h->dst();
        const hashnode * p = lookup(src,dst);
        if (p == 0) {
        /*
         * Didn't find any entry
         * Call tcl exactly once to install one
         * If tcl doesn't come through then fail
         */
        Tcl::instance().evalf("%s new-group %u %u",name(),src,dst);
            p = lookup(src,dst);
            if (p == 0)
            return (-1);
    }
     return (p->slot);
}
```

类 MCastClassifier 不仅实现了链式哈希表,同时还将哈希函数应用到包的源地址和目的地址,哈希函数返回 slot 号以标识潜在的对象在 slot_表中。一个哈希表中的空位表示包被传递到一个先前未知的组中,OTcl 将被调用以控制这种情况。OTcl 代码就可以在哈希表的适当位置插进入口。

11.4.3　多路分类器

当节点有多条等价路由可以到达同一个目的地址时,就可以使用多路分类器,因为多路分类器可以提供等价的多路传输。多路分类器对每个连续到达的包以循环方式返回 slot 号。多路分类器在文件 ns/classifier-mpath.cc 中定义,其程序代码如下:

```
class MultPathForwarder:public Classifier {
public:
```

```
    MultiPathForward( ):ns_(0), Classifier( ) {}
    virtual int classify(Packet * const) {
        int cl;
        int fail = ns_;
        do {
            cl = ns_++;
            ns_ %= (maxslot_ + 1);
        } while (slot_[cl] == 0 && ns_ != fail);
        return cl;
    }
  private:
    int ns_; /* next slot to be used probably misnomer ? */
};
```

11.4.4 哈希分类器

哈希分类器是利用内部的哈希表将到达的包分配到相应的流中,如 ID 流、目标地址流、源/目标地址流、或者源/目标地址加上 ID 流的集合等。哈希分类器可以获得包的 ip 头、src( )、dst( )、flowid( )等。

在哈希分类器创建的同时,需要设置一个整型参数,该参数用以说明哈希链表的初始大小,这个值可以用 resize 方法改变。变量 shift_和 mask_创建时的初始值为模拟器当前的 NodeShift 和 NodeMask 的值。一旦哈希分类器实例化后,这些值就可以从 AddrParams 对象中获取,但是,如果 AddrParams 对象没有被初始化,则哈希分类器将不能正常操作。下面的函数是用于不同哈希分类器的构造函数:

Classifier/Hash/SrcDest

Classifier/Hash/Dest

Classifier/Hash/Fid

Classifier/Hash/SrcDestFid

当哈希分类器接受包时,首先根据流进行分类,然后获取一个接收这个包的节点分类器的 slot 号。如果在一个节点中有多个哈希分类器,大多数包应该只与其中的一个分类器的 slot 号相关联,当然也有例外。对于那些无法关联的包来说,哈希分类器提供了一个 default_变量,并可以有选择地对 default_变量进行设置。哈希分类器提供了如下方法:

```
$ hashcl set-hash buck src dst fid slot
$ hashcl lookup buck src dst fid
$ hashcl del-hash src dst fid
$ hashcl resize nbuck
```

方法 set-hash( )在哈希分类器内的哈希表中插入一个新的入口。参数 buck 是哈希表的桶号(bucket number),是用来插入入口的。当桶号未知时,buck 可以设为 auto。参数 src,dst,fid 分别指流的分类为源地址、目的地址、fid 等。指定分类器没有使用的域(例如,一个 id 流分类器的 src 域)将被忽略。参数 slot 是指从哈希分类器中派生的分类器对象中 slot 表的索引;方法 lookup 是返回与给定的 buck/src/dst/fid 元组相关联的对象名;方法 del-hash 是从哈希表中移除指定的入口;方法 resize 通过参数 nbuck 重新设置桶的数量从而改变哈希表的大小。当哈希分类器收到一个无法关联包时将向 OTcl 发一个请求,该请求的格式如下:

$ obj unknown-flow src dst flowid buck

因此,当收到一个没有匹配任何流的标准包时,实例化哈希分类器对象的方法 unknown-flow 将被包的源、目的和 id 流激活。另外,如果哈希表使用了 set-hash,buck 域则表示包含这个流的哈希桶。如果当执行插入到分类器操作时,并且这个桶又是已知的时候,这个参数可以避免其他哈希表的查找。

11.5　复制器

复制器与我们先前讨论的分类器不同,它不具备分类功能。复制器通过重载方法 recv( ) 产生 n 个包的副本,并将这 n 个包的副本传送给 slot 表中 n 个相关联的对象。

在多播包的传送中,分类器是从源地址 S 收到一个多播包并将其发送到目标地址组 G 中,通过哈希函数 h(S,G)从分类器对象表中计算出 slot 号。复制器向每个目标地址组 G 的子节点发送多播包的副本,多播包的副本由 Replicator 类产生,其定义在 replicator.cc 文件中。

```
/*
 * A replicator is not really a packet classifer but
 * We simply find covenience in leveraging its slot table
 * (This object used to implement fan-out on a multcast
 * router as well as broadcast LANs)
 */
class Replicator:public Classifier {
public:
      Replicator( );
      void recv(Packet *, Handler * h = 0);
      virtual int classify(Packet * const) {};
protected:
            int ignore_;
};
void Replicator::recv(Packet * p, Handler *)
{
      IPHeader *iph = IPHeader::access(p->bits( ));
      if (maxslot_ < 0) {
            if (! ignore_)
                  Tcl::instance( ).evalf("%s drop %u %u", name( ),
                              iph->src( ), iph->dst( ));
            Packet::free(p);
```

```
        return;
    }
    for (int i = 0; i < maxslot_; ++i) {
        NsObject * o = slot_[i];
        if (o != 0)
                o->recv(p->copy());
    }
    /* we know that maxslot is non-null */
    slot_[maxslot_]->recv(p);
}
```

从上述代码中可以看到，复制器并不是将包分类复制，而是包复制，在表中对每一个入口进行复制，然后将副本向表中所列出的每一个目标节点发送。表中的最后一个入口为“原始”的包。由于方法 classify( )是基类的纯虚函数，因此定义为空。

11.6 路由模块和分类器的组织

正如我们所看到的那样，一个 NS2 节点本质上就是一个分类器的集合。最简单的节点(单播)只包含一个地址分类器和一个端口分类器，如图 11.1 所示。如果希望节点具有扩展功能，则需要在节点中加入更多的分类器，如图 11.2 所示的多播节点。随着更多功能模块的加入，这些功能模块都需要属于各自的分类器，因此，就需要有统一的接口来管理这些分类器，同时将这些分类器连接到路由计算模块。

这个功能通常是通过类继承的方法来实现的。例如，如果要创建一个支持分级路由的节点，只要在节点的基类中派生一个 Node/Hier 类，并重写其分类器的 setup 方法以实现分级路由即可。但是需要特别注意的是，虽然这种方法非常有效，但是必须确保新加入的功能模块是独立运行并且不和其他功能模块相混淆，否则会造成意想不到的效果。例如，分级路由和 adhoc 路由具有各自的分类器，分级路由需要 Node/Hier 分类器，而 adhoc 路由需要 Node/Mobile 分类器。但是如果希望 adhoc 路由节点同时也支持分级路由，利用上述方法就会就出现问题。对于这个简单的例子或许可以采用多重继承的方法来解决，但是随着功能模块的增多，多重继承也不能解决问题。要解决这个问题的唯一办法就是对象合成，即在基本节点中定义一组访问和组织分类器的接口。这些接口应该具有以下功能：

(1)在节点中插入实现各自分类器功能的路由模块。

(2)在分类器中由路由计算模块增加路由。

(3)提供独立路由模块的管理方法。

除此以外，还需要定义一个接口，这个接口用来连接路由模块和节点接口，实际上就是提供一种系统方法来扩展节点功能。下面将介绍路由模块的设计和相应的节点接口。

11.6.1 路由模块

通常，NS2 中每个路由的实现包含三个功能模块：

(1)与邻居进行分组交换的路由代理(Routing agent)。

(2)用路由代理收集的信息(或者是静态路由情况下全局的拓扑数据库)通过路由逻辑(Routing logic)执行实际的路由计算。

(3)节点中的分类器,它们用来计算路由表,从而执行包传送。

值得注意的是,对于每一路由模块来说并不是都需要以上三个功能模块。例如,当实现链接状态路由协议(link state routing protocol)时,我们仅需要实现以链接状态方式交换信息的路由代理,和采用 Dijkstra 计算拓扑结构的路由逻辑即可,然后就可以像其他单播路由协议一样使用分类器。

如果一个新的路由协议中需要实现多个功能,特别是其中包含了自己的分类器时,这个协议就需要一个另外的对象,我们称这个对象为路由模块(routing module)。路由模块管理所有的功能模块以及和节点相连以管理节点的分类器。图 11.3 说明了节点、路由模块以及路由之间的关系。注意路由模块和路由计算模块有直接的关系。例如,路由逻辑和/或路由代理。但是,路由计算模块可能并不是直接通过路由模块来安装路由的,这是因为可能存在着其他的模块能更好地学习路由。

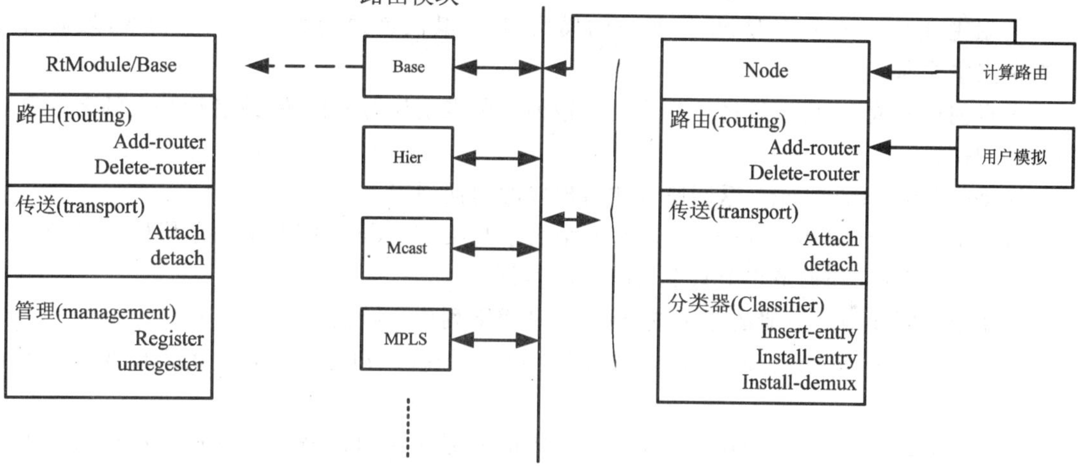

图 11.3　节点、路由模块和路由之间的关系(虚线表示一个路由模块细节)

路由模块主要包括下面三个功能:

(1)路由模块通过 register( )和节点建立连接,通过 unregister( )和节点断开连接。通常在 register( )中路由模块首先通知节点是否需要进行路由的更新和传输代理的配置,其次是创建节点的分类器并将分类器加入到节点中。在 unregister( )中,路由模块的功能恰好相反,先删除分类器,然后取消对路由的更新和传输代理的配置。

(2)如果路由模块需要对路由进行更新,节点通过 RtModule::add - route(dst,target)和 RtModule::delete - route(dst,nullagent)来通知路由模块。

(3)如果路由模块需要对节点中的传输代理进行配置,节点通过 RtModule::attach(agent,port) 和 RtModule::detach(agent,nullagent)来通知模块。

在文件~ns/tcl/lib/ns - rtmodule. tcl 中,有几种派生的路由模块例子可以作为参考。目前,在 NS2 中已经实现了 6 种路由模块,分别是:

(1)RtModule/Base 单播路由协议接口,提供添加/删除路由、添加/撤销代理等基本功能。

(2)RtModule/Mcast 多播路由协议接口,可以建立多播分类器。其他所有的多播功能是作为 Node 类的成员函数来实现的。

(3)RtModule/Hier 分级路由,可以和其他路由协议联合使用。

(4)RtModule/Manual 手动路由。

(5)RtModule/VC 使用虚拟分类器替代 vanilla 分类器。

(6)RtModule/MPLS 实现 MPLS 功能。这是现存的唯一一个自主式模块。

11.6.2 节点接口

为了与上述路由模块的接口连接,节点中也提供了一套相似的接口。

为了了解哪个模块在创建的过程中已经注册,在 Node 类中有一个模块列表作为类变量,这个列表的默认值是基本路由模块。Node 类提供下面的两个过程控制模块列表:

Node::enable-module{[name]} 如果模块 RtModule/[name]存在,这个过程将[name]放入模块列表。

Node::disable-module{[name]} 如果[name]在模块列表中,将其从列表中移除。

在创建节点时,首先查看 Node 类中的模块列表,其次创建列表中的所有模块,最后将模块在节点中注册。

节点创建完成后,可以通过下列成员函数列出节点上注册的模块,或者用特定的名字获取模块的句柄。

Node::list-modules{} 返回所有注册模块的句柄列表。

Node::get-module{[name]} 返回一个名字与给定[name]相匹配的注册模块句柄。注意:任何路由模块在任何节点上只能有唯一的实例。

路由模块需要对已注册的路由进行更新,利用下列成员函数:

Node::route-notify{module} 添加模块到路由更新通知列表(route update notification list)。

Node::unreg-route-notify{module} 从路由更新通知列表(route update notification list)中删除模块。

同样,下面的成员函数为传输代理进行配置:

Node::port-notify{module} 添加模块到代理配置通知表(agent attachment notification list)中。

Node::unreg-port-notify{module} 从代理配置通知表(agent attachment notification list)中删除模块。

注意:上述所有成员函数中的参数 module 是模块的句柄而不是模块的名字。

Node 类中下列成员函数的功能是管理地址和端口分类器:

Node::insert-entry{module,clsfr,hook} 将一个分类器 clsfr 插入到节点的入口。同时将新的分类器与模块 module 关联,如果将来这个分类器被移除,则模块也需要注销。如果将参数 hook 指定为一个数,已有的分类器将被插入到 slot 号为 hook 的新分类器上,这样就建立了一个"分类器链",如图 11.2 所示。

Node::install-entry{module,clsfr,hook} 和 Node::insert-entry 不同,它删除在节点入口已有的分类器,撤销所有关联的路由模块,然后再在入口处安装新的分类器。如果参数

hook 给定,同时旧分类器已经连接在分类器链上,那么它将 slot 号为 hook 的新分类器连接到分类器链上。

Node::install-demux(demux,port) 将给定的分类器 demux 置为默认的多路复用器。如果端口给定,它将现有的多路复用器插入到 slot 号为 port 的新分类器中。

注意:两种情况都不删除现有的多路复用器。

11.7　命令一览

下面是在模拟脚本中使用的节点命令:

(1) $ ns_ node [<hier_addr>]

创建和返回一个节点实例。如果<hier_addr>给出,指派节点地址为<hier_addr>类型。注意:当层次地址通过 set-address-format hierarchical{}或者 node-config-addressType hierarchical{}调用时,必须使用<hier_addr>。

(2) $ ns_ node-config-<config-parameter> <optional-val>

配置节点。不同的配置参数有地址类型、不同类型的网络堆栈成分、跟踪是否开启、移动 IP 标志(mobileIP flag)是否开启、能量模块是否使用,等等。一个可选-reset 用于设置节点配置为其默认值。默认节点设置,如果没有特定的值,将创建一个简单的平面地址/路由节点(基类节点)。

(3) $ node id

返回节点的 id 号。

(4) $ node node-addr

返回节点的地址。在普通编址的情况下,节点地址和它的 id 一样;在层次地址的情况下,节点地址以字符串返回。

(5) $ node reset

重新设置所有依附于节点的代理。

(6) $ node agent <port_num>

返回一个特殊端口代理的句柄。如果在给定的端口没有代理存在,将返回一个空字符串。

(7) $ node entry

返回节点的入口。这是第一个控制节点接收到的包的对象。

(8) $ node attach <agent> <optional:port_num>

将<agent>依附于节点上。万一没有端口号传入,节点将分配一个端口号再绑定代理到这个端口上。因此一旦代理依附,它将接收到这个主节点和端口的包。

(9) $ node detach <agent> <null_agent>

本命令与上述的"attach"刚好相反。它将代理从这个节点中撤离,然后在这个端口上装入一个空代理。这就可以控制那些传向这个代理的包,这些传入的包就将被这个空代理接收。

(10) $ node neighbors

返回节点的邻居列表。

(11) $ node add-neighbor <neighbor_node>

添加<neighbor_node>到这个节点的邻居列表里。

以下是节点的内置函数列表：

(12) $ node add - route <destination_id> <target>

用于增加单播路由的分类器。目标是一个 Tcl 对象，如果目标 id<destination_id>和这个节点的 id 一样，这个对象可能就是 dmux_的入口(节点的端口复用器)。否则它通常是这个目的链表的头，也可能是其他分类器的入口。

(13) $ node alloc - port <null_agent>

返回下一个可用的端口号。

(14) $ node incr - rtgtable - size

对象变量 rtsize_用于保持对每个节点路由表大小的记录，当每次路由入口加入分类器时增加路由表大小。

这里有些其他支持分级路由、复杂动态路由、等价多路路由、手动路由和移动节点的能量模型的节点命令。这些和早期介绍的其他方法可以在文件~ns/tcl/lib/ns - node. tcl 和~ns/tcl/lib/ns - mobilenode. tcl 中找到。

第 12 章　链路：简单链路接口(Link)

链路是定义网络拓扑结构的第二个重要方面，在第 11 章中，已经介绍了怎样在 NS2 的模拟网络拓扑结构中建立节点，本章将介绍如何创建链路来连接节点，着重介绍的是简单的点对点链路。

下面将首先介绍创建链路的命令，像节点是由分类器组成的一样，一个简单的链路是由一系列的连接器(connector)逐步构成的，然后简要介绍简单链路中的连接器；最后介绍常见的连接器对象。

Link 类是 OTcl 中一个独立的类，SimpleLink 类是用点对点的链路连接两个节点，实例过程 simplex－link{ }是从节点到节点的单方向链路。如图 12.1 所示下面是描述简单链路的语法：

```
set ns [new Simulator]
$ ns simplex－link <node0> <node1> <bandwidth> <delay> <queue_type>
```

创建一个从节点 0<node0>到节点 1<node1>的简单链路，其带宽为<bandwith>，延时为<delay>，使用<queue_type>的队列方式，其中还有一个 TTL 检测器。5 个实例变量定义了链路：

head_　链路的入口，它指向链路的第一个对象。

queue_　链路中的队列指针。简单链路中通常每个链路有一个队列，其他比较复杂类型的链路可能有多个队列元素；

link_　根据链路的延时和带宽特性指向实际的模拟链路的指针。

ttl_　指向控制每个包的 ttl 的指针。

drophead_　指向对象的指针，这个对象是处理链路丢包的队列头。

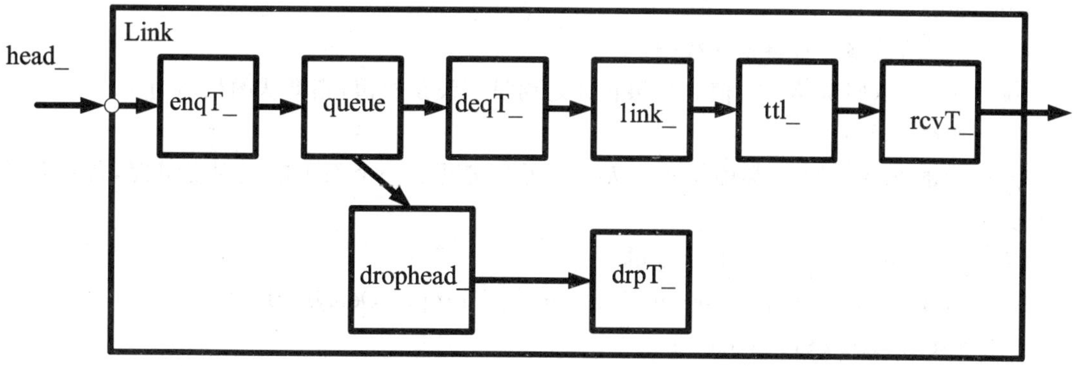

图 12.1　一个单向链路的复合结构

另外，如果模拟器实例变量 $ traceAllFile_已经定义，过程对进出队列的包进行跟踪。跟踪实质是在 drophead_后插入一个丢包跟踪元素。下面的实例变量记录跟踪元素：

enqT_　指向进入队列 queue_的跟踪包。

deqT_　指向退出队列 queue_的跟踪包。

drpT_　指向由队列 queue_丢弃的跟踪包。

rcvT_　指向下一个节点接收的跟踪包。

如果用户能够对链路进行多次跟踪，则这些实例变量存储的是最后一次的跟踪值。

对简单链路而言，添加的其他组件是网络接口（用于多播路由）、动态链路模型（link dynamics models）、跟踪和监视。实例过程 duplex－link{ }从两个简单链路构造一个双向的链路。

12.1　链路和简单链路的实例过程

1. 链路过程

类 Link 是在 OTcl 中实现的，OTcl 中的 SimpleLink 类调用C＋＋的 LinkDelay 类模拟包的传送延时，Link 类中的实例过程为：

head{ }　返回 head_的句柄。

queue{ }　返回 queue_的句柄。

link{ }　返回延时的句柄 link_。

up{ }　在动态链路 dynamics_中设置链路状态为“up”，为过程 trace－dynamics{ }指定的每个文件打印一条记录。

down{ }　和 up{ }一样，在动态链路 dynamics_中设置链路状态为“down”，为过程 trace－dynamics{ }指定的每个文件打印一条记录。

up? { }　返回链路的状态。状态是“up”或者“down”，如果动态链路没有开启，则状态为“up”。

all－connectors{ }　对链路上的所有连接器执行特定的操作。例如：链路恢复操作 link all－connector reset。

cost{ }　给链路设置特定的权值。

cost? { }　返回链路的权值。如果在此之前没有设定权值，则默认的权值为 1。

2. 简单链路过程

OTcl 中的 SimpleLink 类用关联的队列和延时实现了一个简单的点对点链路，是由基类 Link 类派生的，代码如下：

```
Class SimpleLink -superclass Link
SimpleLink instproc init { src dst bw delay q { lltype "DelayLink" } } {
    $ self next $ src $ dst
    $ self instvar link_ queue_ head_ toNode_ ttl_
    ......
    set queue_ $ q
```

```
    set link_ [new Delay/Link]
    $ link_set bandwidth_ $ bw
    $ link_ set delay_ $ delay

    $ queue_ target $ link_
    $ link_ target [ $ toNode_ entry]
    ......
    # XXX
    # put the ttl check after the delay
    # so we don't have to worry about accounting
    # for ttl-drop with in the trace and/or monitor fabric
    #
    set ttl_ [new TTLChecker]
    $ ttl_ target [ $ link_ target]
    $ link_ target $ ttl_
}
```

当创建简单链路对象时,同时还创建了 Delay/Link 和 TTLChecker 对象。特别要注意的是队列对象必须是已经创建了的。

12.2　连接器(Connector)

连接器是一个开放式的分类器,接收器产生数据,包不是被传送给 target_邻居,就是被送到 drop－target_。

连接器接收一个包,并执行某些操作,然后将包传送给它的邻居或者丢弃。NS2 中有很多不同种类的连接器,每个连接器执行不同的功能。

Networkinterface　采用输入接口识别器(incoming interface identifier)标识包,应用在多播路由协议中。类变量"Simulator NumberInterfaces_ 1"的作用是添加接口,然后该类变量被添加到链路中。

DynaLink　根据链路的状态是"up"或者"down"确定传输的对象。该连接器放在链路的头部,在模拟开始前插入链路中。变量 status_控制链路的状态是"up"还是"down"。

DelayLink　模拟链路延时和带宽特性的对象。如果不是动态链路,则这个对象仅仅是为下一个接收包的对象规划接收事件并确定适合接收包的时间。如果是动态链路,就在内部对包进行排队,并且为它下一个要传送的包规划接收事件。因此,如果在有些点上链路是断开的,reset( )方法将被激活,并在链路连接失败时立即丢弃所有的传输包。

Queues　构造和模拟与该链路相连的路由器的输出缓冲,在 NS2 中,他们既是附加在链路上,同时也被当做链路的一部分。

TTLChecker　对该链路的数据包的 TTL 字段减 1 操作,并丢弃 TTL 值为 0 的数据包。如果 TTL 为正,包将被送至链路上的下一个对象。在简单链路里,TTLChecker 是自动添加的,也是被放置在链路中的最后一个对象,在延时对象和下一个节点入口之间。

12.3 对象之间的关系

链路的基类是 Link 类，下面介绍从这个基类中派生的其他类。

简单链路(SimpleLink)对象：简单链路对象用来表示一个简单的单向链路，没有状态变量和配置参数。这个类的常用方法如下：

$ simplelink enable - mcast <src> <dst> 通过为目标地址创建一个输入网络接口和为源地址创建一个输出网络接口来启动一个多播链路。

$ simplelink trace <ns> <file> <optional:op> 创建跟踪对象，更新对象的链路。如果 op 被指定为"nam"，就创建"nam"跟踪文件。

$ simplelink nam - trace <ns> <file> 设置链路上的"nam"跟踪。

$ simplelink trace - dynamics <ns> <file> <optional:op> 专门为动态链路设置跟踪。<op>允许设置为"nam" 跟踪。

$ simplelink init - monitor <ns> <qtrace> <sampleInterval> 监视链路的队列大小。返回可以查询队列平均长度的对象名。

$ simplelink attach - monitor <insnoop> <outsnoop> <dropsnoop> <qmon> 和 init - monitor 相似，但是定义选项更多。

$ simplelink dynamic 设置链路的动态标志。

$ simplelink errormodule <args> 在队列前插入误码模型。

$ simplelink insert - linkloss <args> 在队列后插入误码模型。

其他从类 SimpleLink 派生的类还有：FQLink；CBQLink 和 IntServLink 等。

12.4 命令一览

下面是 NS2 中常用的链路命令：

(1) $ ns_ simplex - link <node1> <node2> <bw> <delay> <qtype> <args>

在节点 1 和节点 2 之间创建一条单向简单链路，其带宽是<dw>，延时是<delay>，链路采用<qtype>的队列类型和用<args>传递参数设置队列。

(2) $ ns_ duplex - link <node1> <node2> <bw> <delay> <qtype> <args>

在节点 1 和节点 2 之间创建一条双向链路，实际就是由两条简单链路创建的一条双向链路，一条是从节点 1 到节点 2 的单向链路，而另一条是从节点 2 到节点 1 的单向链路。其他参数和命令 1 相同。

(3) $ ns_ duplex - intserv - link <n1> <n2> <bw> <dly> <sched> <signal> <adc> <args>

在节点 1 和节点 2 之间创建一条队列类型为 intserv 的双链路，带宽为<bw>，延时为<dly>。这种类型的队列具有两级服务优先级的调度器，参数<sched>确定 intserv 队列的类型、参数<signal>确定信号模型的类型，参数<adc>确定接收控制单元(admission control unit)的类型。

(4) $ ns_ simplex - link - op <n1><n2> <op> <args>

设置单链路的属性，包括方向、颜色、标签或者队列位置等。

(5) $ ns_ duplex - link - op <n1> <n2> <op> <args>

设置双链路的属性设置，包括方向、颜色、标签或者队列位置等。

(6) $ ns_ link - lossmodel <lossobj> <from> <to>

在链路中产生可以通过 Nam 观察的丢包，丢包模型为<lossobj>，起始节点为<from>，目标节点为<to>。

(7) $ ns_ lossmodel <lossobj> <from> <to>

在一般链路中插入丢包模型。

下面是与链路相关的内部模型的相关命令：

(8) $ ns_ register - nam - linkconfig <link>

这个内部过程由“ $ link orient”调用，注册或者更新链路在 NAM 内部的创建顺序。

(9) $ ns_ remove - nam - linkconfig <id1> <id2>

删除重复的链路。

(10) $ link head

返回链路的实例变量 head_。head_是链路的入口，它指向链路中的第一个对象。

(11) $ link add - to - head <connector>

使链路中的 head_变量指向连接器<connector>对象，即将连接器设为链路上的头对象。

(12) $ link link

返回实例变量 link_。link_是以延时和带宽等链路属性来模拟链路的。

(13) $ link queue

返回实例变量 queue_。queue_是链路中的队列，一个链路中可能有一个或多个队列。

(14) $ link cost <c>

设置链路的权值为<c>。

(15) $ link cost?

返回链路的权值。链路的默认权值为 1。

(16) $ link if - label?

返回与链路关联的网络接口(用于多播路由)。

(17) $ link up

设置链路的状态为“up”。

(18) $ link down

设置链路的状态为“down”。

(19) $ link up?

返回链路的状态。如果链路动态没有启动，状态的默认值为“up”。

(20) $ link all - connectors op

对链路上的所有连接器应用指定的操作<op>。例如 $ link all - connectors reset 或者 $ link all - connector isDynamic。

(21) $ link install - error <erromodel>

在变量 link_安装误差模型。

除了上面所列出的与链路有关的命令外，还有其他一些过程是支持从基类派生的不同类型链路的。如 simple - link(SimpleLink),integrated service (IntSerLink),class - based queue(CBQLink),fair queue(FQLink) sessionsim 和 NAM 等过程。所有这些过程的代码在文件~ns/tcl/lib/(ns - lib. tcl,ns - link. tcl,ns - intserv. tcl,ns - namsupp. tcl,ns - queue. tcl),~ns/tcl/mcast/ (McastMonitor. tcl,ns - mcast. tcl),~ns/tcl/session/session. tcl 中。

第 13 章　队列管理(Queue)

队列是存放(或者丢弃)包的地方。包调度指的是对于所选择的包是进行操作还是丢弃的过程。缓冲区管理是指队列占用率的管理规则。目前常用的方法有丢弃队尾(drop－tail)、先进先出(FIFO))、RED 缓冲区管理、CBQ(包括优先级和轮换调用)以及各种公平排队(Fair Queuing)等规则。其中公平排队规则又包括公平排队(Fair Queuing(FQ))、随即公平排队(Stochastic Fair Queuing(SFQ))和赤字循环(Deficit Round－Robin(DRR))等。在通常情况下，延时参数放在队列的尾部，此时如果队列已满，则下游的邻居通过延时可以重新启动队列，这就是所谓的模拟传输延时机制。另外，队列可以在任何时候被它的邻居强制阻塞或者强制消除阻塞，有时候队列可能被其邻居强制阻塞或者畅通。丢包由队列内所包含的“丢弃目标”(drop destination)来实现的，所谓“丢弃目标”是指接收所有被队列丢弃的包的对象。

13.1　C++ 中的 Queue

Queue 类是由 Connector 基类派生的，同时 Queue 类本身也是一个基类，可以被其他各种队列类继承调用，Queue 类的定义在文件 queue.h 中，其程序代码如下：

```
class Queue:public Connector {
public:
    virtual void enque(Packet * ) = 0;
    virtual Packet * deque( ) = 0;
    void recv(Packet * , Handler * );
    void resume( );
    int blocked( );
    void unblock( );
    void block( );
protected:
    Queue( );
    int command(int argc, const chat * const * argv);
    int qlim_; / * maximum allowed pkts in queue * /
    int blocked_;
    int unblock_on_resume_; / * unblock q ob idle? * /
    QueueHandler qh_;
}
```

函数 enque 和 deque 都是纯虚函数，表示 Queue 类是基类。任何特殊的队列都是由

Queue 类派生的，并且必须实现这两个函数。通常，特殊的队列不重写 recv 函数，是因为它调用了特殊队列的 enque 函数和 deque 函数。

Queue 类中并没有包含过多的内部状态。因为很多内部状态变量通常是特殊的监视对象。如 qlim_成员函数表示队列的最大占有率，blocked_成员函数返回一个布尔值，表示队列是否给它的下游邻居发送包。

13.1.1 队列阻塞

在任何时刻都可以使队列阻塞或者消除阻塞。通常，当在队列和下游邻居之间传送包时，队列是阻塞的。如果下游邻居繁忙且队列中至少有一个包需要发送，则队列保持阻塞。只有当队列的 resume 函数被调用，队列才能消除阻塞，resume 函数的调用是通过下游邻居的回调进行的，此时队列中通常没有包。这个回调过程是通过使用下面的类和方法实现的：

```
class QueueHandler : public Handler {
public:
        inline QueueHandler(Queue& q) : queue_(q) { }
        void handle(Event *); /* calls queue_. resume( ) */
private:
        Queue& queue_;
};
void QueueHandler::handle(Event * )
{
        queue_. resume( );
}
Queue::Queue( ):drop_(0),blocked_(0),qh_( * this)
{
        Tcl& tcl = Tcl::instance( );
        bind("limit_",&qlim_);
}
void Queue::recv(Packet * p,Handler * )
{
        enque(p);
        if (! blocked_) {
        /*
         * We're not block. Get a packet and send it on.
         * We perform an extra check because the queue
         * might drop the packet even if it was
         * previously empty! (e. g. ,RED can do this)
         */
        p = deque( );
           if (p ! = 0) {
```

```
            blocked_ = 1;
            target_->recv(p, &qh_);
        }
    }
}
void Queue::resume( )
{
    Packet* p = deque( );
    if (p != 0)
        target_->recv(p, &qh_);
    else {
        if (unblock_on_resume_)
            blocked_ = 0;
        else
            blocked_ = 1;
        }
}
```

每当创建一个新的队列对象,相应的队列句柄对象(qh_)也同时被创建,该句柄对象初始化时指向队列对象(Queue& QueueHandler::queue_),这是由队列的构造函数用表达式 qh_(* this)执行的。当队列接收到一个包时,它调用子类中的 enque 函数处理此包。如果队列没有阻塞,调用特定的 deque 函数来决定哪一个包应该被发送,然后使队列保持阻塞状态,因为此时有一个包正在发送中,最后发送这个包到队列的下游邻居。注意:以后任何从上游邻居接收到的包将会到达一个阻塞的队列,如果下游邻居希望队列消除阻塞,就将 &qh_指针传递给模拟调度器以调度队列句柄的 handle 函数,handle 函数调用 resume 以发送下一个预发送的包给下游邻居,如果没有要发送的包同样可以使队列消除阻塞。这个过程可以通过参考 LinkDelay::recv( )方法进一步了解。

13.1.2　PacketQueue 类

Queue 类可以实现缓冲区的管理和调度,但是不能在特定的队列上实现低层次的操作。PacketQueue 类可以实现在特定的队列上进行低层次的操作,其定义在文件 queue.h 中,代码如下:

```
class PacketQueue {
public:
    PacketQueue( );
    int length; /* queue length in packets */
    void enque(Packet* p);
    Packet* deque( );
    Packet* lookup(int n);
    /* remove a specific packet which must be in the queue */
```

```
    void remove(Packet * );
protected:
    Packet * head_;
    Packet * * tail_;
    int len_; / * packet count * /
};
```

这个类中包含一个包的链路列表，利用特殊的调度和缓冲管理规则在这个链路列表中保存一组顺序包。特殊的调度和缓冲管理利用 PacketQueue 对象。PacketQueue 类中包含了当前队列中包的数量，这个值是由 length( )方法计算返回的。函数 enque 将特定的包放在队列尾部并且修改成员变量 len_。函数 deque 返回队列头部的包并将其从队列中删除，然后修改计数器，如果队列为空则返回空。函数 lookup 返回从队列头开始的第 n 个包，否则返回空。函数 remove 从队列中删除给定地址的包(然后修改计数器)。如果队列不存在，它将导致程序异常而终止。

13.2 例子：丢尾(Drop Tail)

下面的例子说明如何在当前比较流行的因特网路由器中使用 Queue/DropTail 对象，这个对象在实现典型的先进先出(FIFO)调度和丢弃多余的缓冲区管理方面有着广泛的应用。下面给出其定义的代码：

```
/ *
 * A bounded, drop-tail queue
 * /
class DropTail:public Queue {
protected:
    void enque(Packet * );
    Packet * deque( );
    PacketQueue q_;
};
```

Queue 类作为 DropTail 类的基类已经提供了很多函数，丢尾队列有且仅有一个先进先出(FIFO)队列，是由包括 PacketQueue 的对象实现的。丢尾队列具有自己的 enque 函数和 deque 函数，其代码如下：

```
/ *
 * drop-tail
 * /
void DropTail::enque(Packet * p)
{
    q_. enque(p);
    if(q. length( ) >= qlim_) {
        q_. remove(p);
```

```
            drop(p);
        }
    }
    Packet * DropTail::deque( )
    {
        return (q_.deque( ));
    }
```

函数 enque 在队列内部存储包,并利用 qlim_检测队列的大小,如果队列溢出了,就将最近添加的包丢弃。在函数 enque 中,设置 qlim_为 n,说明队列的大小为 n－1。简单的先进先出(FIFO)调度就是通过调用 enque 函数返回队列中的第一个包来实现的。

13.3　不同类型的队列对象

队列对象实际上就是类对象,队列对象可以对模拟过程中的包进行保持、标记或者丢弃等操作。队列对象的设置参数如下:

limit_　队列的大小,以包的个数计算。

blocked_　默认为假,如果队列阻塞(不能发送包到它的下游邻居)则为真。

unblock_on_resume_　默认为真,表示一个队列在最后一个包发送出去(不一定非要被接收到)的时候消除阻塞。

由 Queue 基类派生的其他队列对象有 drop－tail,FQ,SFQ,DRR 和 CBQ 等,现分别描述如下:

(1)Drop－tail 对象:实现了先进先出队列子类。drop－tail 对象没有特别的方法、参数和状态变量。

(2)FQ 对象:实现了公平排队的队列子类。FQ 对象没有特别的方法,设置参数为 secsPerByte_。这个对象没有相关的状态变量。

(3)SFQ 对象:实现了随机公平排队的队列子类。SFQ 对象没有特别的方法,设置参数为 maxqueue_和 buckets_。这个对象没有相关的状态变量。

(4) DRR 对象:实现了赤字轮换调度的队列子类。这些对象在不同的流(所谓流就是它的包拥有相同的节点和端口 id 或者只拥有相同的节点)内实现赤字轮换调度。和其他队列对象不同的是,这个队列对象是唯一向所有的流开放共享缓冲区空间的。设置参数如下:

buckets_　表示用于哈希每个流的桶总数。

blimit_　表示共享缓冲区的大小,以字节计算。

quantum_　表示每个流可以发送的字节数。

mask_　当设置为 1 的时候,意味着一个含有相同节点 id(不一定有相同的端口 id)包的流,否则,表示一个含有相同节点和端口 id 的包的流。

(5)RED 对象:RED 对象是队列对象的一个实现了随机先查网关的子类。这个对象可以被配置为丢弃或者“标记”包。RED 对象没有特殊的方法。设置参数如下:

bytes_　当到达的包会影响可能的标记(丢弃)包时,就设为“真”以开启"字节模式(byte－mode)"RED。

queue－in－bytes_ 设置为“真”时，表示用字节衡量队列的大小，而不是包数。启用这个选项也同时让 mean_pktsize_自动扫描 thresh_和 maxthresh_。

thresh_ 队列平均包数的最小值。

maxthresh_ 队列平均包数的最大值。

mean_pktsize_ 一个对包的字节大小的粗略估计。用在一段空闲时期后更新计算出队列的平均大小。

q_weight_ 队列的权重，用于指数权重的动态平均值，这个平均值是用来计算队列大小的均值。

wait_ 设置为“真”则使丢包之间保持间隔。

linterm_ 由于队列的平均大小在 thresh_和 maxthresh_之间变化，丢包的概率可能就在 0 和 1/lintern 之间变化。

setbit_ 设置为“真”，通过设置包头中的拥塞显示位标记包，而不是丢弃包。

drop－tail_ 设置为“真”，当队列溢出或者平均大小超过 maxthresh_时，使用丢尾而不是随机丢弃。RED 实现的状态变量不可显示。

(6)CBQ 对象：CBQ 对象是实现 class－based 排队的子类。

$ cbq insert <class> 插入传输类到与链路对象 cbq 关联的共享链路结构中。

$ cbq bind <cbqclass> <id1> [$ id2] 使含有 id 为<id1>(或者从 id1 到 id2，包含边界)的流与传输类 cbqclass 相关联。

$ cbq algorithm <alg> 选择 CBQ 的内部算法。<alg>可能是 ancestor－only，top－level 或者 formal 中的一种。

(7)CBQ/WRR 对象：CBQ/WRR 对象实现在同一个优先级上类之间权重轮换调度的子类。相比之下，CBQ 对象实现的是同一优先级类之间包与包的轮换调度。设置参数如下：

maxpkt_ 包的最大字节数，仅在 CBQ/WRR 对象为权重的轮换调度器计算最大带宽分配时使用。

13.4 命令一览

有关队列的命令列表如下：

(1) $ ns_ queue－limit <n1> <n2> <limit>

设置 n1 与 n2 之间链路上的队列缓冲区的最大值。

(2) $ ns_ trace－queue <n1> <n2> <optional:file>

设置记录队列中事件的跟踪对象。如果 tracefile 没有设置，它将使用 traceAllFile_来记录事件。

(3) $ ns_ namtrace－queue <n1> <n2> <optional:file>

和上面的 trace－queue 相似，设置 NAM 跟踪文件。

(4) $ ns_ monitor－queue <n1> <n2> <optional:flie> <optional:sampleinterval>

插入一个允许监视队列大小的对象，并返回这个对象的句柄，用来查询并决定队列的平均大小，其中 sampleinterval 的默认值为 0.1。

第 14 章　代理(Agent)

Agent 代表了网络层分组的起点和终点，即分组的创建和结束，并被用于各层协议的实现。Agent 类是由 OTcl 和C++共同实现的。C++部分的代码包含在文件～ns/agent.cc 和～ns/agent.h 中，而 OTcl 部分的代码位于文件～ns/tcl/lib/ns-agent.tcl 中。

14.1　代理的状态变量

对于一个被仿真的分组，在分组发送前，C++的 Agent 类包含足够多的内部状态变量来表示分组的各个域。这些状态变量如下：

addr_　节点地址(分组的源节点地址)；

dst_　分组的目标节点地址；

size_　以字节数计算的分组大小(放入通用分组头中)；

type_　分组类型(在通用分组头中，参考 packet.h)；

fid_　IP 流标志；

prio_　IP 优先级；

flags_　分组的标记；

defttl 缺省的 IP ttl 值。

这些变量由 Agent 派生类来设定，但是一个特定的 Agent 可能不会用到所有的状态变量。

14.2　代理函数

Agent 类支持分组的产生和接收。下面这些成员函数是在C++的 Agent 类中实现的，并且通常不会被派生类重载。

Packet * allocpkt ( )　生成一个新的分组并给它赋值。

Packet * allocpkt (int)　生成一个新的分组，该分组的有效数据长度为 n 字节。

下面的成员函数也是由 Agent 类定义的，但它们需要被派生类重载。

void timeout (timeout number)　子类定义超时函数。

void recv (Packet * ,Handler *)　接收代理主接收路径。

派生类用 allocpkt( )函数来产生要发送的分组。这个函数填写分组的通用头中的 uid，ptype，size 等域，以及 IP 头中的 src，dst，flowid，prio，ttl 等域。它还会把 Flags 头中的 ecn，pri，usr1，usr2 等域置零。

任何未包含在上述域中的必须由 Agent 类的派生类自己来处理。recr( )函数是 Agent

在接收分组时的入口，且源节点在发送一个分组时会调用目标节点 Agent 中相应的 recv( )函数。在大多数情况下，Agent 不使用 recv( )函数的第二个参数。

14.3 协议代理

仿真器支持许多协议代理。以下是它们在 OTcl 中的名字：

TCP "Tahoe"TCP 发送端(任何损耗下 cwnd = 1)
TCP/Reno "Reno"TCP 发送端(快速恢复)
TCP/Newreno 改进的 Reno TCP 发送端(改进的快速恢复)
TCP/Sack1 SACK TCP 发送端
TCP/Fack 转发 SACK 发送端 TCP
TCP/FullTcp 功能更全的双工 TCP
TCP/Vegas "Vegas"TCP 发送端
TCP/Vegas/RBP 具有步进速率的 Vegas TCP
TCP/Reno/RBP 具有步进速率的 Reno TCP
TCP/Asym 非对称链路的指数 Tahoe TCP
TCP/Reno/Asym 非对称链路的指数 Reno TCP
TCP/Newreno/Asym 非对称链路的指数 Newreno TCP
TCPSink Reno 或 Tahoe 接收器(不用于 FullTcp)
TCPSink/DelAck ACK 延时的 TCP 接收器
TCPSink/Asym 非对称链路的指数 TCP 接收端
TCPSink/Sack1 SACK TCP 接收器
TCPSink/Sack1/DelAck ACK 延时 SACK TCP 接收器
UDP 基本的 UDP 代理
RTP RTP 发送端和接收端
RTCP RTCP 发送端和接收端
LossMonitor 检测丢失的包接收器
IVS/Source IVS 源
IVS/Receiver IVS 接收器
CtrMcast/Encap "集中式多播"封装器
CtrMcast/Decap "集中式多播"解封装器
Message 携带文本消息的协议
Message/Prune 处理多播路由剪除消息
SRM SRM 代理，带非自适应定时器
SRM/Adaptive 带自适应定时器的 SRM 代理
Tap 仿真器到真实网络的接口
Null 丢弃包的衰弱代理
rtProto/DV 距离矢量路由协议代理

代理用于不同层协议的实现。因此，对于一些传输层的协议代理(如 UDP)，分组的大小和发送时间通常是由代表应用层的独立对象来控制的,这些控制是通过 Agent 的应用程序接口(API)来进行的。对于在低层使用的 Agent(比如路由 Agent),分组的大小和发送时间通常由 Agent 自己控制。

14.4　OTcl 连接

各种代理可以在 OTcl 中创建,并通过 Tcl 的 set 函数或者通过修改 Agent 本身(或其基类)的 Tcl 函数来设定 Agent 的内部状态变量。特别需要注意的是,有些 Agent 的内部状态变量可能只存在于 OTcl 中,因此就不能从C++中直接访问它们。

14.4.1　创建并使用 Agents

下面这个例子说明如何创建一个 Agent 并改变其内部状态变量:

```
set newtcp [new Agent/TCP] ;# 创建一个新的对象(和C++的影子对象)
$newtcp set window_ 20 ;# 设置 TCP 代理的窗口大小为 20
$newtcp target $dest ;# 目标为 Connector 类
$newtcp set portID_ 1 ;# 只在 Otcl 中设置
```

14.4.2　缺省值

那些在 OTcl 中可见的变量(包括仅存在于 OTcl 中的变量和通过 bind 命令在 OTcl 和C++间绑定的变量)是在~ns/tcl/lib/ns-default.tcl 中初始化的。例如,Agent 的初始化是这样的:

```
Agent set fid_ 0
Agent set prio_ 0
Agent set addr_ 0
Agent set dst_ 0
Agent set flags_ 0
```

通常,在任何一个 Agent 类对象创建之前,这些初始化就存在于 OTcl 的名字空间中了。因此,当一个 Agent 对象创建时,对象的构造函数中的 bind 命令会把C++中相应的成员变量设定为指定的缺省值。

14.4.3　OTcl 函数

Agent 类在 OTcl 中的实例过程可以在源文件~ns/tcl/lib/ns-agent.tcl 中找到。它们是:

Port　agent 的端口标志符;

Dst-port　目标节点的端口标志符;

Attach-source <stype>　创建并为 Agent 绑定一个源对象。

14.5 TCP 代理和 TCP Sink 代理进行连接的例子

TCP 类描述了一个简化的 TCP 发送者。它将数据发送给 TCP Sink 代理并处理其返回的确认消息。TCP 类具有一个与之关联的独立的代表了应用层的需求对象。通过观察 TCP Agent 和 TCP Sink Agent 之间建立的连接,我们可以了解如何构造相对复杂的代理。

为阐述定时器的使用,文中也给出了一个来自 Tahoe TCP 代理 TCPAgent 的例子。

14.5.1 创建 Agent

以下的 OTcl 代码片断创建并设置了一个 TCP 代理。

```
set tcp [new Agent/TCP] ;           # create sender agent
 $ tcp set fid_ 2 ;                 # set IP - layer flow ID
set sink [new Agent/TCPSink] ;      # create receiver agent
 $ ns attach - agent $ n0 $ tcp ;   # put sender on node $ n0
 $ ns attach - agent $ n3 $ sink ;  # put receiver on node $ n3
 $ ns connect $ tcp $ sink ;        # establish TCP connection
set ftp [new Application/FTP] ;     # create an FTP source "application"
 $ ftp attach - agent $ tcp ;       # associate FTP with the TCP sender
 $ ns at 1.2 " $ ftp start" ;       # arrange for FTP to start at time 1.2 sec
```

OTcl 的 new Agent/TCP 命令建立了一个C++的 TcpAgent 对象。TcpAgent 对象的构造函数首先调用了 Agent 类的构造函数,然后执行自己的构造函数来完成变量的绑定。下面是 TcpAgent 类构造函数的代码,TcpSimpleAgent 构造函数在~ns/tcp.cc 文件):

```
TcpAgent::TcpAgent():Agent(PT_TCP),rtt_active_(0),rtt_seq_(-1),rtx_timer_
                    (this),delsnd_timer_(this)
{
    bind("window_", &wnd_);
    bind("windowInit_", &wnd_init_);
    bind("windowOption_", &wnd_option_);
    bind("windowConstant_", &wnd_const_);
    ……
    bind("off_ip_", &off_ip_);
    bind("off_tcp_", &off_tcp_);
    ……
}
```

Agent 构造函数在文件~ns/agent.cc 中。

```
Agent::Agent(int pkttype):addr_(-1),dst_(-1),size_(0), type_(pkttype), fid_(-
            1),prio_(-1), flags_(0)
{
    memset(pending_, 0, sizeof(pending_)); /* timers */
```

```
    // this is really an IP agent, so set up
    // for generating the appropriate IP fields......
    bind("addr_", (int *)&addr_);
    bind("dst_", (int *)&dst_);
    bind("fid_", (int *)&fid_);
    bind("prio_", (int *)&prio_);
    bind("flags_", (int *)&flags_);
    ......
}
```

TcpAgent 的构造函数把分组类型标志符传递给 Agent 类的构造函数,各种不同的分组类型将在跟踪文件中被使用,这些类型值是在~ns/trace.h 文件中定义的。绑定在 TcpAgent 构造函数的变量,除了特殊的整型变量 off_tcp_和 off_ip_外,其他的变量都是普通的实例/成员变量,为了能分别访问 TCP 头和 IP 头,这些变量都是必不可少的。

值得注意的是,TcpAgent 的构造函数中包括了对两个定时器 rtx_timer_和 delsnd_timer_的初始化。TimerHandler 对象是通过给相关的代理提供 this 指针来初始化的。

14.5.2　启动 Agent

在 1.2 s 时 FTP 数据源启动,TcpAgent 也同时启动。“Start”是 Applicaion/FTP 类的一个实例过程(请参考文件~ns/tcl/lib/ns-source.tcl)。

```
Application/FTP instproc start { } {
    [$self agent] send -1
}
```

这里的“agent”为单向 TCP 代理,而“send -1”表示发送一个任意大的文件。调用 send 是在单向 TCP 的发送端产生分组。下面的 output 函数完成发送分组的工作。

```
void TcpAgent::output(int seqno, int reason)
{
    Packet* p = allocpkt();
    hdr_tcp *tcph = (hdr_tcp*)p->access(off_tcp_);
    double now = Scheduler::instance().clock();
    tcph->seqno() = seqno;
    tcph->ts() = now;
    tcph->reason() = reason;
    Connector::send(p, 0);
    ......
    if (!(rtx_timer_.status() == TIMER_PENDING))
        /* No timer pending. Schedule one. */
        set_rtx_timer();
}
```

通过这个例子我们可以了解 Agent::allocpkt()函数的使用方法。这个输出函数首先生成一个新的分组(分组的基本报头和 IP 报头信息已经填好),同时 TCP 层的报头信息必须要填写。为了发现分组中的 TCP 报头，必须合理地初始化 off_tcp_，如构造函数中所描述的那样。分组的 access( )方法返回一个指向 TCP 报头的指针，填入序列号和时间戳，并调用 Connector 类的 send( )函数将分组传送到下一个节点。

14.5.3 在接收端处理输入

许多 TCP 代理可以和 TCPSink 类一同使用构成对等网，该类的 recv( )和 ack( )函数定义如下。

```
void TcpSink::recv(Packet * pkt, Handler * )
{
    hdr_tcp * th = (hdr_tcp * )pkt->access(off_tcp_);
    acker_->update(th->seqno( ));
    ack(pkt);
    Packet::free(pkt);
}
void TcpSink::ack(Packet * opkt)
{
    Packet * npkt = allocpkt( );
    hdr_tcp * otcp = (hdr_tcp * )opkt->access(off_tcp_);
    hdr_tcp * ntcp = (hdr_tcp * )npkt->access(off_tcp_);
    ntcp->seqno( ) = acker_->Seqno( );
    ntcp->ts( ) = otcp->ts( );

    hdr_ip * oip = (hdr_ip * )opkt->access(off_ip_);
    hdr_ip * nip = (hdr_ip * )npkt->access(off_ip_);
    nip->flowid( ) = oip->flowid( );

    hdr_flags * of = (hdr_flags * )opkt->access(off_flags_);
    hdr_flags * nf = (hdr_flags * )npkt->access(off_flags_);
    nf->ecn_ = of->ecn_;

    acker_->append_ack((hdr_cmn * )npkt->acc ess(o ff_cmn _),
                       ntcp, otcp->seqno( ));
    send(npkt, 0);
}
```

Recv( )函数重载了 Agent::recv( )函数(只不过丢弃了接收分组)。它用接收到的分组序列号更新了一些内部的状态变量，因此需要对 off_tcp_变量进行合理初始化，接着生成该分组的确认信息。ack( )函数对该分组包头的各个域进行了访问，包括 TCP 报头、IP 报头、Flags 报头及基本报头。send( )函数的调用实际上就是 Connector::send( )函数的调用。

14.5.4 在发送端处理响应

当单向 TCP 端接收到数据并返回确认 ACK 后，发送端通常要对确认 ACK 进行处理。

在 TcpAgent 中的处理过程如下：

```
/*
 * main reception path - should only see acks, otherwise the
 * network connectioNS2 are misconfigured
 */
void TcpAgent::recv(Packet *pkt, Handler *)
{
    hdr_tcp *tcph = (hdr_tcp *)pkt->access(off_tcp_);
    hdr_ip* iph = (hdr_ip *)pkt->access(off_ip_);
    ......
    if (((hdr_flags *)pkt->access(off_flags _))-> ecn_)
        quench(1);
    if (tcph->seqno( ) > last_ack_) {
        newack(pkt);
        opencwnd( );
} else if (tcph->seqno( ) == last_ack_)
{
    if (++dupacks_ == NUMDUPACKS)
    {
        ......
    }
}
    Packet::free(pkt);
    send(0, 0, maxburst_);
}
```

当确认 ACK 分组到达发送端后，recv( )函数被调用。在这样的情况下，一旦确认 ACK 中的信息被处理完毕(通过 newack)，这个分组就不再有用而被返回到分组的存储区中。同时，收到确认 ACK 意味着发送端可以发送更多分组数据，TcpSimpleAgent::send( )函数将被调用在 TCP 窗口允许的范围内发送更多的数据。

14.5.5　定时器的实现

定时器类基于抽象的基类 TimerHandler，定义见于~ns/timer-handler.h 文件。子类的实例可用做各种代理定时器。代理可以重载 Agent::timeout( )函数(该函数什么也不做)。

在 Tahoe TCP Agent 中有两种定时器：延时发送定时器 delsnd_timer_和重传定时器 rtx_timer_。

14.6　创建新的代理

创建一个新的代理，需完成以下操作：

(1)确定其继承结构,并建立合适的类定义;

(2)定义 recv( )和 timeout( )函数;

(3)定义所需的定时器类;

(4)定义 OTcl 链路函数;

(5)编写所需的 OTcl 程序以访问代理。

下面我们构造一个执行 ICMP ECHO REQUEST/REPLY(或"ping")操作的代理来说明创建代理所需的操作。

14.6.1 一个"ping"请求(继承结构)的例子

继承结构和代理所在的层以及其低层的函数有关联。最简单的 Agent 类是面向数据的无连接传输 Agent/UDP 基类。面向连接的传输协议可以使用不同的 TCP Agent。如果要创建一个新的传输协议或者传输子协议,可以将 Agent 类作为基类。在下面的例子中,将采用 Agent 作为基类,构造一个逻辑上属于 IP 层 Agent。采用以下的类定义:

```
class ECHO_Timer;
class ECHO_Agent: public Agent
{
    public:
        ECHO_Agent( );
        int command(int argc,const char * const *  argv);
    protected:
        void timeout(int);
        void sendit( );
        double interval_;
        ECHO_Timer echo_timer_;
};
class ECHO_Timer: public TimerHandler
{
    public:
        ECHO_Timer(ECHO_Agent  * a):TimerHandler( ) { a_  =  a;}
    Protected:
        virtual void expire(Event  * e);
        ECHO_Agent  * a_;
};
```

14.6.2 recv( )和 timeout( )函数

在这个例子中没有重新定义 recv( )函数,因为这个 Agent 表示的是一个请求函数,并且不接收任何事件或分组。由于不定义 recv( )函数,因此采用 recv( )的基类(如 Connector::recv( ))。timeout( )函数是用来控制发送请求分组的,其定义如下所示:

```
void ECHO_Agent::timeout(int)
```

```
{
    sendit( );
    echo_timer_.resched(interval_);
}
void ECHO_Agent::sendit( )
{
    Packet* p = allocpkt( );
    ECHOHeader *eh = ECHOHeader::access(p->bits( ));
    eh->timestamp( ) = Scheduler::instance( ).clock( );
    send(p,0); // Connector::send( )
}
void ECHO_Timer::expire(Event *e)
{
    a_->timeout(0);
}
```

每隔 interval_秒，在 timeout( )函数中执行一次 sendit( )。sendit( )函数产生一个新的分组，这个分组报头中的大多数域已经由 allocpkt( )设置完毕，这个分组只是没有当前的时间戳，access( )提供了分组报头的结构接口，可用来设置时间戳。

注意：该代理使用本身特定的报头头("ECHOHeader")。通过调用无句柄的 Connector::send( )函数将分组发送给下一个节点。

14.6.3 "ping"代理与 OTcl 链路

为了将这个 Agent 连接到 OTcl 上，必须解决三个问题。首先，创建的类的实例应与所创建的真实对象和 OTcl 之间建立映射，程序代码如下：

```
static class ECHOClass:public TclClass
{
    public:
        ECHOClass( ):TclClass("Agent/ECHO") { }
        TclObject* create(int argc,const char*const* argv)
        {
            return (new ECHO_Agent( ));
    }
} class_echo;
```

上述代码中首先创建了一个静态对象 class_echo。当仿真开始时，此构造器立即执行，并将类名 Agent/ECHO 放入 OTcl 的名字空间中。符号"/"是一个用于解释层的层分隔符。当 OTcl 解释器接收指令以创建一个"Agent/ECHO"类对象时，create( )函数定义了如何创建一个C++影子对象。在这种情况下，将返回一个动态分配的对象。这就是常用的创建新C++影子对象的办法。

一旦对象被创建，我们就希望将C++成员变量和 OTcl 名字空间相应变量相关联，这样对于 OTcl 变量的访问实际上就是对C++的成员变量的访问。例如假设希望 OTcl 可以调整发送间隔时间和分组的大小，则在类构造器中的代码如下：

```
ECHO_Agent::ECHO_Agent( ):Agent(PT_ECHO)
{
    bind_time("interval_", &interval_);
    bind("packetSize_",&size_);
}
```

这里C++中的变量 interval_和 size_分别被连接到 OTcl 的实例变量 interval_和 pachetSize_上。任何对于 OTcl 变量的访问都将是对其对应的C++变量的访问。已定义的 PT_ECHO 常量被传送到 Agent( )构造器中，Agent::allocpkt( )函数可以设置用于支持跟踪的分组类型，因此，PT_ECHO 表示一个新的分组类型，其定义在文件~ns/trace.h 中。

一旦对象的创建和变量的绑定设置完成，接下来就要创建在C++中实现可以从 OTcl 调用的函数，这些函数常常是一些控制函数，具有初始化、终止或修改的功能。在这个例子中，通过执行"start"命令，可以从 OTcl 中开始"ping"的请求代理，其代码如下：

```
int ECHO_Agent::command(int argc, const char * const * argv)
{
    if (argc == 2)
    {
        if (strcmp(argv[1], "start") == 0)
        {
            timeout(0);
            return (TCL_OK);
        }
    }
    return (Agent::command(argc, argv));
}
```

这里的 start( )函数只是调用了C++的成员函数 timeout( )，timeout( )函数初始化第一个分组并调度其后产生的分组。注意：该类过于简单，甚至没有包括停止这样的操作。

14.6.4 通过 OTcl 使用 Agent

创建了 Agent 之后就需要将该 Agent 的实例绑定到一个节点上，假设节点或仿真器对象已经创建。下面的代码实现所创建的 Agent 和节点的绑定。

```
set echoagent [new Agent/ECHO]
$simulator attach-agent $node $echoagent
```

为了设置 interval 和分组尺寸并开始产生分组，可运行以下的 OTcl 代码：

```
$echoagent set dst_ $dest
$echoagent set fid_ 0
$echoagent set prio_ 0
$echoagent set flags_ 0
```

$ echoagent set interval_ 1.5

$ echoagent set packetSize_ 1024

$ echoagent start

每隔 1.5 s,这些代码将产生一个发送给节点 $ dest 的 1 024 b 的分组。

14.7 各种代理对象

Agent 类为基类,各种对象类型如 Nullobject、TCP 等均源自 Agent 类。Agent 类的有关函数将在下一小节中描述。Agent 类的配置参数如下:

fid_ 流 id;

prio_ 优先级;

agent_addr_ 代理的地址;

agent_port_ 代理的端口地址;

dst_addr_ 代理的目标地址;

dst_port_ 代理的目标端口地址;

flags_ 标志位;

ttl_ 缺省值 32。

对于一般的 Agent 类,不定义其状态变量。其他源自 Agent 类的对象如下:

(1)Null 对象是 Agent 类的子类,用于实现流量的接收。它们继承了所有的通用对象函数,该对象中不定义任何函数,其状态变量有 sport_和 dport_。

(2)LossMonitor 对象是 Agent 类的子类,用于实现流量的接收,同时对接收的数据进行一些统计,如接收的比特数、丢失的分组数等。它们继承了所有的通用 Agent 类的函数。

$ lossmonitor clear 重置期望的序列号为 -1。

状态变量如下:

nlost_ 丢失分组数;

npkts_ 接收分组数;

bytes_ 接受比特数;

lastPktTime_ 接收最后一个分组的时间;

expected_ 下一个分组的期望序列号。

(3)TCP 对象是 Agent 类子类,用于实现 BSD Tahoe TCP 传输协议,它们继承了通用 Agent 类的所有函数。配置参数如下:

window_ TCP 链路的传输窗口上限。

maxcwnd_ TCP 链路拥塞窗口上限。忽略可设置为零(缺省值)。

windowInit_ 慢启动拥塞窗口的初始尺寸。

windowOption_ 用于管理拥塞窗口的算法。

windowThresh_ 对于各种 window - increase 算法的研究,用于计算 awnd 的指数均衡滤波器增益常量。

overhead_ 用于每个输出分组延时的随机变量的取值范围。在源节点插入随机延时是为了防止相位的影响,这个参数仅在 TCP 的 Tahoe 版本中有效,对 TCP - Reno 无效。

ecn_　当分组丢失时，通告拥塞，除此之外，当该参数为真时，也表示处在拥塞状态。当该参数为真时，在 quench( )之后，发生快速重传。

packetSize_　表示所有来自源端的分组尺寸，以字节计。

tcpTick_　用于测量往返时间内的 TCP 时钟间隔。注意缺省设置为非标准值 100ms。

bugFix_　对于在单一数据窗中的分组丢失，当允许多个快速重传时，该参数设置为真。

maxburst_　该参数为 0 时可以忽略。否则，源端可发送的最大分组数和源端接收的 ACK 数量有关。

slow_start_restart_　当连接空闲后进行慢启动时，该参数为 1。

定义常量如下：

MWS TCP　连接分组窗口的最大尺寸。缺省值为 1024 个分组。对于 Tahoe TCP，"window"参数(表示接收端传输窗)可以小于 MWS－1。对于 Reno TCP，"window"参数可以小于(MWS－1)/2。

状态变量如下：

dupacks_　新的数据被确认后的重复确认 ACK 的数目。

seqno_　源端数据的最大序列号。

t_seqno_　当前传送的序列号。

ack_　接收端收到的最大确认号。

cwnd_　拥塞窗口的当前值。

awnd_　拥塞窗口的低通滤波器当前值。用于研究不同的窗口递增算法。

ssthresh_　慢启动门限的当前值。

rrt_　往返时间的估计值。

srtt_　平滑往返时间的估计值。

rttvar_　往返时间均方差估计。

backoff_　往返时间的指数退避常数。

(4)TCP/Reno 对象是 TCP 对象的子类，用于实现 Reno TCP 传输协议，该对象没有定义函数、配置参数或状态变量。

(5)TCP/Newreno 对象是 TCP 对象的子类，实现了对 BSD Reno TCP 传输协议的一个改进。没有为该对象定义函数或状态变量。

配置参数如下：

Newreno_changes_　对于"Fall, K., and Floyd, S. Comparisons of Tahoe, Reno, and Sack TCP. December 1995"中所描述的 New Reno，缺省设为零。对于附加的 New Reno 算法，设为 1。该参数包括了慢启动期间对 ssthresh 参数的估计。

(6)TCP/Vegas 对象没有定义函数或配置参数。状态变量为 v_alpha_，v_beta_，v_gamma_和 v_rtt_。

(7)TCP/Sack1 对象是 TCP 对象的子类，用于实现"Fall, K., and Floyd, S. Comparisons of Tahoe, Reno, and Sack TCP. December 1995"所描述的带选择确认的扩展 BSD Reno TCP 传输协议。URL ftp://ftp.ee.lbl.gov/papers/sacks.Ps.Z. 继承了 TCP 对象的功能。该对象不定义函数、配置参数或状态变量。

(8)TCP/FACK 对象是 TCP 对象的子类，用于实现带转发确认拥塞控制的 BSD Reno

TCP 传输协议。它们继承了 TCP 对象的功能,该类不定义函数或状态变量。

配置参数如下:

ss - div4　强衰减算法,如果在慢启动的 1/2 RTT 内检测到拥塞,则将 ssthresh 一分为 4(而不是 2)。慢慢减少拥塞窗而不是快速地将它一分为二。

(9)TCP/FULLTCP 对象,此处尚未添加该节。实现和配置参数参考"Fall,K., Floyd,S.,and Henderson,T.,NS2 Simulator Tests for Reno FullTCP. July,1997."URL ftp://ftp.ee.lbl.gov/papers/fulltcp.ps。

(10)TCPSINK 对象是 Agent 对象的子类,用于实现对 TCP 分组的接收。仿真器只实现"单向"TCP 连接,这里 TCP 源发送数据分组而 TCP 接收端发送 ACK 分组。TCPSink 对象继承了一般代理的所有功能。该对象不定义函数或状态变量。配置参数如下:

packetSize_　所有 ACK 分组使用的尺寸,以字节计。

maxSackBlocks_　在 SACK 选项中被确认的数据最大阻塞数。对于一个也使用时间戳选项[RFC 1323]的接收端,RFC 2018 所定义 SACK 选项可容纳 3 个 SACK 阻塞。它仅用于 TCPSink/Sack1 子类。在对象分配完毕后,该值在任何特殊的 TCPSink 对象内可能无法增加。一旦 TCPSink 对象配置好,该参数的值可能只会下降不会增加。

(11)TCPSINK/DELACK 对象是 TCPSink 对象的子类,用于一个 TCP 分组的延时 ACK 接收器。它们继承了所有 TCPSink 对象的功能。DelAck 对象不定义函数或状态变量。

配置参数如下:

interval_　对于单一分组产生一个 ACK 之前的总延时。如果另外一个分组在延时期满前到达,则立刻生成一个 ACK。

(12)TCPSINK/SACK1 对象是 TCPSink 的子类,用于实现一个 TCP 分组的 SACK 接收器。它们继承了所有 TCPSink 对象的功能。该对象不定义函数、配置参数或状态变量。

(13)TCPSINK/SACK1/DELACK 对象是 TCPSink/Sack1 的子类,用于实现一个 TCP 分组的延时 SACK 接收器。它们继承了 TCPSink/Sack1 对象的所有功能。该对象不定义函数或状态变量。配置参数如下:

interval_　产生一个单一分组的 ACK 之前的总延时。如果在延时期满之前,有另外一个分组到达,则立刻产生一个 ACK。

14.8　命令一览

以下是与 Agent 相关的命令:

(1)ns_ attach - agent ＜node＞ ＜agent＞

该命令在＜node＞上捆绑了一个＜agnet＞。这里我们假设＜agent＞已经创建。创建 Agent 可用 set agent [new Agent/AgentType],这里 Agent/AgentType 定义了 Agent 的类型。

(2) $ agent port

该命令将返回被捆绑的 Agent 的端口号。

(3) $ agent dst - port

该命令返回目标端口号。在两个节点间的任何连接设置时,每一个 Agent 在其 dst_port_

实例变量中存储一个目标端口号。

(4) $ agent attach - app <s_type>

该命令在 Agent 上捆绑一个<s_type>类型的应用。返回一个访问该应用对象的句柄。注意：必须在 pachet. h 中定义该应用类型为一个分组类型。

(5) $ agent attach - source <s_type>

该命令用于在 Agent 上捆绑<s_type>类型源的过程，但是现在这已经是个陈旧的办法了。用 attach - app(上面有描述)方法来替代。

(6) $ agent attach - tbf <tbf>

在 Agent 上捆绑一个 token bucket 滤波器(tbf)。

(7) $ ns_ connect <src> <dst>

在 src 和 dst 代理间建立一条连接。

(8) $ ns_ create - connection <srctype> <src> <dsttype> <dst> <pktclass>

在两个 Agent 间建立一条完整的连接。首先创建一个<srctype>类源，并将它捆绑到<scr>上。然后创建一个<dsttype>类型的目标并将它捆绑到<dst>上。最后连接 scr 和 dst 代理并返回一个句柄给源 Agent。

(9) $ ns_ create - connection - list <srctype> <src> <dsttype> <dst> <pktclass>

该命令与上面所述的创建连接非常相似。但不同于仅返回给源 Agent，它返回一个列表给源和目标 Agent。

内部过程语句如下：

(10) $ ns_ simplex - connect <src> <dst>

这是一个内部函数，它设置了一个<src>agent 和<dst>agent 间的单向连接。它设置了<src>的目标地址和目标端口及<dst>的代理地址和代理端口。上面所述的“connect”调用了该函数两次并设置了一个 src 和 dst 之间的双向连接。

(11) $ agent set <args>

这是一个用于通知用户由于升级到 32 b 地址空间后所造成的向后兼容问题的内部函数。

(12) $ agent attach - trace <file>

该过程将<file>捆绑到 Agent 上并允许 Agent 的 nam - tracing 时间。除了以上所述的与 Agent 相关的过程外，还有一些附加的函数用来支持各种 Agent，如 Agent/Null，Agent/TCP，Agent/CBR，Agent/TORA，Agent/mcast 等。这里所述的这些附加的函数及过程可在文件 ns/tcl/lib/(ns - agent. tcl，ns - lib. tcl，ns - mip. tcl，ns - mobilenode. tcl，ns - namsupp. tcl，ns - queue. tcl，ns - route. tcl，ns - sat. tcl，ns - source. tcl)中找到。

第 15 章　局 域 网

无线网和局域网(LAN)的特征从本质上与点到点的链路不同。由多条点到点的链路组成的网络并不能涵盖局域网(LAN)的特性和共性。为了能够更好地模拟局域网的特性，NS2 中创建了一个新的类型节点，称为 LanNode。有关 LanNode 的配置以及接口在以下三个文件中：tcl/lan/vlan. tcl，tcl/lan/ns－ll. tcl 和 tcl/lan/ns－mac. tcl。

15.1　Tcl 配置

创建和配置局域网的接口与点到点的链路配置略有不同。在顶层上，OTcl 中 Simulator 类引出了一个新方法 make－lan。这个方法的参数与 duplex－link 方法的参数相似，不同的是 make－lan 只接受一个节点的列表作为一个参数，而 duplex－link 需要两个参数。如：

Simulator instproc make－lan{nodes bw delay lltype ifqtype mactype chantype}

make－lan 的可选参数规定了要创建的对象类型，如链路层(LL)、接口队列、MAC 层(Mac)和物理层(Channel)等。

下面是一个 CSMA/CD(以太网)局域网如何创建的例子：

$ ns make－lan " $ n1 $ n2" $ bw $ delay LL Queue/DropTail Mac/Csma/Cd

创建了有基本链路层、丢尾队列、CSMA/CD MAC 层协议的局域网。

15.2　局域网的组成

局域网包括了在网络层次结构中三个最底层的功能：

(1)链路层(LL)；

(2)媒介访问控制层(MAC)；

(3)物理层(PHY)。

图 15.1 解释了这种扩展的网络层次结构使得在 NS2 中模拟局域网成为可能。沿着这种层次结构向下发送的包流经链路层(Queue 和 LL)、MAC 层(Mac)以及物理层(到 Classifier/Mac 的 Channel)，然后继续向前通过 Mac 层和 LL 层向上回到上层结构。

物理层由两个模拟对象组成：Channel 和 Classifier/Mac。Channel 对象模拟共享媒介并且支持在传输发送端 MAC 对象的媒介访问机制。在接收端，Classifier/Mac 负责分发和复制分组给接收端的 MAC 对象。根据物理层的类型，MAC 层必须包含某些功能，如载波侦听、冲突检测、冲突避免等。由于这些功能会影响发送和接收两端，因此他们在单一的 MAC 对象内实现。在发送端，在传送分组之前，MAC 层必须遵循某种媒介访问协议。在接收端，MAC 层负责把分组传送给链路层。

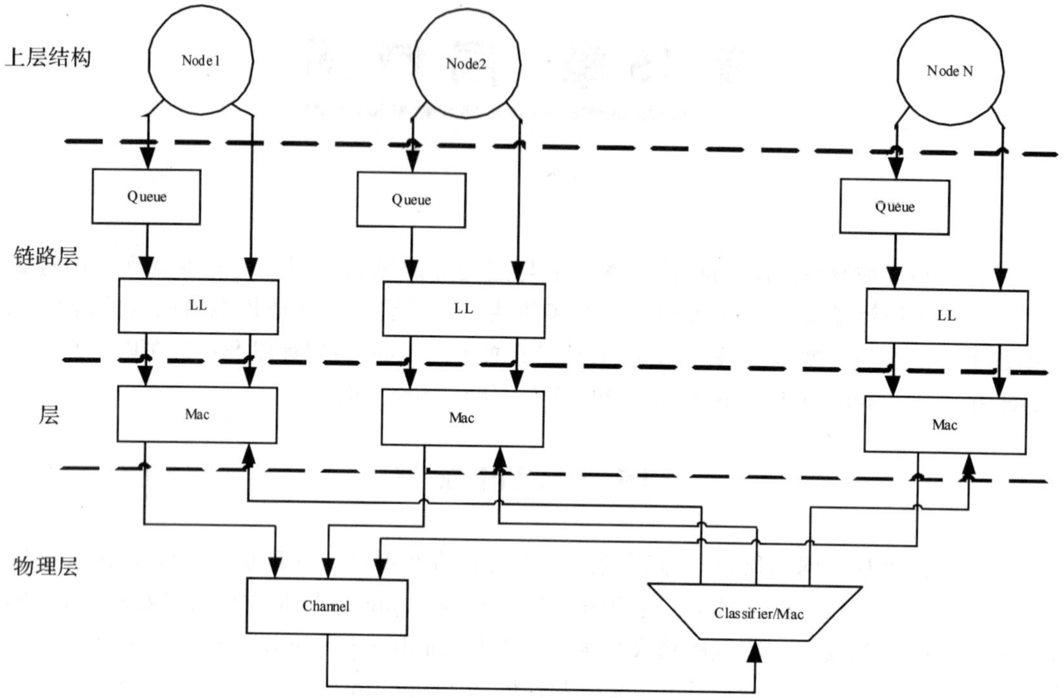

图 15.1　局域网的连通性

在 MAC 层上面的链路层有其特有的功能，如队列和链路级的转发。要求链路层具有各种功能，导致链路层分为两个组件：Queue（队列）和 LL（链路层）。模拟接口队列的 Queue 对象和第 13 章描述的 Queue 类相同。LL 对象实现数据链路协议，比如像 ARQ。

15.3　Channel 类

Channel 类模拟数据包在物理层上的实际传输。基本的 Channel 类实现了支持竞争机制的共享媒介，它允许 MAC 实现载波侦听、竞争以及冲突检测。如果在同一时刻不仅仅只有一个传输，通道就引起冲突标记。通过检查这个标记，MAC 对象能实现冲突检测并进行处理。

由于传输时间是数据包的比特数和每一个单独接口（MAC）的调制速度的函数，因此 Channel 对象仅仅将 MAC 对象的请求持续时间设置为“忙”状态，在经过传输时间和传播时延后，Channel 对象将分组传送给目的端的 MAC 对象。

15.3.1　Channel 的状态变量

C++ 的 Channel 类包括许多调度分组发送以及冲突检测的状态变量。它输出下面的 OTcl 配置参数：

delay_　通道上的传输时延。

15.3.2　例子:物理层的 Channel 和分类器

```
set channel_ [new Channel]
 $ channel_ set delay_ 4us # propagation delay
set mcl_ [new Classifier/Mac]
 $ channel_ target $ mcl_
 $ mcl_ install $ mac_DA $ recv_iface
.......
```

15.3.3　C++的 Channel 类

在C++中,Channel 类由 Connector 对象扩展而来,并且具有若干个支持各种 MAC 协议的方法,其定义在文件~ns/channel.h 中。

```
class Channel : public Connector
{
    public:
        Channel( );
        void recv(Packet * p, Handler * );
        virtual int send(Packet * p, double txtime);
        virtual void contention(Packet * , Handler * );
        int hold(double txtime);
        virtual int collision( ) {return numtx_ > 1;}
        virtual double txstop( ) {return txstop_;}
    ......
};
```

Channel 类的常用方法如下:

(1)txstop( )　返回信道变成空闲时的时间,这个时间能被 MAC 用来实现载波侦听。

(2)contention( )　允许 MAC 在发送数据包前竞争信道,然后信道在每个竞争周期的结束时向对应的 MAC 对象发出信号。

(3)collision( )　显示在竞争周期内是否有冲突发生,当信道在竞争周期结束时发出信号,MAC 就能用 collision( )方法检测冲突。

(4)send( )　允许 MAC 对象在特定时间内在信道上传输分组。

(5)hold( )　允许 MAC 对象在特定时间内占用信道而不发送任何分组。这个方法在模拟某些 MAC 协议的拥塞机制时非常有用。

15.4　MacClassifier 类

MacClassifier 类扩展了 Classifier 类,实现了一个简单的广播机制。它以下面的方式修改了 recv( )方法:如果在网络中出现了大量的复制分组,则会占用很大的带宽。因此在通常情况下,单播数据包会被直接发送给目的端的 MAC 对象。但是,如果无法确定目标地址,或者目标地址被明确设置为广播地址 BCAST_ADDR，则数据包就会被复制，并且发送给在局域网上源地址除外的所有 MAC 地址，可以通过设置变量 MacClassifier∷bcast_为非零引发 MacClassifier 复制数据包。

```
class MacClassifier : public Classifier
{
    public:
    void recv(Packet * , Handler * );
};
void MacClassifier::recv(Packet * p, Handler * )
{
    Mac * mac;
    hdr_mac * mh = hdr_mac::access(p);
    if (bcast_ || mh->macDA() == BCAST_ADDR||(mac = (Mac *)find(p))
== 0)
    {
        // Replicate packets to all slots (broadcast)
        ......
        return;
    }
    mac->recv(p);
}
```

15.5 MAC 类

MAC 对象模拟媒介访问协议，这些协议在无线和局域网等共享媒介环境下是必须的。由于发送和接收机制与 MAC 层是紧紧联系在一起的，因此 MAC 对象必须是双工的。

在发送端，MAC 对象负责增加 MAC 头以及把数据包传送到通道上。在接收端，MAC 对象从物理层的分类器异步接收数据包。在 MAC 层处理后，它把数据包传递给链路层。

15.5.1 MAC 的状态变量

C++的 MAC 类包含了许多内部状态来模拟特定的 MAC 协议，并输出了下面的 OTcl 配置参数：

bandwidth_　MAC 的调制速率；

hlen_　增加到 MAC 头部数据包的额外字节；

label_　MAC 地址。

15.5.2 MAC 的方法

MAC 类增加了几个 Tcl 方法用于配置，特别是与其他的模拟对象进行连接时。

(1)channel　指定的传输的信道。

(2)classifier　发送数据包给接收 MAC 的分类器。

(3)maclist　在同一个节点上的 MAC 接口的链路列表。

15.5.3　C++的 MAC 类

在C++中,MAC 类从 Connector 类继承而来。当 recv( )方法得到一个数据包的时候,根据回调处理器的存在情况,识别数据包的方向。如果有回调处理器,数据包就被发送出去,否则,就接收。

```
class Mac : public Connector
{
    public:
        Mac( );
        virtual void recv(Packet * p, Handler * h);
        virtual void send(Packet * p);
        virtual void resume(Packet * p = 0);
    ......
};
```

当一个 MAC 对象通过 recv( )方法接收到一个分组时,首先要检查分组是进还是出。对于发出的分组,则假设发送端的链路层已经包含了目的端的 MAC 地址,填充了 MAC 头部的 macDA_字段和 hdr_mac 字段等,MAC 对象使用源 MAC 地址以及帧类型填充 MAC 报头的剩余部分,然后将数据包传递给 send( )方法以实现媒介访问协议。对于基本的 MAC 对象,send 方法调用 txtime( )来计算传输时间,然后调用 Channel::send 方法来传送数据包。最后,在传输时间结束后通过自调用重新开始。

15.5.4　基于 CSMA 的 MAC

CsmaMac 类通过实现载波侦听和退避机制等新方法扩展了 Mac 类。当信道空闲的时候,CsmaMac::send( )方法进行检测。如果信道忙,MAC 调度下一个载波侦听,直到信道变成空闲,一旦信道空闲,CsmaMac 对象使用 Channel::contention( )方法初始化竞争周期。在竞争周期结束后,endofContention( )方法被调用,基本的 CsmaMac 使用 Channel::send 传送数据包。

```
class CsmaMac : public Mac
{
  public:
      CsmaMac( );
      void send(Packet * p);
      void resume(Packet * p = 0);
      virtual void endofContention(Packet * p);
      virtual void backoff(Handler * h, Packet * p, double delay=0);
      ......
```

```
};
class CsmaCdMac : public CsmaMac
{
  public:
        CsmaCdMac( );
        void endofContention(Packet * );
};
class CsmaCaMac : public CsmaMac
{
  public:
        CsmaCaMac( );
        virtual void send(Packet * );
};
```

CsmaCdMac 扩展了 CsmaMac 类，实现了 CSMA/CD(以太网)协议的冲突检测过程。当信道在竞争周期结束后发出信号时，endofContention 方法使用 Channel::Coll－ision( )函数进行冲突检测，如果存在冲突，MAC 调用退避方法调度下一个载波侦听来传输数据包。

CsmaCaMac 扩展了 CsmaMac 的 send 方法，实现了 CSMA/CA 的冲突避免方法。当信道空闲时，CsmaCaMac 对象不是立即传输，而是返回随机数量的信道，如果信道仍然空闲那么就进行传输直到退避周期结束。

15.6 LL 类

链路层对象负责模拟数据链路协议，许多协议在这一层得以实现，比如数据包的分组和重组，可靠的链路协议等。

链路层的另一个重要功能是在分组的 MAC 头部设置目的端的 MAC 地址。首先找到下一跳节点的 IP 地址(路由)，并把这个 IP 地址解析成正确的 MAC 地址(ARP)。为了简单化，在 MAC 地址和 IP 地址之间存在着一对一的映射关系，这就意味着 IP 地址在 MAC 层被重用。

15.6.1 C++下的 LL 类

C++中的 LL 类是从 LinkDelay 类继承而来的。LL 类本身是一个双向的对象，因此对发送的目的地址有一个独立的指针 sendtarget，对接收的目的地址也有一个独立的指针 recvtarget。同时 LL 类还定义了两个方法：recvfrom( )和 sendto( )，分别用来处理进出的数据包。

```
class LL : public LinkDelay
{
  public:
        LL( );
        virtual void recv(Packet * p, Handler * h);
        virtual Packet * sendto(Packet * p, Handler * h = 0);
```

第 16 章　移动网络

本章主要介绍 NS2 的无线模型，这一模型最初是由 CMU 的 Monarch 工作组引入到 NS2 中的。本章分为两大节，第一节重点讲述移动节点的工作机制、路由机制和用来构造移动节点的网络协议栈等各类网络组件，这些组件包括信道、网络接口、无线传输模型、MAC 协议、接口队列、链路层和地址解析协议（ARP）等，同时还提及 CMU 跟踪支持、节点移动和通信场景文件的生成等内容。在第二节中，阐述了仅支持无线局域网或者多跳 adhoc 网络模拟的最初 CMU 模型，在扩展之后该模型还支持无线和有线网络的联合模拟以及 MobileIP。

16.1　NS2 中基本无线模型

无线模型是以移动节点为核心的，并通过一些附加的特性来支持多跳 adhoc 网络和无线局域网的模拟。MobileNode 对象是一个分裂对象。C++ 的 MobileNode 类是 Node 类的派生类，移动节点是基本节点对象附加了无线和移动的特性后的节点，并且移动节点能在一个给定的拓扑范围内移动，在无线信道中接收和发送信号。普通节点和移动节点之间的主要差别是移动节点不是通过链路与其他节点或者移动节点相连的。在这一节中，我们描述了移动节点的内部属性、路由机制、DSDV、AODV、TORA、DSR 等路由协议以及允许信道访问的移动节点网络的建立、组成结构、跟踪支持和移动/通信场景建立等内容。

16.1.1　移动节点：创建无线拓扑图

MobileNode 是基本的 Node 对象，但又有其自己的特性，如移动性，在信道上发送和接收信号以使其能创建移动的、无线的仿真环境等。类 MobileNode 是从类 Node 继承而来的。

MobileNode 是一个分裂对象，其移动特性包括节点的移动、周期性的位置更新、维持拓扑范围等，这些特性在C++ 中得以实现，而 MobileNode 内部网络的构成如 classifiers，dmux，LL，Mac，Channel 等是在 OTcl 中实现。本小节所描述的函数和代码在文件～ns/mobilenode.{cc，h}，～ns/tcl/lib/ns－mobilenode. tcl，～ns/tcl/mobi－lity/dsdv. tcl，～ns/tcl/mobility/dsr. tcl 和～ns/tcl/mobility/tora. tcl 中。所有的例子可在文件～ns/tcl/ex/wireless－test. tcl 和～ns/tcl/ex/wireless. tcl 中找到。

我们举的第一个例子是只有 3 个节点的简单拓扑结构，第二个例子是有 50 个节点的拓扑结构。4 个 adhoc 路由协议分别是 DSDV( )，DSR( )，TORA( )和 AODV( )。创建一个移动节点的简单方法如下所述。注意：先前版本中的 API 创建移动节点是依据路由协议的，例如：

```
set mnode [ $ opt(rp) - create - mobile - node $ id]
```

其中，$ opt(rp)定义了“dsdv”，“aodv”，“tora”或者“dsr”，id 是移动节点的索引。

API 在 Tcl 中创建一个移动节点的方法如下：

```
$ ns_ node - config  - adhocRouting  $ opt(adhocRouting)
                     - llType  $ opt(ll)
                     - macType  $ opt(mac)
                     - ifqType  $ opt(ifq)
                     - ifqLen  $ opt(ifqlen)
                     - antType  $ opt(ant)
                     - propInstance [new  $ opt(prop)]
                     - phyType  $ opt(netif)
                     - channel [new  $ opt(chan)]
                     - topoInstance  $ topo
                     - wiredRoutirng OFF
                     - agentTrace ON
                     - routerTrace OFF
                     - macTrace OFF
```

API 的节点配置函数(node - config)用来配置一个移动节点,可以配置的选项包括 adhoc 路由协议、网络协议栈、信道、拓扑、传输模型以及是否打开有线路由、是否打开各层的跟踪(router,mac,agent)等。如果使用了分级地址(hierarchial address),还需要提供节点的分级地址。

通过以下的方法来创建移动节点:

```
for { set j 0 } { $j < $ opt(nn)} {incr j}
{
      set node_( $j) [ $ns_ node ]
       $node_( $i) random - motion 0 ; #  disable random motion
}
```

以上程序创建了一系列的 MobileNode 对象,同时根据在 node - config 中的配置,为每个 MobileNode 对象创建了指定的 adhoc 路由协议和一个网络协议栈(包括链路层、接口队列、MAC 层和具有天线的网络接口),并按照已定义的传输模型将协议栈中的各个组件连接到信道上,如图 16.1 所示。

使用 DSR 路由协议的 MobileNode 结构与上述节点模型略微不同。类 SRNode 是从 MobileNode 派生而来的。SRNode 不需要使用 address demux 或者 classifiers,同时节点接收到的所有包都交给默认的 DSR 路由代理。DSR 路由代理或者将接收的包移交给 port dmux,或者通过查询包中的分级地址得到源路由地址以转发该包,或者发送路由请求/回复信息。一个 SRNode 节点模型如 16.2 所示。

16.1.2 移动节点的运动

移动节点可以在一个三维的拓扑中运动,然而实际上第三维(z 轴)并没有使用。这样移动节点就总是在一个 z = 0 的二维平面中运动,它的三维坐标(x,y,z = 0),随着它的运动不断地调整。有两种方法可以引发移动节点的运动。

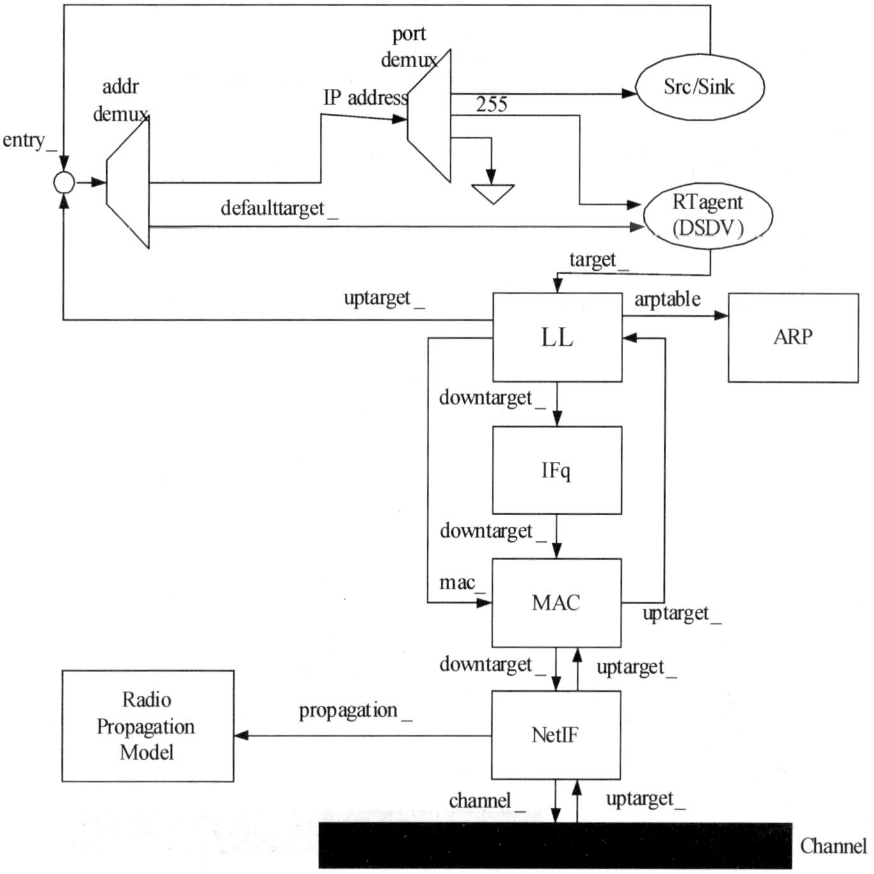

图 16.1　CMU monarch 的无线模型下的 MobileNode 结构示意图

在第一种方法中，需要指定节点的起始位置和终止位置。这些位置指令通常放在一个独立的场景文件中。移动节点的起始位置和终止位置可以通过下面的 API 函数设定：

$ node set X_ <x1>

$ node set Y_ <y1>

$ node set Z_ <z1>

$ ns at $ time $ node setdest <x2> <y2> <speed>

在 $ time 时刻，节点从起始位置(x1，y1)向目的位置(x2，y2)移动，移动速度是<speed>。由于在此之后，每个时刻都需要准确知道节点的位置，所以应将节点的位置更新激活。

使用上述 API 方法，节点运动的场景文件可以参考～ns/tcl/mobility/scene/scen－670×670－50－600－20－0，其中 670×670－50－600－20－0 表示以 20m/s 的最大运动速度，在平均 600 s 的终止时间段内，有 50 个节点组成的无线网络拓扑范围的长×宽是 670×670。这个场景文件是通过 CMU 的场景发生器生成的，场景发生器在～ns/indep－utils/cmu－scen－gen/setdest 中。移动节点的场景文件的产生将在 16.1.8 小节详细介绍。

第二种方法是节点的随机运动：

$ mobilenode start

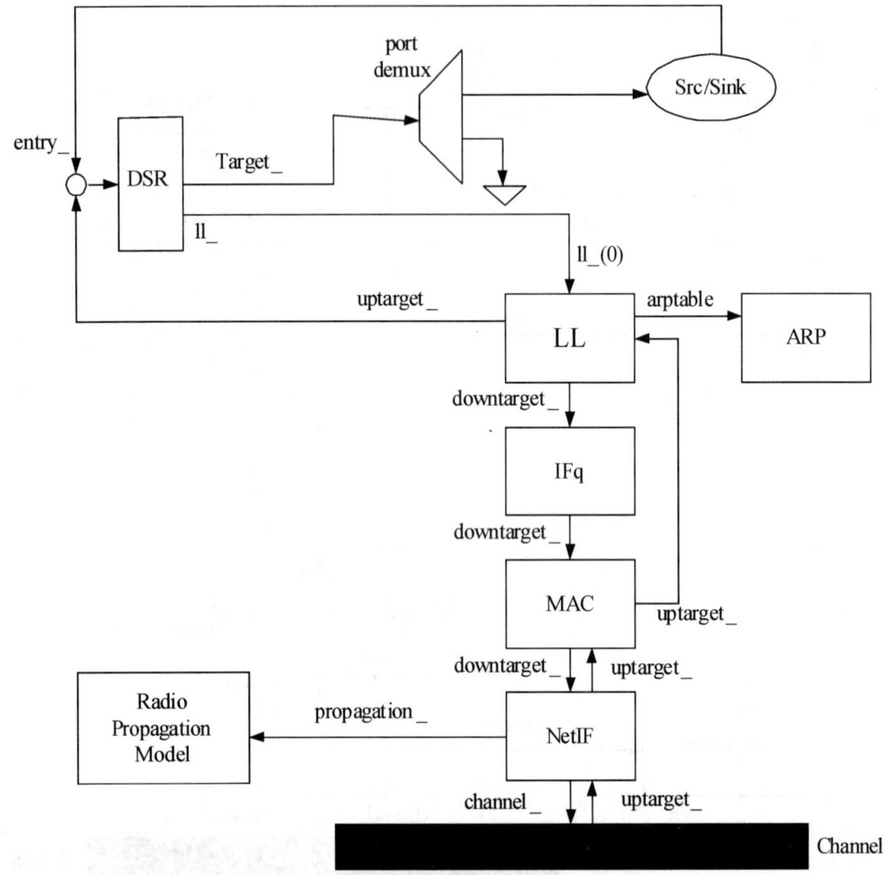

图 16.2　CMU monarch 无线模型中 SRNode 的结构示意图

start 命令使节点从随机位置开始随机运动，并且实时地更新路由以调节节点的方向和速度，目标和速度是随机产生的。移动节点的运动在C++中实现，具体实现参考源文件~ns/mobilenode.{cc. h}。不论使用何种方法使节点运动，都需要在创建节点之前定义移动节点的移动范围，即定义移动节点的拓扑范围，通常使用下面的方法定义平面拓扑的长和宽：

```
set topo [new Topography]
$ topo load_flatgrid $ opt(x) $ opt(y)
```

其中：opt(x) 和 opt(y)是仿真时的边界。以下程序是移动节点的运动日志：

```
proc log - movement { }
{
    global logtimer ns_ ns

    set ns $ ns_
    source ../mobility/timer. tcl
    Class LogTimer - superclass Timer
    LogTimer instproc timeout { }
    {
```

```
        global opt node_;
        for {set I 0} { $i < $opt(nn)} {incr i}
        {
            $node_( $i) log - movement
        }
         $self sched 0.1
    }
    set logtimer [new LogTimer]
     $logtimer sched 0.1
}
```

在这种情况下，移动节点的位置每 0.1 s 就会被记录一次。

16.1.3　移动节点的组成

本节中我们将介绍移动节点的基本工作机制。移动节点是由一系列网络组件构成的，这些组件包括链路层、连接到链路层的 ARP 模块、接口队列(Ifq)、MAC 层和网络接口(netIF)。MobileNode 通过网络接口连接到无线信道上。MobileNode 的各个网络组件是在 OTcl 中创建并组合到一起的，相关代码请参阅 MobileNode 类的 add - inter - face( )方法，源文件在~ns/tcl/lib/ns - mobilenode. tcl 中。

```
# The following setups up link layer, mac layer, network #interface
# and physical layer structures for the mobile node.
Node/MobileNode instproc add - interface { channel pmodel
                    lltype mactype qtype qlen iftype anttype }
{
        $self instvar arptable_ nifs_
        $self instvar netif_ mac_ ifq_ ll_

        global ns_ MacTrace opt

        set t $nifs_
        incr nifs_

        set netif_( $t) [new $iftype] ;        # net - interface
        set mac_( $t) [new $mactype] ;         # mac layer
        set ifq_( $t) [new $qtype] ;           # interface queue
        set ll_( $t) [new $lltype] ;           # link layer
        set ant_( $t) [new $anttype]

        # Local Variables
        set nullAgent_ [ $ns_ set nullAgent_]
        set netif $netif_( $t)
        set mac $mac_( $t)
```

```
set ifq $ifq_($t)
set ll $ll_($t)
# Initialize ARP table only once.
if { $arptable_ == "" }
{
    set arptable_ [new ARPTable $self $mac]
    set drpT [cmu-trace Drop "IFQ" $self]
    $arptable_ drop-target $drpT
}

# Link Layer
$ll arptable $arptable_
$ll mac $mac
$ll up-target [$self entry]
$ll down-target $ifq

# Interface Queue
$ifq target $mac
$ifq set qlim_ $qlen
set drpT [cmu-trace Drop "IFQ" $self]
$ifq drop-target $drpT

# Mac Layer
$mac netif $netif
$mac up-target $ll
$mac down-target $netif
$mac nodes $opt(nn)

# Network Interface
$netif channel $channel
$netif up-target $mac
$netif propagation $pmodel ;        # Propagation Model
$netif node $self ;                 # Bind node <---> interface
$netif antenna $ant_($t) ;          # attach antenna

# Physical Channel
$channel addif $netif ;# add to list of interfaces

# Setting up trace objects
if { $MacTrace == "ON" }
{
```

```
        # Trace RTS/CTS/ACK Packets
        set rcvT [cmu-trace Recv "MAC" $self]
        $mac log-target $rcvT

        # Trace Sent Packets
        set sndT [cmu-trace Send "MAC" $self]
        $sndT target [$mac sendtarget]
        $mac sendtarget $sndT

        # Trace Received Packets
        set rcvT [cmu-trace Recv "MAC" $self]
        $rcvT target [$mac recvtarget]
        $mac recvtarget $rcvT

        # Trace Dropped Packets
        set drpT [cmu-trace Drop "MAC" $self]
        $mac drop-target $drpT
    }
    Else
    {
        $mac log-target [$ns_ set nullAgent_]
        $mac drop-target [$ns_ set nullAgent_]
    }
  $self addif $netif
}
```

上面介绍的方法创建网络协议栈如图 16.1 所示。对上述程序的每一个部分进行的详解如下：

(1)Link Layer　移动节点使用的 LL 与前面介绍的 LL 基本相同。唯一不同的是移动节点的 LL 连接了一个 ARP 模块，用来把 IP 地址解析成物理地址。通常，对于所有发出的分组(发送到信道)，路由代理(Agent)都会将该分组传递给 LL。LL 再把此分组传递给接口队列。对于所有接收到的分组(由信道发出)，MAC 层将分组传递给 LL，LL 再将分组传递给 node_entry_。LL 类的代码位于～ns/ll.{cc,h}和～ns/tcl/lan/ns-ll.tcl 文件中。

(2)ARP 地址解析协议模块(以 BSD 类型实现)　从链路层接收请求。如果 ARP 已经知道了目的节点的物理地址，它就把该物理地址写入分组的 MAC 头中，否则，它就广播一个 ARP 请求并暂时缓存当前分组。对于每一个未知的目标物理地址，都有一个存放分组的缓存区。当更多的传送给同一个目的节点的分组被送到 ARP 模块时，前面被缓存的分组就被丢弃。一旦 ARP 知道了分组的下一跳目标节点的物理地址，该分组就被放入接口队列中。ARPtable 类的代码位于文件～ns/arp.{cc,h}和～ns/tcl/lib/ns-mobilenode.tcl 中。

(3)Interface Queue　接口队列是由 PriQueue 类实现的。PriQueue 类是一个优先级队列。它通过将分组插入到队列首位置来优先处理路由协议分组，并可以对所有队列中的分组进行过滤，删除那些具有特定目标地址的分组。PriQueue 类的代码位于文件～ns/priqueue.{cc,h}中。

(4) Mac Layer　MAC 层通过 CMU 实现了 IEEE802.11 中的 DCF(distributed coordination function)MAC 协议。对于所有单播分组和仅发送数据的所有广播分组，利用 RTS/CTS/DATA/ACK 模式，通过物理和虚载波实现。Mac802_11 类的代码位于文件～ns/mac－802_11.{cc,h}中。

(5)Tap Agents　跟踪分析程序，Tap 类在 mac.h 中定义声明，它通过 installTap( )方法注册本身的物理地址。如果 MAC 协议允许这样做的话，在地址过滤之前，tap 将认为所有的分组已经被 MAC 层接收到。此部分的代码位于文件～ns/mac.{cc, h}中。

(6)Network Interfaces　网络各层间的服务作为一个硬件接口，是移动节点访问信道的接口。所共享的无线介质接口在类 Phy/WirelessPhy 中实现。这个接口受冲突的影响，并且受无线传输模型接收其他节点发送给信道的分组影响。它用和传输接口相关的元数据(如传输功率、波长等)标记每一个被传输的分组。这些在分组头中的元数据被传输模型使用，接收节点以此判断所接收到的这个分组是否是以最小功率被接收、捕获或者检测。只有功率大于某临界值的分组才能被正确接收。这个模块的代码位文件于～ns/phy.{cc. h}和～ns/wireless－phy.{cc,h}中。

(7)Radio Propagation Model　无线信号传输模型，这个模型用来计算每个分组在到达接收节点时的信号强度(功率)。在移动节点的网络接口层有一个接收功率阈值，当接收到的分组的信号强度(功率)小于该阈值时，这个分组就被标记为 error 并被 MAC 层丢弃掉。NS2 中包含了 3 个无线信号传输模型：Free－apace 模型，Two－ray ground reflection 模型和 Shadowing 模型。这部分代码位于文件～ns/tworayground.{cc,h}中。

(8)Antenna　移动节点使用单一增益的全向天线，相关代码位于文件～ns/antenna.{cc, h}。

16.1.4　移动网络中不同的 MAC 层协议介绍

在 NS2 中，实现移动网络的 MAC 层协议有两种，分别是 802.11 和 TDMA。本小节将简要介绍这两种协议，其中 802.11MAC 协议实现代码位于文件～ns/mac－802_11.{cc, h}中。

和 MAC 层协议不同，TDMA MAC 协议对节点发送和接收包分配了不同的时隙。这些时隙的集合就是所谓的 TDMA 帧。

目前，NS2 支持一个单跳的、基于起始端的 TDMA MAC 的协议。在此协议中，TDMA 帧除了包括数据传输时隙外，还包含了起始端。在起始端中，每一个节点有一个专门的子时隙用来广播输出分组的目标节点 ID。其他节点对接收分组的起始端进行侦听并且记录其时隙。像其他一般的 TDMA 协议(比如 GSM)一样，每一个节点有一个数据传输时隙以发送分组。

为了避免不必要的能量消耗，每一个节点通过调用 API 函数 set_node_sleep( )设置无线通信的状态，当在时隙起始端有一个分组要发送或者需要接收时，设置无线通信为开状态。

帧起始端是以中心数据结构 tdma_preamble 实现的，该结构可被所有节点访问。在一帧的起始部分，如果某个节点有一个分组要发送，则该节点将目的节点 ID 写入起始端的子时隙中，按照起始端状态，节点在数据传输时隙发送分组并且检查帧起始端以确定此分组是否已在其他时隙中被接收。

以下参数用户可自己配置：无线链路带宽 bandwith_，时隙长 packet_slot_len_，节点数目 max_node_num_。本部分的源代码在文件～ns/mac－tdma.{cc,h}中。

16.1.5　移动网络中路由代理介绍

在 NS2 中，移动网络的四种不同的 adhoc 路由协议分别是 DSDV，DSR，AODV 和 TORA。本小节主要讲述这 4 种协议。

(1)DSDV。它被认为是最早的自组网路由协议，它的主要特点是采用了序列号机制来区分路由的新旧程度，防止可能产生的路由环路。它的缺点是不适应变化快速的自组网，不支持单向信道。一个没有找到路由的分组到达节点后首先被缓存，同时节点发送路由查询消息，直到接收到来自接收端的路由响应消息。当缓存溢出时，新来的分组将被丢弃。分组到达目的节点后将直接由地址解析复用器送到相应的端口，而后由端口将分组送到目的代理。

对于移动节点来说，所有已经确定了目标地址的分组由地址解析之后直接路由到该分组的多路复用端口。多路复用端口分别将每个分组转发到各自的目标代理。255 个多路复用端口用来为移动节点配置路由代理，移动节点同时也可以使用分类器中默认的目标地址。如果在分类器没有目标节点的地址，那么这个分组就由路由代理来处理。路由代理将为这个分组分配下一跳的地址，并将此分组转发给链路层。路由协议是由C＋＋实现的。本部分的源代码在文件～ns/tcl/mobility/dsdv.tcl 中。

(2)DSR。动态源路由协议。之前已提到 SRNode 与一般的移动节点略有不同。SRNode 的 entry_指向 DSR 路由代理，因此所有由 SRNode 节点接收到的数据包必须由路由代理来处理。

DSR 代理检查每个数据包的源路由信息，并按照此路由信息转发数据包。发送包的源节点知道到达目的地的完整路径，即路径所经过的节点地址有序列表。这些路径存于路由缓存器中，数据分组的包头携带该源路由。这种源路由的方法避免了数据分组经过的中间节点不停更新路由的需要，而且允许节点在转发或无意中收到数据分组时，将最新的路由信息存于它的路由缓存器中以备将来所需。协议的所有操作都是基于按需求的，允许数据分组动态的根据需要对当前路径的变化做出反应。在 SRNode 代理中，端口号 255 对应一个空代理。DSR 协议的实现代码在文件～ns/dsr directory 和 ～ns/tcl/mobility/dsr.tcl 中。

(3)TORA。该协议是一种按需路由协议，分为路由建立、路由维护和路由消除三个过程。过程中用到三种分组格式：路由请求分组 QRY、路由更新分组 UPD 和路由擦除分组 CLR。每个节点 i 都分配一个五元素的状态变量 HEIGHT＝(tau[i]，oid[i]，r[i]，delta[i]，i)，其中前三个变量(tau[i]，oid[i]，r[i])定义为参考水平，(delta[i]，i)定义为节点 i 的高度。tau[i]为时间标签，oid[i]为引起节点 i 参考水平改变的节点 ID，r[i]为反射状态标志，delta[i]为节点 i 在链路中的序号，i 为网络中节点 i 的 ID，目的节点 j 用 ZERO＝(0，0，0，0，j)表示，NULL＝(－，－，－，－，k)表示节点 k 不在传输链路中，网络初始化时所有节点的状态为 NULL。本部分的代码实现在文件～ns/tora&ns/tcl/mobility/tora.tcl 中。

(4)AODV。AODV 是 DSR 和 DSDV 两种协议的结合。AODV 是按需平面距离矢量路由协议，它是 DSDV 改进而来的一种反应式路由协议，借用了 DSR 中按需进行路由发现和路由维护机制，及 DSDV 中逐跳路由、序列号、定期触发广播。它对 DSDV 的改进在于通过只在需要时广播路由信息，而不定期广播到达所有节点路由信息，只保持需要的路由，而不要节点维持通信过程中未激活的目的节点的路由，从而减少总广播量。本部分的实现代码在文件～ns/aodv & ns/tcl/lib/ns-lib.tcl 中。

16.1.6 Trace 支持

当前无线网络模拟中 trace 功能是通过使用 cmu-trace 对象得以实现的。本小节将主要解释 cmu-trace 对象以及如何在无线模拟场景中实现包的跟踪功能。

cmu-trace 对象包括三种类型：CMUTrace/Drop、CMUTrace/Recv 和 CMUTrace/Send。这三种类型分别用在跟踪被丢弃的包、跟踪由代理、路由、MAC 层或者接口队列等接收和发送的包。本部分的实现源代码在文件～ns/trace.{cc,h}和～ns/tcl/lib/ns-cmutrace.tcl 中。

创建一个 cmu-trace 对象的语句如下：

```
set sndT [cmu-trace Send "RTR" $ self]
```

该 cmu-trace 的类型为 CMUTrace/Send，跟踪从路由器发送的所有包。该 trace 对象也可用在 MAC 层、代理、路由器或者其他 NS2 对象中对包进行跟踪。

类 CMUTrace 是类 Trace 的派生类，类 CMUTrace 定义如下：

```
class CMUTrace : public Trace
{
public:
    CMUTrace(const char *s, char t);
    void recv(Packet *p, Handler *h);
    void recv(Packet *p, const char* why);
private:
    int off_arp_;
    int off_mac_;
    int off_sr_;

    char tracename[MAX_ID_LEN + 1];
    int tracetype;
    MobileNode *node_;

    int initialized( ) { return node_ && 1; }

    int command(int argc, const char* const* argv);
    void format(Packet *p, const char *why);

    void format_mac(Packet *p, const char *why, int offset);
    void format_ip(Packet *p, int offset);

    void format_arp(Packet *p, int offset);
```

```
    void format_dsr(Packet *p, int offset);
    void format_msg(Packet *p, int offset);
    void format_tcp(Packet *p, int offset);
    void format_rtp(Packet *p, int offset);
};
```

类型域用于区分跟踪的不同类型。对于 cmu－trace 对象来说，“s”表示发送包，“r”表示接收包，“d”表示丢失包，“f”表示向前转发包（当前节点不是该包的源发起端）。与 Trace::format( )相似，the CMUTrace::format( )定义并描述了跟踪文件的格式，如下所示：

```
void CMUTrace::format(Packet* p, const char *why)
{
    hdr_cmn *ch = HDR_CMN(p);
    int offset = 0;

    /*
     * Log the MAC Header
     */
    format_mac(p, why, offset);
    offset = strlen(wrk_);
    switch(ch->ptype( ))
    {
        case PT_MAC:
            break;
        case PT_ARP:
            format_arp(p, offset);
            break;
        default:
            format_ip(p, offset);
            offset = strlen(wrk_);
            switch(ch->ptype( ))
        {
            case PT_DSR:
                format_dsr(p, offset);
                break;
            case PT_MESSAGE:
            case PT_UDP:
                format_msg(p, offset);
                break;
            case PT_TCP:
            case PT_ACK:
                format_tcp(p, offset);
```

```
                    break;
                case PT_CBR:
                    format_rtp(p, offset);
                    break;
                ..........
                }
        }
}
```

以上的函数根据被跟踪分组的类型调用了不同格式的函数。所有的跟踪均被写入缓存 wrk_中。最基本的格式由 format_mac( )定义可以跟踪所有类型的包。Mac 格式如下所示：

```
#ifdef LOG_POSITION
    double x = 0.0, y = 0.0, z = 0.0;
    node_->getLoc(&x, &y, &z);
#endif
    sprintf(wrk_ + offset,
#ifdef LOG_POSITION
    "%c %.9f %d (%6.2f %6.2f) %3s %4s %d %s %d [%x %x %x %x] ",
#else
    "%c %.9f _%d_ %3s %4s %d %s %d [%x %x %x %x] ",
#endif
    op,                                     // s, r, D or f
    Scheduler::instance().clock(),          // time stamp
    src_,                                   // the nodeid for this node
#ifdef LOG_POSITION
    x,                                      // x co-ord
    y,                                      // y co-ord
#endif
    tracename,                              // name of object type tracing
    why,                                    // reason, if any
    ch->uid(),                              // identifier for this event
    packet_info.name(ch->ptype()),          // packet type
    ch->size(),                             // size of cmn header
    mh->dh_duration,                        // expected time to send data
    ETHER_ADDR(mh->dh_da),                  // mac_destination address
    ETHER_ADDR(mh->dh_sa),                  // mac_sender address
    GET_ETHER_TYPE(mh->dh_body));           // type-arp or IP
```

如果对某一移动节点的 LOG_POSITION 定义了 x,y 坐标，则该值是可以显示的。在上面的注释中已经给出了 mac trace 中不同域的描述。对所有有 IP 头域的分组而言，IP 跟踪如下：

```
sprintf(wrk_ + offset, "-------- [%d:%d %d:%d %d %d] ",
```

```
src,            // IP src address
ih->sport_,     // src port number
dst,            // IP dest address
ih->dport_,     // dest port number
ih->ttl_,       // TTL value
(ch->next_hop_ < 0) ? 0 : ch->next_hop_);
```

下面是一个 TCP 包的 trace 实例：

r 160.093884945 _6_ RTR --- 5 tcp 1492 [a2 4 6 800] ------- [65536:0 16777984:0 31 16777984] [1 0] 2 0

这里我们可以看到，由某一节点接收到的 TCP 数据包的 ID 是 6，包的 UID 是 5，同时该包带有大小为 1 492 的 cmn hdr。mac 显示了一个 IP 分组，接收节点的 mac-id 是 4，发送节点的 mac-id 是 6。在无线信道上发送这个数据分组的期望时间值是 a2。另外，还有 IP 的源地址和目标地址等信息。源节点地址（使用一个 3 层地址 8/8/8）在端口 0 处被译为一个 0.1.0 的地址串；同理，目标地址在端口 0 的地址串为 1.0.3。TTL 值是 31，并且目标地址是从源节点的一跳节点。另外，TCP 信息中数据包的序列号为 1，确认包的序列号为 0。

路由代理（DSR/TORA）使用其他的跟踪方式，这些方式能够标记特殊的路由时间，比如“发起跟踪的源”或者“超出源路由的限度”以表明使用源路由方式的一些路由问题。这些特定的事件跟踪，对于 DSR，是以 S 开始；对于 TORA，是以 T 开始。对于 DSR 和 TORA 路由代理的代码在文件~ns/tora/tora.cc 和~ns/dsr/dsrgent.cc 中描述。

16.1.7　无线 Trace 的修订版本

为了能把由 cmu-trace 对象产生的无线 Trace 融合到 NS2 原有的 Trace 体系中，提出了一个新的改进的跟踪方法。这个改进的跟踪方法支持原先的跟踪方法并向后兼容。其命令格式如下：

$ ns use-newtrace

通常在命令 $ ns trace-all <trace-fd>之前调用这个命令。该命令仅对无线网络仿真有效。下面是 newtrace 方法产生的跟踪文件：

s -t 0.267662078 -Hs 0 -Hd -1 -Ni 0 -Nx 5.00 -Ny 2.00 -Nz 0.00 -Ne -1.000000 -Nl RTR -Nw ---- -Ma 0 -Md 0 -Ms 0 -Mt 0 -Is 0.255 -Id -1.255 -Itmessage -Il 32 -If 0 -Ii 0 -Iv 32

s -t 1.511681090 -Hs 1 -Hd -1 -Ni 1 -Nx 390.00 -Ny 385.00 -Nz 0.00 -Ne -1.000000 -Nl RTR -Nw ---- -Ma 0 -Md 0 -Ms 0 -Mt 0 -Is 1.255 Id 1.255 -Itmessage -Il 32 -If 0 -Ii 1 -Iv 32

s -t 10.000000000 -Hs 0 -Hd -2 -Ni 0 -Nx 5.00 -Ny 2.00 -Nz 0.00 -Ne -1.000000 -Nl AGT -Nw ---- -Ma 0 -Md 0 -Ms 0 -Mt 0 -Is 0.0 -Id 1.0 -It tcp -Il 1000 -If2 -Ii 2 -Iv 32 -Pn tcp -Ps 0 -Pa 0 -Pf 0 -Po 0

r -t 10.000000000 -Hs 0 -Hd -2 -Ni 0 -Nx 5.00 -Ny 2.00 -Nz 0.00 -Ne -1.000000 -Nl RTR -Nw ---- -Ma 0 -Md 0 -Ms 0 -Mt 0 -Is 0.0 -Id 1.0 -It tcp -Il 1000 -If2 -Ii 2 -Iv 32 -Pn tcp -Ps 0 -Pa 0 -Pf 0 -Po 0 r -t 100.004776054 -Hs 1 -Hd 1 -Ni 1 -Nx 25.05 -Ny 20.05 -Nz 0.00 -Ne -1.000000 -Nl AGT -Nw ---- -Ma a2 -Md 1 -Ms 0 -Mt 800 -Is 0.0 -Id 1.0 -Ittcp -Il 1020 -If 2 -Ii 21 -Iv 32 -Pn tcp -Ps 0 -Pa 0 -Pf 1 -Po 0

s -t 100.004776054 -Hs 1 -Hd -2 -Ni 1 -Nx 25.05 -Ny 20.05 -Nz 0.00 -Ne -1.000000 -Nl AGT -Nw ---- -Ma 0 -Md 0 -Ms 0 -Mt 0 -Is 1.0 -Id 0.0 -It ack -Il 40 -If2 -Ii 22 -Iv 32 -Pn tcp -Ps 0 -Pa 0 -Pf 0 -Po 0

newtrace 格式分为以下的域：

(1)事件类型：第一个域描述了在节点处发生事件的类型，可能的类型如下：

s　发送数据包；

r　接收数据包；

d　丢弃数据包；

f　转发数据包。

(2)常规标签：第二个域以"-t"开始，象征着时间或全局设置。

-t　时间；

-t ＊（全局设置）。

(3)节点属性标签：这个域表示节点的属性，比如节点 ID，跟踪的类型是代理跟踪、路由跟踪或 MAC 跟踪。标签以-N 起头，具体如下：

-Ni：节点 ID

-Nx：节点的 x 坐标

-Ny：节点的 y 坐标

-Nz：节点的 z 坐标

-Ne：节点的能量水平

-Nl：trace 的层次，如：AGT，RTR，MAC

-Nw：事件发生的原因。下面给出了丢弃一个包的原因：

"END" DROP_END_OF_SIMULATION

"COL" DROP_MAC_COLLISION

"DUP" DROP_MAC_DUPLICATE

"ERR" DROP_MAC_PACKET_ERROR

"RET" DROP_MAC_RETRY_COUNT_EXCEEDED

"STA" DROP_MAC_INVALID_STATE

"BSY" DROP_MAC_BUSY

"NRTE" DROP_RTR_NO_ROUTE

"LOOP" DROP_RTR_ROUTE_LOOP

"TTL" DROP_RTR_TTL

"TOUT" DROP_RTR_QTIMEOUT

"CBK" DROP_RTR_MAC_CALLBACK

"IFQ" DROP_IFQ_QFULL

"ARP" DROP_IFQ_ARP_FULL ARP

"OUT" DROP_OUTSIDE_SUBNET

IP 层的分组信息：这个字段以“－I”开始，具体包括：

－Is：源地址，源通道数

－Id：目标地址，目标通道数

－It：包类型

－Il：包大小

－If：溢出 ID

－Ii：唯一 ID

－Iv：TTL 的值

下一跳信息：这个字段提供下一跳的信息以“－H”开始。

Hs ：节点的 ID

Hd ：面向目的的下一节点的 ID

MAC 层的分组说明：这个字段提供 MAC 层信息并以“－M”为开始，如下所示：

－Ma：持续时间

－Md：dst 的以太网地址

－Ms：src 的以太网地址

－Mt：以太网的类型

应用层的分组说明：说明包的应用类型，如 ARP，TCP，adhoc 路由协议的类型，这个字段以“－P”为开头，具体定义如下：

－P arp 地址分辨协议，下面的标签给出了该协议的细节：

　　－Po：APR 请求/应答

　　－Pm：源 mac 地址

　　－Ps：源地址

　　－Pa：目标 mac 地址

　　－Pd：目标地址

－P dsr 这里表示了被称为动态源路由的 adhoc 路由协议。关于 DSR 的信息由下列的标签所描述：

　　－Pn：经过的节点

　　－Pq：路由请求标志

　　－Pi：路由请求序列号

　　－Pp：路由应答标志

　　－Pl：应答长度

　　－Pe：源路由的 src→dst

　　－Pw：差错报告标志

　　－Pm：差错数

　　－Pc：报告用户

　　－Pb：从 linka→linkb 的链接错误

－P cbr 恒定的比特率。关于 CBR 应用的信息由下面的标签所描述：

　　－Pi：序列号

　　－Pf：pkt 转发的次数

- Po：转发的最佳数

- P tcp 关于 TCP 的信息由下面的标签给出：

- Ps：seq 号

- Pa：ack 号

- Pf：pkt 转发的次数

- Po：转发的最佳数

16.1.8 节点运动的产生和无线场景的传输连接

通常，对于大型复杂的网络拓扑结构，节点的运动和传输连接的模式都被定义在独立的文件中，这些文件可以通过 CMU 的运动和连接发生器产生。在这一小节中我们将重点讲述文件产生的方法。

1. 移动节点的运动

节点移动文件的例子可以在文件～ns/tcl/mobility/scene/scen - 670x670 - 50 - 600 - 20 - * 中找到。这个文件定义了一个 670×670m 的网络拓扑范围，其中 50 个节点以 20m/s 的速度移动，中间暂停的时间为 600s。为每个节点分配一个起始位置，将任意两个节点之间的跳数提供给 GOD 对象。每个节点都应有移动速度和方向的参数。产生节点运动文件的生成器在～ns/indep - utils/cmu - scen - gen/setdest/directory 目录中，然后在 setdest 下编译这些文件并生成一个可执行文件。运行 setdest 的命令如下：

./setdest - n <num_of_nodes> - p <pausetime> - s <maxspeed> - t <simtime> - x <maxx> - y <maxy> > <outdir>/<scenario - file>

2. 产生传输模版文件

产生传输模版文件的例子可以在目录～ns/tcl/mobility/scene/cbr - 50 - {10 - 4 - 512, 20 - 4 - 512}中找到。

传输发生器在目录～ns/indep - utils/cmu - scen - gen 中，并被 cbrgen.tcl 文件和 tcpgen.tcl 文件调用生成 CBR 和 TCP 连接。

如果要创建 CBR 连接，命令如下：

ns cbrgen.tcl [- type cbr|tcp] [- nn nodes] [- seed seed][- mc connections] [- rate rate]

如果要创建 TCP 连接，命令如下：

ns tcpgen.tcl [- nn nodes] [- seed seed]

16.2 CMU 无线模型的扩展

正如前面所提及的，最初的 CMU 无线模型允许无线局域网和 adhoc 网络的仿真。然而为了能够同时仿真无线和有线网络，我们就必须对 CMU 进行扩展。这里称之为“wired - cum - wireless 场景”。由于 SUN 公司的移动 IP(有线节点的实现)已经集成在允许移动 IP 的无线模型中，所以在无线节点运行移动 IP 是无线模型的另一个扩展，本小节重点介绍这两个扩展。

16.2.1 Wired-cum-wireless 场景

至今为止,移动节点主要是支持多跳 adhoc 网络或者无线局域网的仿真。但是如果我们需要仿真一个通过有线节点连接的多重无线局域网,或者需要在这些无线节点上运行移动 IP,就需要对 CMU 无线模型进行扩展。

Wired－cum－wireless 场景所面临的最主要的问题是路由问题。在 NS2 中,路由信息的建立是基于网络的连通性,也就是说,一个节点是如何通过"Links"链接到另一个节点的。但是,对于移动节点而言,是没有"链接"的概念的。在移动节点内部进行包转发是利用它们自己的路由协议。那么就出现了一个问题:如何在有线和无线这两种拓扑结构中进行包交换呢?

为此,在无线网络和有线网络之间创建了一个基站节点(BaseStationNode)作为无线网络和有线网络的网关。BaseStationNode 是在 HierNode 和 MobileNode 的基础上结合两者的特点创建的,它可以将数据包传入或者传出无线网络,但是要实现这个功能,就需要有分级路由。

带有基站的无线域应该具有唯一的域地址。所有发往无线节点的数据包应该首先到达和这个无线域相连接的基站上,这个基站最终是可以将此数据包发送给目标地址的。移动节点如果要将数据包转发到无线域之外,则必须先将数据包转发给基站,基站将数据包转发给有线网络中的目标地址。基站节点的内部结构如图 16.3 所示。

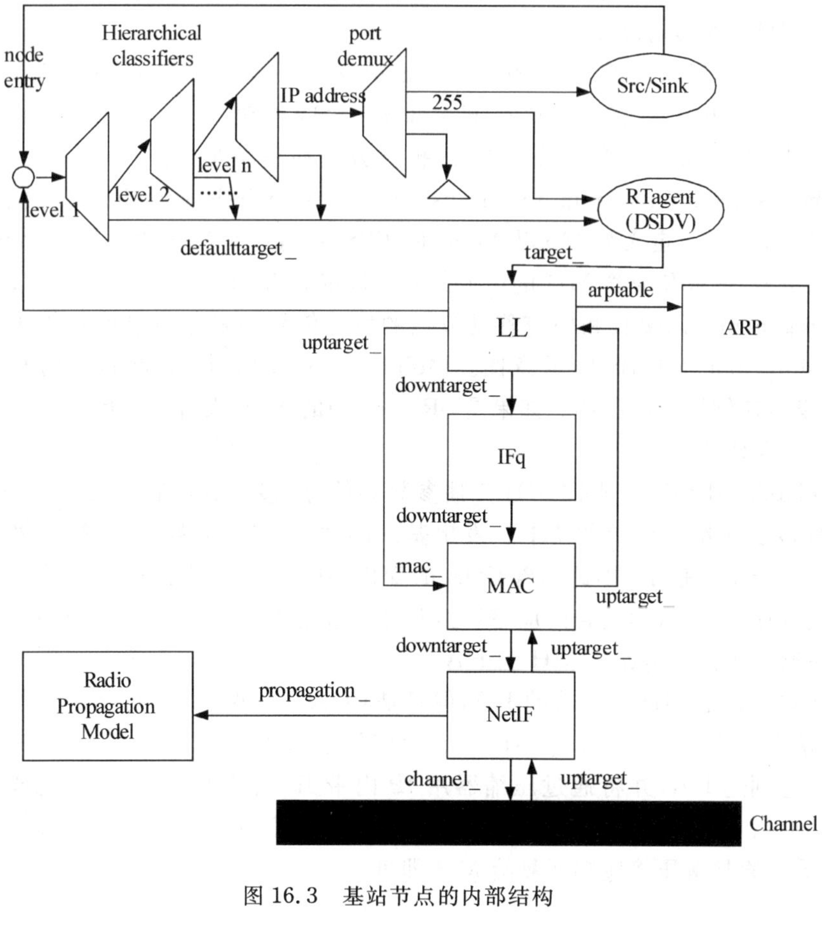

图 16.3 基站节点的内部结构

在 Wired - cum - wireless 场景中的移动节点应该支持分级地址或者分级路由，因此看起来很像基站节点。由于 SRNode 不需要地址复用，因此它只需要分级地址而不需要分级路由。

当 DSSV 代理转发数据包时，首先判断其目标地址是否在无线域之外，如果是，则先将数据包转发给基站，如果和基站之间没有路由，那么这个数据包就会被丢失。否则，数据包就发往去基站的下一跳，然后再通过基站发往有线网络。

对于 DSR 代理而言，当接收到一个目的地在所在网络之外的数据包时，首先给基站发出一个路由请求以防到基站之间没有路由存在。在等待基站应答的过程中，先将数据暂时存放在缓存中。一旦接收到应答，利用提供的路由信息将数据包发往基站。基站地址复用将数据包转发给有线网络。

Wired - cum - wireless 的相关例子在文件～ns/tcl/ex/wired - cum - Wireless - sim. tcl 中。Wired - cum - wireless 的实现方法在文件～ns/tcl/lib/ns - bsnode. tcl，～ns/tcl/mobility/{com. tcl，dsr. tcl，dsdv. tcl}，～ns/dsdv/dsdv. {cc，h} 和～ns/dsr/dsragent. {cc. h}中。

16.2.2 移动 IP

Wired - cum - wireless 为在 NS2 中仿真无线移动 IP 提供了方便。Sun Microsystem (Charlie Perkins et al)的移动 IP 模型是以 NS2 的有线模型(由节点和链路组成)为基础的，因而没有使用 CMU 的移动模型。

移动 IP 场景包括家代理 HA(Home - Agents)、外代理 FA(Foreign - Agents)和移动主机 MH(Mobile - Host)。移动主机在 HA 和 FA 之间移动。HA 与 FA 实际上就是基站节点，而 MH 则为移动节点。有关移动 IP 的扩展方法和程序在文件～ns/mip. {cc，h}，～ns/mip - reg. cc，ns/tcl/lib/ns - mip. tcl 和～ns/tcl/lib/ns - wireless - mip. tcl 中描述。

HA 和 FA 节点被定义为 MobileNode/MIPBS，均有一个注册代理(regagent_)用来向移动节点发送信号，请求和应答 MH 的请求。MH 被定义为 MobileNode/MIPMH，也带有一个注册代理(regagent_)以接收和回应移动节点的发送信号并发送请求信号给 HA 和 FA。图 16. 4 为 MobileNode/MIPBS 的示意图。MobileNode/MIPMH 节点的结构和图 16. 4 很相似，只是它没有压缩器和解压器。如果是 SRNode 型的 MH，没有用来形成节点入口指针的分级分类器和 RA 代理。

MobileNode/MIPBS 节点向 MH 广播参数和信息，移动节点的请求产生一个通告，这个通告将被直接发送给所要求的 MH。发出基站的地址被 MH 监听，并被当做 MH 的 COA (care - of - address)使用。因此随着 COA 的变化，MH 从它所在的域移向另一个域。当从移动主机接收到注册请求(即通告的应答)时，基站检查是否为 MH 的 HA，如果不是，就设置解压器并将注册请求信号传递给 MH 的 HA。

万一基站正好是 MH 所要求的 HA，但只是 COA 不匹配，那么就设置一个压缩器并且回复“注册 - 请求 - 应答”(reg - request - reply)信号给 COA(FA 的地址)。此时，所有的发往 MH 的数据包到达 HA，并将通过压缩器用 IP 内带 IP 头的方法压缩 IP 包头进行传送，用 COA 代替 MH。FA 的解压器收到这个数据包后，解压缩，并转发给 MH。如果 COA 和 HA 匹配，就只需要直接解压将应答回复给 MH 即可。

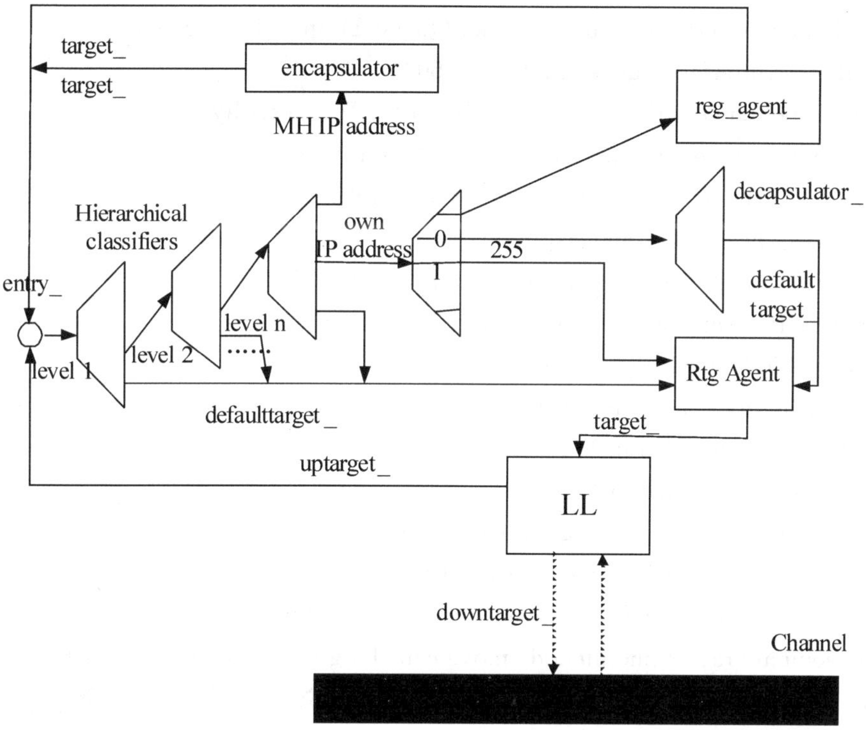

图 16.4　MobileNode/MIPBS 的内部结构

如果移动主机没有从基站收到任何通告，那么就发送请求。当它收到通告后，将 COA 改为 HA/FA 的地址，这个 HA/FA 地址是从通告中监听到的，并且返给 COA 的。起初 MH 可能在 HA 的范围内并且可以直接从 COA 收到所有的数据包。但是最终 MH 将移出 HA 的范围而进入 FA 的外域，MH 的 COA 就会从它的 HA 地址变为 FA 地址。此时，HA 就设置一个压缩器并且将所有的数据包通过 MH 传递给 FA。FA 解压数据包并将它们返给 MH。从 MH 过来的目标地址为有线网路的数据通常是转发给当前的 COA。

有关移动 IP 的例子在文件～ns/tcl/ex/wireless－mip－test.tcl 中。MH 在 HA 和 FA 之间移动，HA 和 FA 是一边连接着有线域，另一边连接着无线域，TCP 流在 MH 和一个有线节点之间流动。

16.3　命令一览

以下是无线仿真中会使用到得一个命令列表：

(1) $ ns_ node－config

－addressingType <usually flat or hierarchical used for wireless topologies>

－adhocRouting <adhoc rotuing protocol like DSDV, DSR, TORA, AODV etc>

－llType <LinkLayer>

－macType <MAC type like Mac/802_11>

- propType <Propagation model like Propagation/TwoRayGround>
- ifqType <interface queue type like Queue/DropTail/PriQueue>
- ifqLen <interface queue length like 50>
- phyType <network inteface type like Phy/WirelessPhy>
- antType <antenna type like Antenna/OmniAntenna>
- channelType <Channel type like Channel/WirelessChannel>
- topoInstance <the topography instance>
- wiredRouting <turning wired routing ON or OFF>
- mobileIP <setting the flag for mobileIP ON or OFF>
- energyModel <EnergyModel type>
- initialEnergy <specified in Joules>
- rxPower <specified in W>
- txPower <specified in W>
- agentTrace <tracing at agent level turned ON or OFF>
- routerTrace <tracing at router level turned ON or OFF>
- macTrace <tracing at mac level turned ON or OFF>
- movementTrace <mobilenode movement logging turned ON or OFF>

配置一个移动节点。要获得更多的关于此命令的说明(新节点 APIs 部分)可以看 NS2 相关注释。

(2) $ ns_ node <optional:hier address>

在正常的节点配置完成后,创建一个移动节点。

(3) $ create - god <num_nodes>

创建一个 GOD 实例。移动节点的数目作为参数被传递,GOD 利用该参数创建存储拓扑连通性信息的矩阵。

(4) $ topo load_flatgrid <X> <Y> <optional:res>

初始化网络拓扑结构的栅格。<X> 和<Y>是拓扑结构的 x - y 坐标,默认值为 1。

(5) $ topo load_demfile <file - descrptor>

将 DEM 文件调入拓扑结构中,有关 DEM 文件的详情见 ns/dem.{cc,h}。

(6) $ ns_ namtrace - all - wireless <namtrace> <X> <Y>

在 NAM 中显示节点的运动,初始化 namtrace 文件。

(7) $ ns_ nam - end - wireless <stop - time>

通过参数<stop - time>通知 NAM 仿真结束时间。

(8) $ ns_ initial_node_pos <node> <size>

定义节点在 NAM 中的初始位置。<size>为 NAM 中节点的大小。

(9) $ mobilenode random - motion <0 or 1>

命令是控制移动节点的随机运动是否生效,在这种情况下,随机目的地被分配给节点。停止随机运动为 0,开始随机运动为 1。

(10) $ mobilenode setdest <X> <Y> <s>

建立移动节点的目的地。移动节点开始以<s> m/s 的速度,向给定了<X>和 <Y>的目的地移动。

(11) $ mobilenode reset

重新设置节点中所有目标。

下面是无线网络的内部程序列表：

(1) $ mobilenode base - station <BSnode - hier - addr>

用于 Wired - cum - wireless 场景，这里移动节点由该域的基站节点信息提供。因为在 Wired - cun - wireless 场景中使用分级地址，所以地址也是分级的。

(2) $ mobilenode log - target <target - object>

<target - object>是一个追踪目标，用来记录移动节点运动和它们的能量使用情况。

(3) $ mobilenode topography <topoinstance>

用拓扑的句柄提供节点。

(4) $ mobilenode addif

移动节点可以不仅仅只有一个网络接口。这个命令为节点的网络接口传送句柄。

(5) $ mobilenode namattach <namtracefd>

把 namtrace 文件的描述符<namtracefd>分配给移动节点。所有节点的 NAM 跟踪随后被写进 namtrace 文件。

(6) $ mobilenode radius <r>

半径<r>为节点的范围。所有在这个范围内的移动节点均可被当做邻居节点。

(7) $ mobilenode start

启动移动节点的运动。

第 17 章　NS2 中的卫星网络

本章介绍有关在 NS2 中进行卫星网络仿真的扩展。特别地，这些扩展使得 NS2 能模拟以下几个方面：①传统的多用户共享上/下行链路和不对称链路的地球同步轨道“弯管”卫星；②带有星上处理负载功能(再生负载或全分组交换)的地球同步轨道卫星；③极轨道 LEO 卫星星座，如 Iridium 和 Teledesic。对这些卫星进行模拟的主要目的在于利用 NS2 来研究卫星系统中与网络相关的方面，如 MAC、链路层、路由和传输协议等。

17.1　卫星模型概述

精确的卫星网络仿真需要一个详细的具有射频特性(干涉、衰退)、协议接口(例如在有差错检测码情况下的残余突发误码的相互影响)和二阶轨道影响(轨道运动，不规则重力等)的建模。然而，为了从网络的角度研究卫星网络的基本特性，我们可以抽象其中部分特征。举例来说，基于卫星链路的 TCP 性能几乎不会被近似的而非精确的信道模型所影响——其性能完全可以用总的丢包率来描述。这就是本章中介绍的仿真模型所采用的方法——创建一个基本框架来研究传输协议、路由和 MAC 层协议在由地球同步轨道卫星或极轨道 LEO 卫星组成的卫星网络环境下的性能。当然，我们也可以扩展这些模型从而为某些特定协议层提供更加详细的仿真。

17.1.1　同步轨道卫星

同步轨道卫星在赤道上空 22 300 公里的高度绕地球运行。卫星的位置根据其最低点(在地球表面的子卫星点)的经度分类。实际上，由于重力的变化，同步轨道卫星可以从其指定的位置漂移到其他位置，但是这些影响暂时不能在 NS2 中模拟。

目前可以模拟的同步轨道卫星有两种：①仅仅作为一个在轨道中继器的传统“弯管”同步轨道卫星，在这种卫星系统中，所有的分组通过上行信道接收，然后通过 RF 发射器发送到对应的下行信道，卫星节点对于路由协议是不可见的。②增加基带处理能力的同步轨道卫星，包括重新产生数字信号和执行飞行器上的快速分组交换。在仿真过程中，这一类型的卫星可以通过在传统卫星节点上增加分类器和路由代理来实现。

传统的同步轨道卫星节点可以通过传统的 NS2 链路(link)和节点(node)，模拟一条长延时的链路来实现。卫星网络模拟的关键之处在于能够模拟 MAC 层协议。现在用户可以在地球表面的不同位置定义多个终端，并且将这些终端连接到相同的上行和下行信道，系统中的传播延时(每一个用户稍微有所差别)就可以被模拟。另外，上行和下行信道可以分别定义(定义不同的带宽或者差错模型)。

17.1.2　中低轨道卫星

可以在 NS2 中模拟极轨道卫星系统，如 Iridium 和 Teledesic 系统。NS2 仿真器支持对相邻轨道平面同步旋转的纯圆形平面轨道卫星的详细模拟。除了极轨道卫星星座，也可以对其他非同步轨道卫星星座进行配置与模拟（如 Walker 星座），当然，感兴趣的话也可以自己开发新的星座类以仿真不同类型的卫星星座，当然模拟这些星座主要需要定义新的星际链路切换过程。

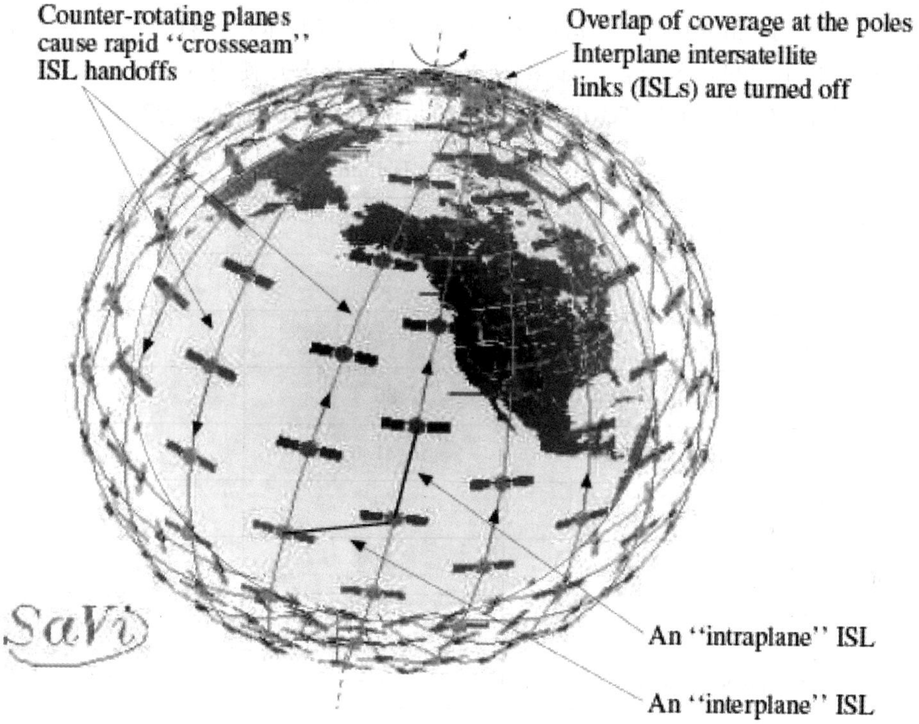

图 17.1　极轨道 LEO 星座示例

如图 17.1 所示为极轨道 LEO 星座示例，本图是采用明尼苏达大学几何学中心的 SaVi 软件包生成的. 下面是当前可以仿真的卫星星座的一些参数：

基本星座定义：包括卫星高度、卫星数目、轨道平面数目和每个轨道平面的卫星数。

轨道：轨道倾斜可以在从 0 到 180 度之间连续变化（当倾斜度大于 90 度时即为相对应的反向轨道），轨道离心率没有被模拟，给定轨道平面之间的星间间隔是固定的，轨道平面之间的相对相位也是固定的（尽管某些系统可能不控制轨道平面间的相位）。

星际链路（Intersatellite link，ISL）：对于极轨道星座，可以定义轨道面内（intraplane）、轨道面间（interplane）和交叉有缝（crossseam）三种 ISL。轨道面内 ISL 存在于相同轨道面内的相邻或者不相邻的卫星之间，并且永远不会失效或者切换。轨道面间 ISL 存在于属于相邻同步旋转轨道面内的卫星之间，这些链路在极点（高于表 17.1 中“ISL 纬度阈值”）处会失效，因为在极点区域天线指向装置不能跟踪这些链路。与轨道面内 ISL 一样，轨道面间 ISL 也不会发生切换。交叉有缝（cross - seam）ISL 可能存在于星座中反向旋转的轨道面内卫星之间（这些轨道在拓扑上形成一个所谓的“缝”）。GEO ISL 同样也可以被定义为同步轨道卫星星座卫星之间的星际链路。

星地链路（Ground to satellite links，GSL）：多个地面终端可以连接到单个 GSL 卫星信道，GEO 卫星的 GSL 链路是静止的，而 LEO 卫星的 GSL 链路周期性地发生切换。

允许最小覆盖仰角（Elevation mask）：GSL 链路可以工作的最小仰角称为允许最小覆盖仰角。通常地，如果 LEO 卫星在最小覆盖仰角之下为终端服务时，地面终端将寻找一个在允许最小覆盖仰角之上的新的卫星。地面终端根据用户指定的超时间隔检查是否需要发生切换。每一个终端独立地触发切换，也可以定义一个系统使得系统内的切换触发是同步的。

表 17.1 列出了 Iridium1 和 Teledesic2 系统的示例仿真脚本中所使用的有关参数。这两个系统都是极轨道卫星星座的示例。如图 17.2 所示是卫星节点使用的球坐标系统。

表 17.1　Iridium1 和 Teledesic2 系统的示例仿真脚本所使用的有关参数

	Iridium	Teledesic
Altitude	780 km	1375 km
Planes	6	12
Satellites per plane	11	24
Inclination (deg)	86.4	84.7
Interplane separation (deg)	31.6	15
Seam separation (deg)	22	15
Elevation mask (deg)	8.2	40
Intraplane phasing	yes	yes
Interplane phasing	yes	no
ISLs per satellite	4	8
ISL bandwidth	25 Mb/s	155 Mb/s
Up/downlink bandwidth	1.5 Mb/s	1.5 Mb/s
Cross－seam ISLs	no	yes
ISL latitude threshold (deg)	60	60

从表 17.1 可以看出：

(1)除了链路带宽以外（Iridium 仅仅是一个窄带系统），这些参数可能看起来像非常接近一个宽带版的 Iridium 系统。

(2)Teledesic 星座的参数是可以被改变的；Teledesic 的 Marie－Jose Montpetit 自 1999 年 2 月起提供试验性参数。链路带宽没有必要精确给出。

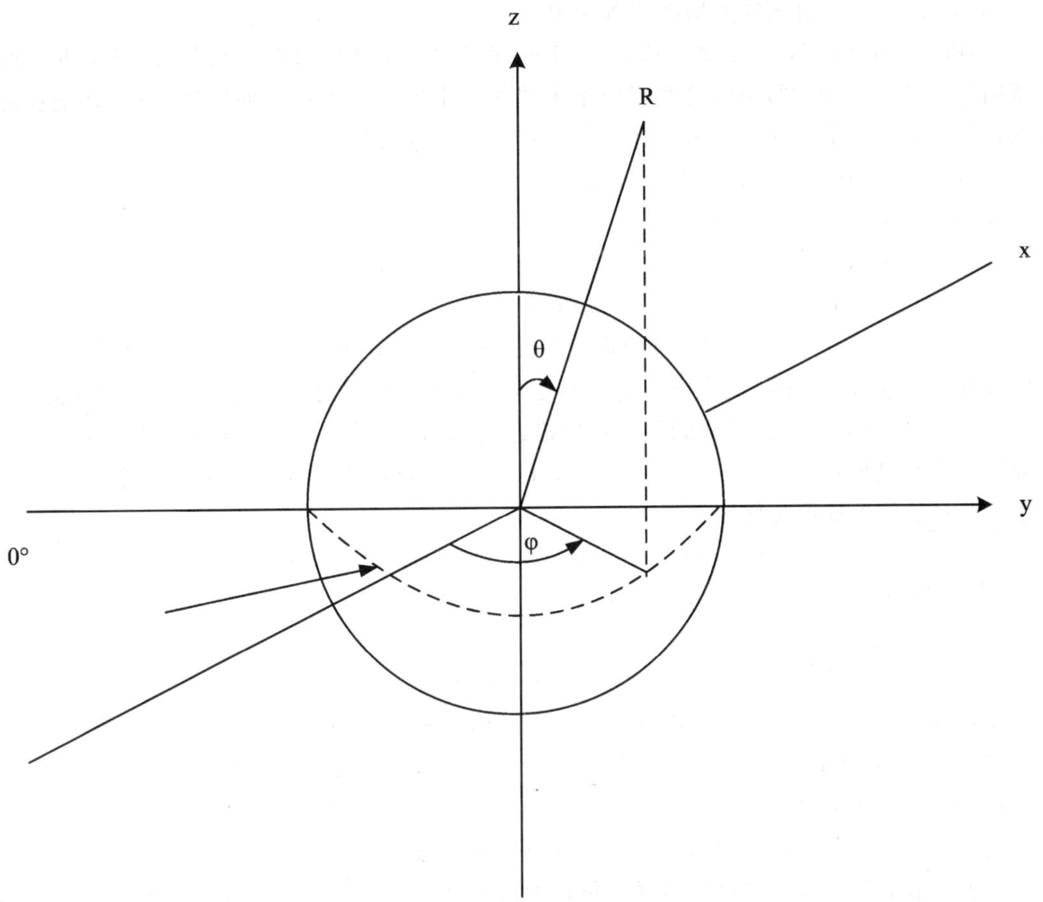

图 17.2 卫星节点使用的球坐标系统

17.2 卫星网络扩展

17.2.1 节点和节点位置

NS2 中有两种基本的卫星节点类型：geostationary 和 non - geostationary 卫星节点。另外，terminal 节点可以放置在地球表面。正如后面 17.3 节所解释的，这三种不同类型节点中的每一个实际上都是通过同一个类 SatNode 对象实现的，但是拥有不同的位置、切换管理和链路对象绑定。位置对象保持跟踪卫星节点在坐标系统中的位置，是仿真时间的函数。位置信息用来确定链路传播延时和链路切换的适当时间。前面介绍过的"node - config"程序经常作为生成不同类型卫星节点的主要节点生成器。

图 17.2 举例说明了球坐标系统和对应的笛卡尔坐标系统。坐标系统的中心为地心，Z 轴与地球旋转的轴一致，(R,θ,φ) = (6 378km,90°,0°)对应地球赤道上的 0°经线(本初子午线)。

NS2 中有一个卫星节点类 class Node/SatNode，该类可以绑定三种类型的位置 Position 对象。每一个 SatNode 和 Position 对象都是一个分离的 OTcl/C++ 对象，但是大多数代码在

C++中实现,下面介绍三种类型的位置对象:

(1)Position/Sat/Node 终端是通过其纬度和经度来描述的,纬度范围是[-90,90]度,经度范围是[-180,180]度,负值分别对应南半球和西半球。随着仿真时间的进展,终端在地球表面移动。节点产生器能被用来创建一个绑定了位置对象的终端,如下所示:

```
$ ns node-config -SatNodeType terminal \
(other node config commands go here...)
set n1[ $ ns node]
$ n1 set position $ lat $ lon; # in decimal degrees
```

(2)Position/Sat/Geo 地球同步轨道卫星是通过其在地球赤道上的经度数来描述的。随着仿真时间的推进,地球同步轨道卫星以与地球自转相同的轨道周期在坐标系统中穿过,经度范围是[-180,180]度。正如我们下面将要描述的,存在两类地球同步轨道卫星:"geo"(带星上处理能力的卫星)和"geo-repeater"(弯管卫星)。节点产生器通过如下方式来创建一个绑定了位置对象的地球同步轨道卫星:

```
$ ns node-config -SatNodeType geo (or"geo-repeater") \
(other bode config commands go here...)
set n1 [ $ ns node]
$ n1 set-position $ lon; #in decimal degrees
```

(3)Position/Sat/Polar 极轨道卫星有一个纯圆平面轨道,这个平面在坐标系统中是固定的,地球在这个轨道平面下面自转。因此,一个极轨道卫星在地球表面上的覆盖区内的轨迹同时有东西方向的和南北方向的。严格地讲,极位置对象(polar position object)可以用来模拟在固定平面内任何圆形轨道的运动。我们使用"polar"这一术语是因为后面使用这样的卫星来模拟极轨道卫星星座。卫星轨道通常可以通过下面 6 个参数来说明:高度、半长轴、离心率、右升节点赤经、倾斜角和近地点幅角。NS2 中的极轨道卫星有一个纯圆形轨道,因此我们简单地通过三个参数来描述极轨道:高度、倾斜角和经度,第四个参数 Alpha 制定卫星在轨道中的初始位置。高度指的是卫星轨道距地球表面的距离,单位是"千米",倾斜度可以在 0°~180°之间变化,其中 90°对应为纯极轨道,角度大于 90°时对应为"反向"(retrograde)轨道。升节点指的是卫星覆盖区从南到北穿过赤道平面的交点。在这个仿真模型中,参数升节点经度指的是卫星最低点从南到北穿过赤道时的地心经度。升节点经度可以在-180°~180°之间变化。Alpha 给出卫星在其轨道中的初始位置,从升节点开始。例如,Alpha 为 180°指示卫星初始是在赤道上空,并由北往南穿过赤道。Alpha 可以在 0°~360°之间变化。最后,当创建极卫星节点时,在同一轨道平面的所有卫星将会给出相同的平面索引,即 plane 参数。节点生成器用来创建一个绑定位置对象的极卫星,如下所示:

```
$ ns node-config -satNodeType polar \
(other node config commands go here...)
set n1 [ $ ns node]
$ n1 set-position $ alt $ inc $ lon $ alpha $ plane
```

17.2.2 卫星链路

卫星链路类似于第 16 章中描述的无线链路。每一个卫星节点拥有一个或多个卫星网络接口栈，信道与栈中的物理层对象相连接。图 17.3 给出了主要的组件。NS2 中的卫星链路与无线链路的差别主要体现在两个方面：①发送和接收接口必须连接不同的信道；②卫星链路中没有 ARP 实现。当前，对用户来说，如果需要增加更为详细的差错模型，可以用射频传输模型替代，当前的代码没有使用射频传输模型，例如：

网络接口可以通过类 Node/SatNode 的 add－interface 方法来添加：

$ node add－interface $ type $ ll $ qtype $ qlim $ mac $ mac_bw $ phy

add－interface 方法返回一个索引值，该索引值可以在后面的仿真过程中用来访问网络接口栈。按照惯例，在一个节点上创建的第一个接口将被绑定到卫星或终端的上行和下行信道上。主要包括下面这些参数：

type：可以指定的链路类型为 geo 或 polar 分别对应从终端到 GEO 或者极卫星的链路；gsl 和 gsl－repeate 对应从卫星到终端的链路；还有 intraplane，interplane 和 crossseam ISL 等类型。type 字段在仿真器内部使用，用来指示不同类型的链路，结构上它们非常相似。

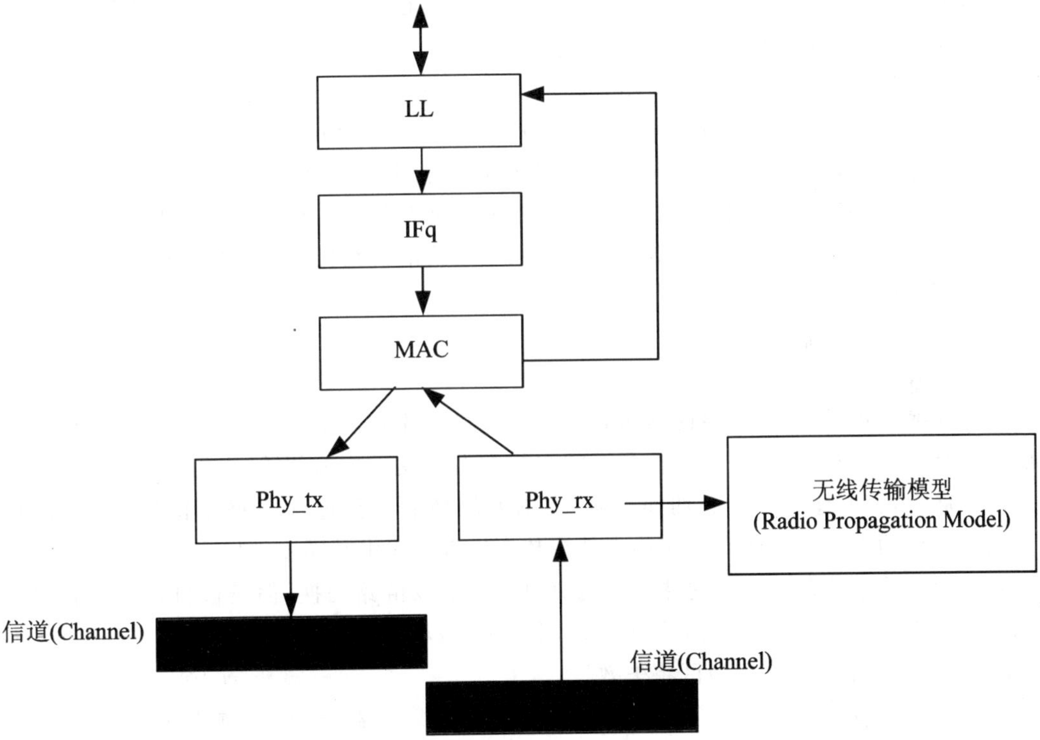

图 17.3　卫星网络接口的主要组件

LL：链路层类型（当前只定义了 LL/Sat 一种类型）。

qtype：队列类型（如 Queue/DropTail）。任何队列类型都可能被使用，然而，如果除了队列长度以外还需要其他参数，则需要修改这个过程以包括更多的参数。

qlim：接口队列的长度，单位为分组（packet）。

mac：MAC 层类型。目前定义了两种类型的 MAC 层：类 Mac/Sat——基本的 MAC 层，只有一个接收链路（也就是说，这种类型的链路不进行冲突检测）；类 Mac/Sat/UnslottedAlhoa，无时隙 AlPha 的一种实现。

mac_bw:通过这个参数来设置链路的带宽,用来控制 MAC 层的传输时间。用来计算发送时间的分组大小是公共分组头(common packet header)和 LINK_HDRSIZE 的大小的总和,即任何链路层包头的大小。LINK_HDRSIZE 的缺省值是 16(在 satlink.h 中设置)。传输时间在接收 MAC 中编码到分组头中以备使用。

phy:物理层,目前定义了两种类型的物理层,分别是 Phy/Sat 和 Phy/Repeater。类 Phy/Sat 和无线网络的代码一样,仅仅在协议栈中分上下信道传递信息,可以在该点上绑定一个无线传输模型。类 Phy/Repeater 将从接收接口接收到的分组直接转发到发送接口。

下面的命令是将一条 ISL 添加到两个节点之间:

```
$ns add-isl $ltype $node1 $node2 $bw $qtype $qlim
```

在两个节点上创建了两条信道(类型为 Channel/Sat)和适当的网络接口,并且将信道绑定到了网络接口上。链路的带宽设置为 bw,链路类型(ltype)必须指定为 intraplane, interplane 或者 crossseam 中的一种。

创建 GSL 包括添加网络接口和一条到卫星上的信道,然后定义地面节点的接口,并将其绑定到卫星链路,命令如下:

```
$node add-gsl $type $ll $qtype $qlim $mac $bw_up $phy \
[$node_satellite set downlink_] [$node_satellite set uplink_]
```

在上述命令中,type 必须为 geo 或者 polar,我们利用 downlink_和 uplink_实例化卫星。因此,卫星的上行和下行链路必须在调用这个过程之前被创建。在默认情况下,卫星节点的节点生成器将创建节点的给定类型,为之分配上行和下行的链路接口,创建并且绑定一个基于给定接口选项的(初始的)上行和下行的通道。

17.2.3 切换

卫星切换模拟是 LEO 卫星网络仿真中的关键组成部分。在 LEO 卫星系统中精确预测切换的发生是非常困难的,这是因为在公开的文献中对相关的内容没有很清晰的阐述。在卫星网络的扩展中,我们建立了一套切换准则,在需要切换的仿真过程中允许节点独立地进行监控。比较理想的方案是让所有的切换事件在整个仿真过程中都同步地发生,在这种方式下,修改仿真器才不致于非常困难。地球同步轨道卫星不涉及链路切换,但是极轨道卫星有两种类型的链路是必须考虑切换到:极卫星的 GSL 和 crossseam ISL。第三种类型的链路 interplane ISL 没有切换,但是在高纬度地区将失效。

连接到极轨道卫星的每一个终端上都运行了一个定时器,一旦超时,将触发切换管理器(handoffManger)检查当前卫星是否已经落到终端的允许最小覆盖仰角之下,如果是的,切换管理器会将终端从卫星的上行和下行链路中断开,并且在卫星节点列表中搜索另一个可能的卫星。首先,检查在当前轨道平面上的"下一个"卫星——这个卫星的指针被存储在每个极轨道卫星的 Position 对象中,并且在仿真过程中利用 Node/SatNode 的过程"$node set_next $next_node"进行配置。如果发现了一颗不合适的卫星,切换管理器就搜索剩余的卫星。如果发现了一颗合适的极卫星,那么切换器就将终端的网络接口连接到那颗卫星的上行和下行通道上,并且重新设置切换定时器。如果没有发现合适的卫星,将重新启动定时器,并在定时器超时之后再尝试。一旦发生了链路改变,即通知路由代理。允许最小覆盖仰角和切换定时器间隔可通过 OTcl 设置。其设置如下:

HandoffManager/Term set elevation_mask_ 10； # degrees

HandoffManager/Term set term_handoff_int_ 10； # seconds

另外，可通过设置下面的变量随机切换以避免相位的影响：

HandoffManager set handoff_randomization_ 0； # 0 is false，1 is true

如果 handoff_randomization 为真，则下一个切换时间间隔是在(0.5 * term_handoff_int_，1.5 * term_handoff_int_)区间内服从均匀分布的随机变量。

Crossseam ISL 是星际链路中唯一有切换的星际链路。crossseam ISL 切换的准则是在与给定卫星接近的相邻平面而不是当前连接的卫星所属平面上是否存在一个卫星。另外，在极卫星上的切换管理器中运行的切换定时器决定星座什么时候检查切换的时机。Crossseam ISL 切换由两颗卫星之中平面编号较低的卫星发起。因此可能会出现一个极轨道卫星有两条 crossseam ISL(对于不同的卫星)的短暂情况。卫星切换时间间隔通过 OTcl 重新设置，同样也可以是随机的。如：

HandoffManager/Sat set sat_handoff_int_ 10； # seconds

Interplane 和 crossseam ISL 在靠近极点时失效，因为随着卫星向另一颗卫星靠近移动，链路的指向要求变得越来越高。通过管理以下参数来关闭这些链路：

HandoffManager/Sat set latitude_threshold_ 70； # degrees

参数的值是随意给出的，准确值依赖于卫星硬件设计。一旦切换定时器超时，切换管理器检查其自身和对等卫星的纬度，如果其中任何一颗卫星高于 latitude_threshold_纬度(南纬或北纬)，链路将被释放直到两颗卫星都下降到这个阈值之下才重新激活。

最后，如果 crosseam ISL 存在，则可能在中纬度区域，卫星向另一颗对等卫星移动得太近了(如果轨道不是非常接近纯极轨道)，通过下面的参数可以检查这种轨道重叠情况的发生：

HandoffManager/Sat set longitude_threshold_ 10； # degrees

同样，这个参数的值也是随意给出的。如果两颗卫星接近到一起，经度差小于 longitude_threshold_，它们之间的链路将被释放。这个参数缺省为 disable(设为 0)，所有与卫星相关的变量的缺省值都可以在文件～ns/tcl/lib/ns－sat.tcl 中找到。

17.2.4　路由

当前的路由状态还是不完善的。在理想情况下，人们可以在卫星链路上运行已存在的所有 NS2 路由协议。然而，大多数已存在的路由协议在 OTcl 中实现时需要用到传统的 NS2 链路。

如前所述，当前路由的实现基本上是用C++实现的。一旦拓扑发生变化，由集中路由代理确定网络的拓扑结构，为所有节点计算新的路由以及在每一个节点上使用路由构建一个转发表。目前，每个节点的路由代理中存储着时隙表，对于节点上没有确定目标地址的数据包会默认地发往这个路由代理。对于每一个有路由的节点的目的端，转发包含指向对应出口链路的头部指针。

路由代理是由下面的 OTcl 命令创建的 SatRoutrObject 类：

set satrouteobject_ [new SatRouteObject]

$ satrouteobject_ compute_routes

调用 compute_routes 应该在仿真器中所有的链路和节点都已经实例化后，像调度器

(Scheduler)一样，利用 SatRouteObject 的实例，通过C++中的一个 instance 变量来访问。例如，在拓扑结构改变后需要重新计算路由，命令如下：

SatRouteObject::instance( ). recompute( );

虽然当前使用的是集中路由，但是在实际设计过程中，节点的路由代理主要是由分布式路由完成的。路由分组可以被发送到每一个节点的 255 个端口上。分布式路由正常工作的关键之处是路由代理能够确定分组是从哪一个链路来的。这项工作是由每一个链路所包含的 NetworkInterface 类对象来完成的，该对象的功能是对分组的链路源进行唯一标识。函数 NsObject * intf_to_target(int label)可以返回对应的链路的头部。通过利用并行路由代理可以获得移动扩展，感兴趣的读者可以从这些例子着手，研究如何在这个框架中实现分布式路由。

最短路径路由计算使用跳数或者传播延时作为计算路由的依据，如果是利用跳数作为计算依据，则需要将下面的变量缺省设置为"false"：

SatRouteObject set metric_delay_ "true"

最后，对于每一个大型网路拓扑结构而言(如 Teledesic)，集中路由的执行时间较长，这是因为一旦拓扑结构发生改变，即使没有数据发送也都需要对所有节点的最短路径重新进行计算。在没有太多的数据需要传输但是有很多卫星和星际链路时，如果要加快仿真速度，可以通过 disable handoff - driven 和 enable data - driven 计算路由。

17.2.5 Trace 支持

卫星节点和链路的跟踪文件(tracefile)和前面所讲述的传统的 NS2 跟踪非常相似。特别地，SatTrace 对象(类 SatTrace 继承于类 Trace)是记录节点的经度和纬度。例如，正常情况下，从节点 66 到节点 26 的链路上的包记录如下：

+ 1.0000 66 26 cbr 210 - - - - - - 0 66.0 67.0 0 0

但是，在卫星仿真中，除了上述信息外，还追加了位置信息：

+ 1.0000 66 26 cbr 210 - - - - - - 0 66.0 67.0 0 0 37.90 - 122.30 48.90 - 120.94

节点 66 的位置是北纬 37.90°，西经 122.30°，而节点 26 是一个 LEO 卫星，其子卫星点是北纬 48.80°，西经 120.94°。(负纬度数对应为南纬，负经度数对应为西经)。

另外还增加了一个类 Trace/Sat/Error，该类跟踪所有由差错模型导致的错误分组。如下所示(差错跟踪记录由于差错而丢弃的分组)：

e 1.2404 12 13 cbr 210 - - - - - - 0 12.0 13.0 0 0 - 0.00 10.20 - 0.00 - 10.00

在特定情况下，卫星节点产生的分组不能被转发(如 sat - mixed. tcl)，这种情况在跟踪文件中将显示为丢弃。

d 848.0000 14 - 2 cbr 210 - - - - - - 1 14.0 15.0 6 21 0.00 10.00 - 999.00 - 999.00

该分组的目的端字段设为 - 2，坐标设为 - 999.00。节点 14 试图发送一个分组到节点 15，但是没有找到有效的路由。

为了在仿真器中跟踪所有的卫星链路，在实例化节点和链路之前使用下面的命令：

set f [open out. tr w]

```
$ ns trace-all $f
```

接着，在节点和链路创建完成后，采用下面命令可以跟踪所有的卫星链路：

```
$ ns trace-all-satlinks $f
```

卫星跟踪对象的实现可以在文件～ns/tcl/lib/ns-sat.tcl 和～ns/sattrace.{cc,h}中找到。

17.2.6　差错模型

NS2 的差错模型都非常简单，并没有对应实际卫星信道的真实误码情况（特别对于 LEO 信道）。用户可以自由地定义更加接近特定卫星环境的更复杂的差错模型。

下面的代码给出了一个如何向链路中添加差错模型的示例：

```
set em_ [new ErrorModel]
$em_ unit pkt
$em_ set rate_ 0.02
$em_ ranvar [new RandomVariable/Uniform]
$node interface-errormodel $em_
```

向节点 $node 上创建的第一个接口的接收路径中添加一个差错模型（特别地，该模型在 MAC 和链路层之间），第一个接口通常对应卫星或终端（如果只有一个上行和/或下行链路存在）的上行和下行链路接口。可以利用下面一段代码向不同的栈添加差错模型：

```
$node interface-errormodel $em_ $i
```

17.2.7　与有线和无线代码集成

NS2 增加了连接传统的有线节点和卫星节点的功能。本节将介绍这些功能及其局限性。

通常情况下卫星网络的仿真是在C++中执行所有的路由仿真，而传统的 NS2 代码使用 OTcl 代码和C++代码混合的形式。为了向后兼容，要想全面集成有线和无线代码是非常困难的。目前集成有线和无线代码的策略是定义了一个特别的网关节点（称为“基站”），使用分级路由的方法，将单个基站节点布置在无线网络中，并使基站的协议栈同时位于无线子网和有线子网之中。因为路由没有全面地集成，所以仿真拓扑限制在每个无线子网内仅有一个网关节点。

但是卫星网路和有线网络的集成采用不同的策略。通过节点配置 $ns node-config 中的将 wiredRouting 选项设为“ON”，在C++代码中关闭卫星路由，取而代之的是所有卫星拓扑结构的改变将导致调用 OTcl 代码。其结果是 OTcl 中的 link_阵列根据网络拓扑结构的变化而生成，基于 OTcl 的路由因此而发生。本策略的缺点是对于大规模的网络拓扑仿真需要较长的执行时间。

当 wiredRouting 为 ON 时，不能将 data_driven_computation_选项设为“true”。这是因为路由的计算因传播延时的不断变化而变化。

在跟踪文件中，当数据包由于“没有到主机的路由”而被丢弃时，跟踪日志在选项 wiredRouting 为“OFF”和“ON”是不同的。当 wiredRouting 选项为“OFF”时，每丢弃一个数据包就记录一行，目标地址标识为“-2”。而当 wiredRouting 选项为“ON”时，对数据包的操作分别为进队列“+”，出队列“-”和丢弃“d”，目标地址标识为“-1”。

17.2.8 实例脚本

所有的实例脚本都放在~ns/tcl/ex 目录下，其含义如下：

sat-mixed.tcl：一个极轨道和地球同步轨道卫星的混合仿真。

sat-wired.tcl：与上一个脚本类似，但是演示了如何连接有线网络节点到卫星网络的仿真中。

sat-repeater.tcl：演示了简单的“弯管”地球同步轨道卫星的使用，包括差错模型。

sat-aloha.tcl：采用无时隙的 Alpha MAC 协议的“弯管”地球同步轨道卫星网格 VAST 配置中仿真 100 个终端。终端侦听它们自己的传输（在一段延时之后），如果在超时间隔之后没有成功收到它们自己的分组，它们将执行指数回退，并重传丢失的分组。存在三种变种：basic，basic_tracing 和 poisson。

sat-iridium.tcl：仿真了一个宽带 LEO 卫星星座，该星座的参数与 Iridium 星座的参数类似（需要脚本 sat-iridium-links.tcl，sat-iridium-linkswithcross.tcl，和 sat-iridium-nodes.tcl 的支持）。

sat-teledesic.tcl：仿真了一个宽带 LEO 星座，该星座的参数与 Teledesic 星座的参数类似（需要脚本 sat-teledesic-links.tcl 和 sat-teledesic-nodes.tcl 的支持）。

17.3 实　　现

卫星扩展实现的代码在文件~ns/{sat.h，sathandoff.{cc，h}，satlink.{cc，h}，satnode.{cc，h}，satposition.{cc，h}，satroute.{cc，h}，sattrace.{cc，h}}，和~ns/tcl/lib/ns-sat.tcl 中。几乎所有的功能都是在C++中实现的。

在本小节中，主要介绍链表的使用、节点结构和星链路结构。

17.3.1 链表的使用

在卫星网络的扩展实现中，许多链表被频繁地使用。

类 Node 中有一个仿真器中所有 Node 类对象的（静态）列表，变量 Node::node-head_保存了该列表的表头。节点链表主要用于集中式路由，在切换过程中寻找卫星和日志跟踪。

类 Node 中有一个该节点上所有（卫星）链路的列表，该列表是类 LinkHead 对象的列表。变量 linklisthead_保存该列表的表头，Linkheads 链表用于检查是否需要切换链路以及寻找拓扑邻居。

类 Channel 中有一个信道上所有 Phy 类对象的一个列表，列表的表头保存在变量 if_head_中，这个列表用来决定接收数据包的信道上的接口设置。

图 17.4 说明链表的基本结构。链表中的每一个对象通过类的保护成员“LINK_ENTRY”进行链接，它包含了指向列表中下一项的指针“next”和一个指向前一个对象的“next”指针的地址的指针。

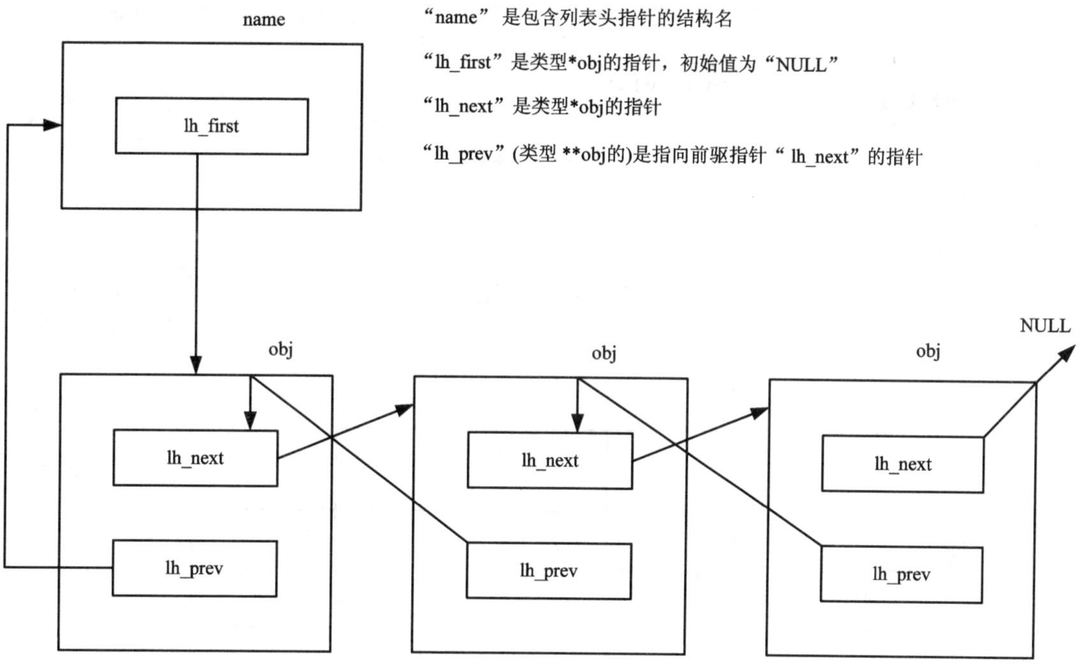

图 17.4　NS2 中实现的链表

17.3.2　节点结构

如图 17.5 所示是卫星节点 SatNode 的主要组件的图示。SatNode 的结构与无线扩展中 MobileNode 有些类似，但是也有些差别。像所有 NS2 节点一样，SatNode 有一个"entry"指向它的所有分类器。地址分类器包含了向外面节点转发数据包的时隙表，但是因为不使用 OTcl 路由，所有不是发向这个节点的数据包(从而转发到端口分类器)将被发送到缺省的目标，该目标指向一个路由代理。预定发往该节点 255 端口的数据包被认为是路由数据包，并且同样被转发给路由代理。

每一个节点都包含一个或多个"网络栈"(network stacks)，"网络栈"在链路的入口都包含了 SatLinkHead。在链路结构中 SatLinkHead 被扩展为其他对象的 API，因此它包含了许多指针。离开网络栈的数据包被发送到节点的入口。重要的是每一个离开网络栈的数据包都有 iface_字段，该字段在公共包包头中，并且使用和对应链路的 NetworkInterface 的唯一索引进行编码，这个值可以用来支持分布式路由。

路由代理的基类是 SatRouteAgent，其中包含了一个解析分组地址到一个特别的 LinkHead 目标的转发表。

SatRouteAgent 将分组下发至适当的链路。为了实现分布式路由，可以定义一个新的 SatRouteAgent，当分组到达该栈时，通过被告知的在分组中标记的接口索引来学习拓扑，函数 intf_to_target( )允许代理解析这个索引值并将其分配给指定的 LinkHead。

在 SatNode 对象中，首先，包含一个位置对象，这在前面已经介绍了。其次，包含一个监控链路切换时机和协调切换的 LinkHandoffMgr 对象。最后，包含了许多对象的指针。

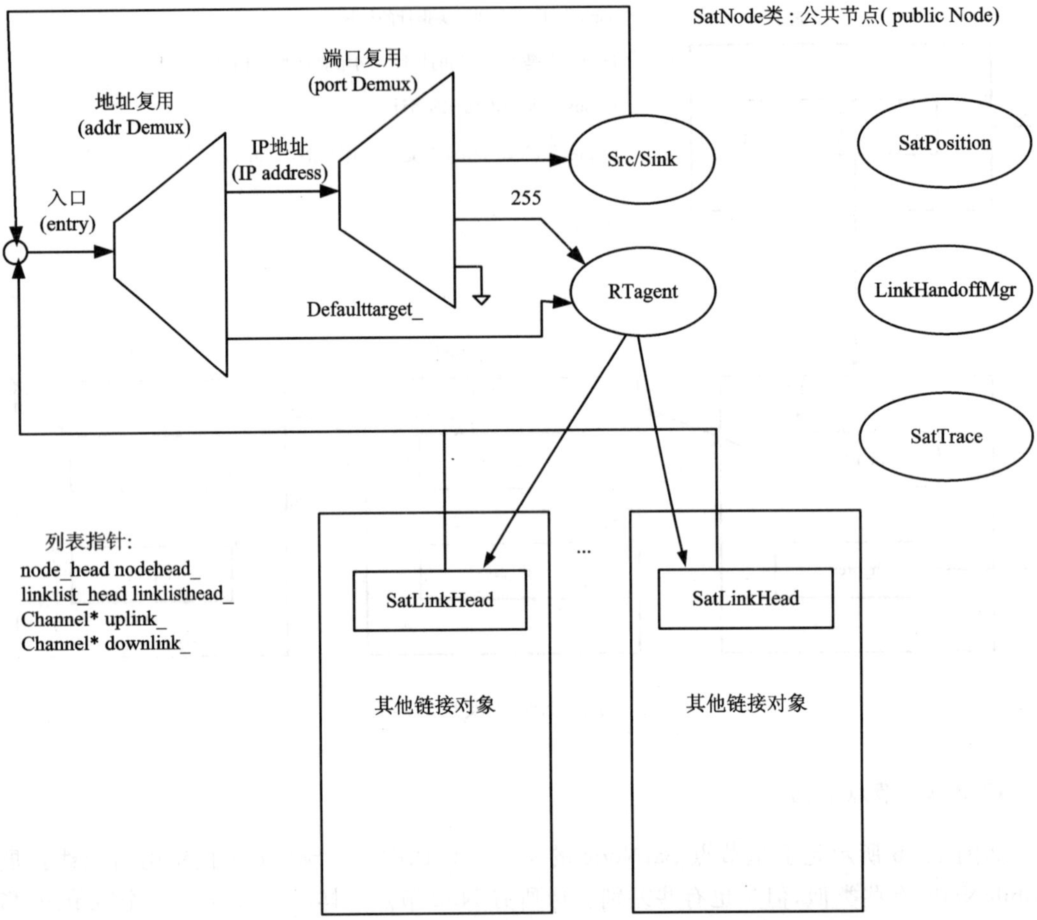

图 17.5 类 SatNode 的结构

17.3.3 卫星链路

图 17.6 详细地给出了卫星链路是如何组成。在这一节中，我们介绍数据包是如何在栈中上下移动的，以及每一层中需要注意的关键点。文件～ns/tcl/lib/ns－sat. tcl 中包含了各种根据图 17.6 组合的链路过程(instproc)，我们称这种复合结构为“网络栈”，各种链路组件的源代码在文件～ns/satlink. {cc. h}中。

网络栈的入口是“SatLinkHead”对象。SatLinkHead 对象派生自类 LinkHead，LinkHead 对象的目标是为所有的网络栈提供统一的 API。SatLinkHead 对象中包含了指向 LL，Queue，MAC，Error model 和 Phy 等对象的指针。SatLinkHead 对象同样能够查询网络栈的类型，如 GSL，interplane ISL，crossseam ISL 等。SatLinkHead 对象中还保存了一个布尔变量 linkup_，该变量指示是否已经和信道上的其他节点相连。SatLinkHead 对象的C++实现在文件～ns/satlink. {cc，h}中。

分组从节点中发出后，是通过 SatlinkHead 对象到达 SatLL 类对象。SatLL 类派生于 LL(链路层)，SatLL 为每个分组包分配一个 MAC 地址。注意，在卫星网络中，不使用地址解析协议(ARP),只简单地使用 MAC index_变量作为其地址,并且使用帮助函数来查找下一跳节点对应接口的 MAC 地址。因为 LL 类派生自 LinkDelay 类,所以 LinkDelay 的参数 delay_可以模拟链路层中的任何延时。

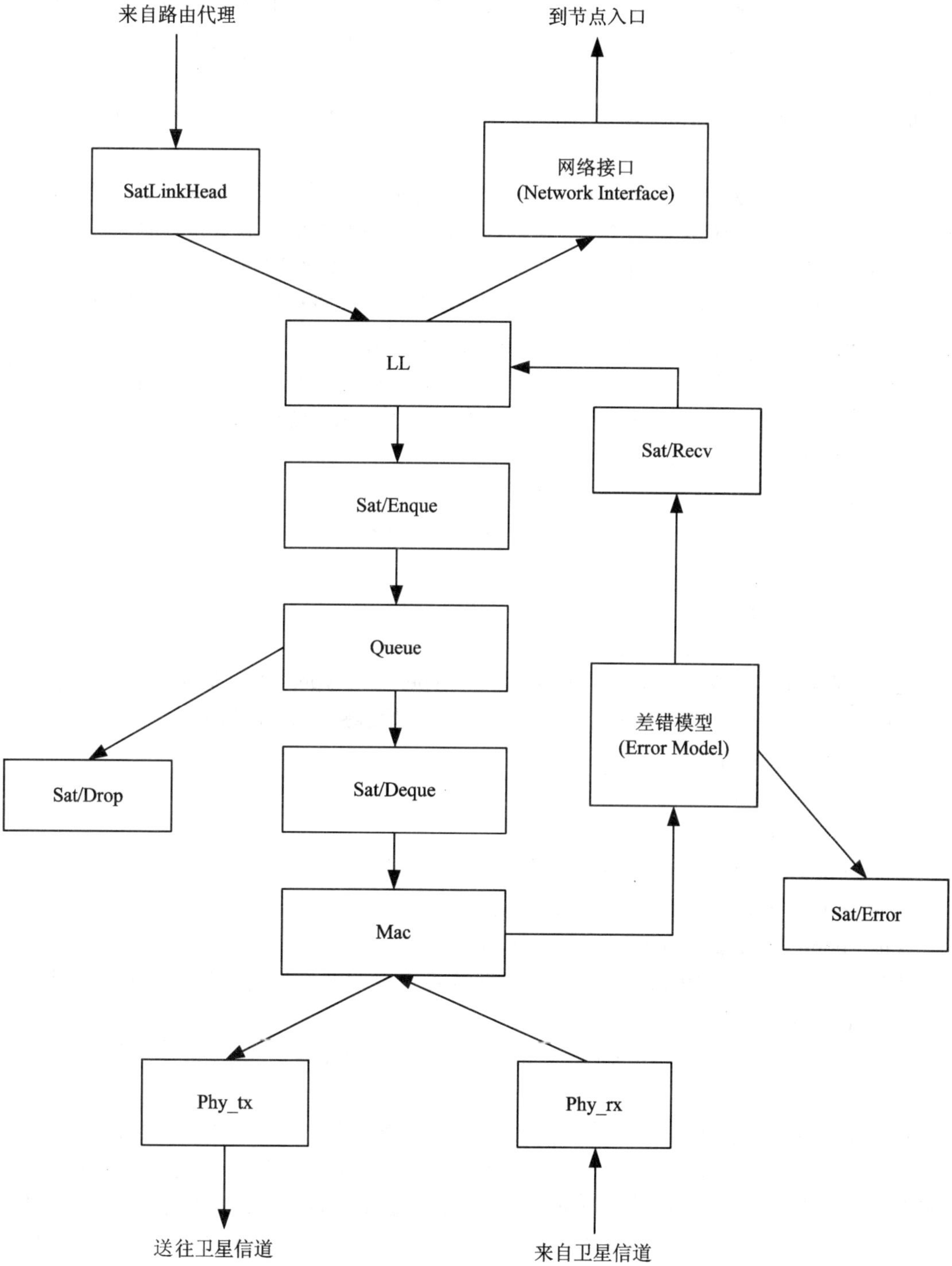

图 17.6　网络接口栈图解

MAC 层从队列 queue(或者 deque trace)对象中提取分组——MAC 和队列之间的一个握手过程允许 MAC 在需要分组时从队列中提取他们。MAC 层可以计算分组的传输时间，还可以计算分组的传输延时(基于在 satlink. h 中定义的 LINK_HDRSIZE 字段和在公共分组头中的 size 字段)，但是只能等到当前这个分组已经被“发送”到下一层时才能调用下一个分组。因此，在这一层准确设置链路的带宽是非常重要的。为了方便起见，在 MAC 头中对传输时间进行编码。

接下来，分组被传送到传输接口 SatPhy 类中，这个对象将分组发送到附加的信道中，信道的接口是信道链表的一部分。

下一步将分组发送给 SatChannel，SatChannel 拷贝分组到信道上的每一个接收接口中，Phy_tx 发送分组到 MAC 层。在 MAC 层，分组被保持一段时间，即为其传输时间。如果确定分组已经到达 MAC 层，且 ErrorModel 对象存在，就传递给该 ErrorModel 对象。如果 ErrorMode 对象不存在，分组将穿过任何接收跟踪对象到达 SatLL 对象。SatLL 对象经过一段处理延时(同样，delay_的缺省值为 0)后向上传递该分组。

接收的分组通过的最后一个对象是 NetworkInterface 类。该对象利用网络栈的唯一索引值给 iface_字段加上标记，从而跟踪分组到达网络栈。分组接着进入 SatNode 的入口(通常是一个地址分类器)。

17.4 命令一览

下面是与卫星网络相关的命令列表：

(1) $ ns_ node - config - satNodeType <type>

这个节点配置声明创建的新节点的类型为<type>，<type>可以是 geo，geo - repeater，polar，terminal 等。卫星节点中的其他字段(为建立初始链路和信道)如下：

$ ns_ node - config - llType <type>

$ ns_ node - config - ifqType <type>

$ ns_ node - config - ifqLen <length>

$ ns_ node - config - macType <type>

$ ns_ node - config - channelType <type>

$ ns_ node - config - downlinkBW <value>

注意：satNodeType 中的 geo - repeater 只需要指定 channelType，所有其他选项都被忽略，参看 tcl/ex/sat - repeater. tcl。

(2) $ ns_ satnode - polar <alt> <inc> <lon> <alpha> <plane> <linkargs><chan>

创建极轨道卫星节点的仿真器封装方法。两个链路，即上行链路和下行链路与两条信道上行信道和下行信道一起被创建。<alt>是极轨道卫星的纬度，<inc>是轨道倾斜度，<lon>是升节点的经度，<alpha>给出了卫星在轨道中的初始位置，<plane>定义了极轨道卫星的轨道平面，<linkargs>定义了网路接口的链路参数选项的列表(如 LL，Queue，Qlim，PHY 和 MAC 等)。

(3) $ ns_ satnode - geo <lon> <linkargs> <chan>

创建地球同步轨道卫星节点的封装方法。首先创建一个卫星节点 satnode，然后创建两个链路接口（上行和下行）和两个卫星信道（上行和下行）。<chan>定义个信道类型。

(4) $ ns_ satnode - geo - repeater <lon> <chan>

标记地球同步轨道卫星中继器极点的封装方法。首先创建一个卫星节点 satnode，然后创建两个链路接口（上行和下行）和两个卫星信道（上行和下行）。

(5) $ ns_ satnode - terminal <lat> <lon>

创建终端节点的封装方法。<lat>和<lon>分别定义了终端的纬度和经度。

(6) $ ns_ satnode <type> <args>

创建类型为<type>的 satnode 的更基本的方法，该节点可以是 polar，geo 或终端。

(7) $ satnode add - interface <type> <ll> <qtype> <qlim> <mac_bw> <phy>

这是 Node/SatNode 的一个内部方法，该方法用来建立卫星节点的链路层、mac 层、接口队列和物理层结构。

(8) $ satnode add - isl <ltype> <node1> <node2> <bw> <qtype> <qlim>

这个方法在两个节点之间创建了 ISL。链路类型（inter，intra 或者 cross - seam）、链路带宽、队列类型和队列限制（queue - limit）都分别指定了。

(9) $ satnode add - gsl <ltype> <opt_ll> <opt_ifq> <opt_qlim> <opt_mac> <opt_bw><opt_phy><opt_inlink> <opt_outlink>

这个方法创建了一个 GSL（地面到卫星的链路）。首先，通过定义 LL，IfQ，Qlim，MAC，BW 和物理层创建了一个网络栈，接着该节点被绑定到信道的入口链路（inlink）和出口链路（outlink）。

第四部分 NS2 解释器接口

第 18 章 Tcl 类

Tcl 类封装了 OTcl 解释器的实例，并提供了访问解释器的方法，此类提供了以下操作方法：

(1)获得 Tcl 实例的指针；

(2)通过解释器激活 OTcl 过程；

(3)追踪并将解释器的结果返回；

(4)报告错误状态并返回；

(5)存储并查找"TclObject"；

(6)获得对解释器的直接访问。

在本章中，我们将分别介绍这些方法。

18.1 获得 Tcl 实例指针

Tcl 类只有一个实例，该实例在 NS2 启动时初始化，是在～tclcl/Tcl.cc 声明的静态成员变量，通过实例的指针去访问它，具体的访问方法如下：

```
Tcl& tcl = Tcl::instance();
```

18.2 激活 OTcl 的过程

有 4 种方法通过 Tcl 实例来激活 OTcl 过程，它们的主要区别是调用参数不同。每个函数都传递一个字符串给解释器，解释器通过返回一个全局参数来识别这个字符串。如果解释器返回一个 TCL_OK，则这些函数将调用一个相应的 OTcl 过程；如果解释器返回一个 TCL_ERROR，则函数调用 tkerror{ }，用户可以重载这个过程。这 4 种方法分别为：

(1)tcl.eval(char * s)　调用 Tcl_GlobalEval( )，通过解释器执行字符串 s。

(2)tcl.evalc(const char * s)　保存字符串参数 s，并将字符串 s 拷贝到中间缓冲区，然后在中间缓冲区中调用先前的 eval(char * s)。

(3)tcl.eval( ) 假设命令已经存在于类"internal bp_"中,它直接调用 tcl.eval(char * bp_)。缓冲区自己的指针可以通过方法 tcl.buffer(void)获得。

(4)tcl.evalf(const char * s, ……) 类似于C语言中的 printf 命令,可以执行字符串的过滤,执行同 tcl.evalc(const char *s)。

下面是通过一个例子来说明上述函数的使用方法,如:

```
Tcl& tcl = Tcl::instance( );
char wrk[128];
strcpy(wrk,"Simulator set NumberInterfaces_ 1");
tcl.eval(wrk);
sprintf(tcl.buffer( ),"Agent/SRM set requestFunction_ %s", "Fixed");
tcl.eval( );
tcl.evalc("puts stdout hello world");
tcl.evalf("%s request %d %d", name_, sender, msgid);
```

18.3 从解释器传递或者返回运行结果

当解释器调用一个C++方法时,其结果是返回私有成员变量 tcl_->result。下面介绍两种获得此变量的方法。

(1)tcl.result(const char * s) 将结果字符串 s 传回解释器。

(2)tcl.resultf(const char * fmt,...) 用 vsprintf(3)格式化字符串,然后将结果字符串返回给解释器。程序代码如下:

```
if (strcmp(argv[1], "now") == 0) {
    tcl.resultf("%.17g", clock( ));
    return TCL_OK;
}
tcl.result("Invalid operation specified");
return TCL_ERROR;
```

同样地,当C++方法激活 OTcl 命令时,解释器返回结果到 tcl_->result 中。

tcl.result(void)必须用于取回结果。需要注意的是,这里返回的是一个字符串,它必须被转化成适合结果类型的内部格式。例如:

```
tcl.evalc("Simulator set NumberInterfaces_");
char * ni = tcl.result( );
if (atoi(ni) != 1)
        tcl.evalc("Simulator set NumberInterfaces_ 1");
```

18.4 错误报告和退出

在编译代码中,提供了一种统一的报告错误的方法。

tcl.error(const char * s) 将字符串 s 写入标准输出,将 tcl_->result 写到标准输出

中，退出，并将 error code 置 1。例如：

```
tcl.resultf("cmd = %s",cmd);
tcl.error("invalid command specified");
/* NOTREACHED */
```

值得注意的是，这里提到的返回 TCL_ERROR 和我们前面提到的调用 Tcl::error( )是有一些差别的。前者是解释器产生的一个特例，用户可以通过捕捉这个特例返回错误；后者不能使用户捕捉错误。

18.5 解释器中的哈希函数

NS2 将编译器中的对象指针存放在一个存储对象地址的哈希表中，从而可以快速地获取此对象，此哈希表是在解释器内部，NS2 用户可使用 TclObject 为键值在哈希表中进行插入、编辑、删除等操作。

(1)tcl.enter(TclObject * o) 在哈希表中加入一个对象。

(2)tcl.lookup(char * s) 在哈希表中查询名字为 s 的 TclObject 对象并返回。

(3)tcl.remove(TclObject * o) 删除哈希表中的 TclObject 对象。

18.6 解释器中的其他操作

如果以上的方法还不够用，就需要获取一个解释器的句柄以构建自己的函数。

tcl.interp(void) 返回一个解释器的句柄，并被存放在 Tcl 类中，可以对它进行修改，加入用户自己定制的解释器。

第 19 章　TclObject 类

TclObject 类是解释器和编译器中所有类的基类，封装了绑定、跟踪和对相关命令的调用机制。每个 TclObject 类的对象都是用户在解释器中创建的。一个与之对应的影子对象也将在编译器中随之创建。

19.1　创建和撤销 TclObjects

当用户创建和撤销一个 TclObject 对象时，通常调用过程 new{ }和 delete{ }，这些过程定义在文件～tclcl/tcl-object.tcl 中，它们可以用于创建和撤销一切类的对象，包括 TclObject 类。在这部分中，我们将描述创建 TclObject 时内部行为是如何发生的。

过程 new{ }创建解释对象和对应的影子对象，过程 delete{ }则撤销解释对象和对应的影子对象。当创建一个解释类的 TclObject 时，将执行这个对象的构造函数 init( )，同时传递用户提供的一切参数，NS2 将自动创建相应的影子对象。影子对象是通过基类 TclObject 的构造函数被创建的。因此，新的 TclObject 的构造函数必须首先调用父类的构造函数。new{ }方法返回一个对象的句柄，而用户可以通过这个句柄对该对象进行其他操作。

下面是 Agent/SRM/Adaptive 的构造函数：

```
Agent/SRM/Adaptive instproc init args {
    eval $self next $args
    $self array set closest_ "requestor 0 repairor 0"
    $self set eps_ [$class set eps_]
}
```

当解释器实例化一个新对象时，将完成下面一系列的动作。为了方便起见，我们就描述执行创建一个 Agent/SRM/Adaptive 对象的步骤。它们是：

(1)从 TclObject 的名字空间中获取一个独一无二的新的对象句柄。这个句柄将被返回给用户。大多数 NS2 中的句柄都是以_o(NNN)形式出现的，这里(NNN)是一个整数。这个句柄是由 getid( )产生的，它可以从C++中的 name( )方法获得。

(2)执行新对象的构造函数。任何特定的用户输入参数将作为构造函数的参数传入，这个构造函数必须激活其父类的构造函数。

(3)TclObject 的构造函数为 Agent/SRM/Adaptive 类激活实例过程 create-shadow( )。

(4)当影子对象建立好后，NS2 调用所有编译对象的构造函数，它们每个都将相应的变量绑定，同时执行必要的初始化过程。因此我们应该把调用父类构造函数的语句放在类初始化语句之前。

(5)在影子对象成功创建后，如前所述，create_shadow(void)将新的对象加入到 TclObject

的哈希表中，使 cmd( )成为一个新创建的解释对象的实例化过程，这个实例化过程会调用编译对象中的 command( )方法。

注意：所有上述的映射机制只有当用户用解释器创建新对象的时候才有效。但如果只是单向地创建编译对象，这个机制将会失效。因此，程序员最好不要直接用C++的新方法来创建编译对象。

操作 delete 将撤销解释对象，同时也撤销相应的影子对象。如：

```
Simulator instproc use-scheduler type {
    $ self instvar scheduler_

    delete scheduler_ ; # first delete the existing list scheduler
    set scheduler_ [new Scheduler/ $ type]
}
```

同构造函数一样，对象的构造函数必须在最后部分明确地调用其父类的构造函数。TclObject 的构造函数将激活实例过程 delete_shadow，从而激活对应的编译方法去撤销影子对象。解释器自己将撤销解释对象。

19.2 变量绑定

通常获取编译的成员变量只能通过编译代码，而获取解释的成员变量则能通过解释代码；但是，必须在它们之间建立一个双向连接。这样可以使编译的成员变量和解释的成员变量代表的是同样的值，而且它们中的任何一个值的变化可以使另一个也发生相应的变化。

这种绑定是由编译的构造函数在对象实例化的时候建立的，它也可以被解释对象以实例变量获得。NS2 支持 5 种不同的数据类型：实型、带宽变量、时间变量、整型和布尔型。怎样在 OTcl 中说明这些值的语法是随类型不同而不同的。

(1)实型和整型变量以"正常"的形式说明，例如：

```
$ object set realvar 1.2e3
$ object set intvar 12
```

(2)带宽变量像"实型"一样说明，而且后面可以加后缀"k"或者"K"，它表示 kilo-quantities，后缀"m"或者"M"表示 mega-quantities。最后可以加一个"B"表示单位是字节每秒。默认的带宽单位是位每秒。例如，下面所有的表示方式是等价的：

```
$ object set bwvar 1.5m
$ object set bwvar 1.5mb
$ object set bwvar 1500k
$ object set bwvar 1500kb
$ object set bwvar 0.1875MB
$ object set bwvar 187.5kB
$ object set bwvar 1.5e6
```

(3)时间型也像实型一样说明。可以加上后缀"m"表示时间单位微秒(milli-seconds)，"n"表示时间单位纳秒(nano-seconds)，或者"p"表示时间单位皮秒(pico-seconds)。默认的时间是秒。例如，下面所有的表示方式都是等价的。

```
$ object set timevar 1500m
$ object set timevar 1.5
$ object set timevar 1.5e9n
$ object set timevar 1500e9p
```

注意：我们也可以在最后加上一个“s”表示这个实数是时间。NS2 将会忽略有效的实数表示和最后所带的“m”，“n”或“p”外的任何符号。

(4)布尔既可以表示成整型，也可以表示成“T”或“t”。除了第一个字母以外的符号都将被忽略。如果这个值既不是整型也不是真值，那么其默认为假。如：

```
$ object set boolvar t; # set to true
$ object set boolvar true
$ object set boolvar 1; # or any non-zero value
$ object set boolvar false; # set to false
$ object set boolvar junk
$ object set boolvar 0
```

下面是 ASRMAgent 的构造函数：

```
ASRMAgent::ASRMAgent() {
    bind("pdistance_", &pdistance_); /* real variable */
    bind("requestor_", &requestor_); /* integer variable */
    bind_time("lastSent_", &lastSessSent_); /* time variable */
    bind_bw("ctrlLimit_", &ctrlBWLimit_); /* bandwidth variable */
    bind_bool("running_", &running_); /* boolean variable */
}
```

注意：上述的所有函数都需要两个参数，即 OTcl 变量的名字和相应绑定的编译成员变量的地址。通常来说，这些绑定是在构造函数执行过程中建立的，但是也可以通过其他方式进行绑定，我们将在以后的章节中讨论其他的替代方法。

当对象创建时每个被绑定的变量都将被初始化为默认值。这些默认值被当做解释类变量。这个初始化过程通常是在 init-instvar{ }中执行，同时又被类 instvar 的方法激活。init-instvar{ }核查解释对象的类和它的父类，从而找到第一变量的第一个类。它将利用在那个类中变量的值来初始化这个对象。大部分关于绑定初始值的定义在文件～ns/tcl/lib/ns-default.tcl 中。

例如，下面的类变量是为 ASRMAgent 定义的：

```
Agent/SRM/Adaptive set pdistance_ 15.0
Agent/SRM set pdistance_ 10.0
Agent/SRM set lastSent_ 8.345m
Agent set ctrlLimit_ 1.44M
Agent/SRM/Adaptive set running_ f
```

因此，对于每个新的 Agent/SRM/Adaptive 对象设置 pdistance_的值为 15.0，把 lastSent_的值设为 8.345M，这是在其父类变量中设置的，而 strlLimit_的值为 1.44M 是在其上两级父类中设置的；running_的值为 false；实例变量 pdistance_没有被初始化，因为它不存在于解释对象的任何类中。用户可以在自己的模拟脚本里有选择地覆盖这些过程。

注意：实际的绑定过程是在类 InstVar 的对象实例化时发生的。类 InstVar 中的每个对象绑定一个编译成员变量和一个解释成员变量。一个 TclObject 存储一个 InstVar 对象及其相应的成员变量的列表。这个列表头都被存储在 TclObject 的成员变量 instvar_里。

最后，还需要注意的是，NS2 将确保解释对象和编译对象中变量的实际值在任何时候保持一致。

19.3 变量跟踪

除变量绑定以外，TclObject 同样也可以跟踪C++ 和 Tcl 实例变量。一个被跟踪的变量可以既在C++ 中又在 Tcl 中创建和设置。如果在 Tcl 层建立变量跟踪，变量必须在 Tcl 下是可见的，也就是说它必须是一个绑定的C++/Tcl 或者是纯 Tcl 实例对象。Trace 方法的第一个参数是变量的名字，第二个参数是可选的，为负责跟踪那个变量的跟踪对象。

如果 TclObject 跟踪变量，则必须扩展在 Tcl 中定义的C++ 的 trace 方法，Trace 类只有一个简单的 trace 方法，因此，它可以作为一般的变量跟踪函数。

```
class Trace:public Connector {
  ......
  virtual void trace(TracedVar * );
};
```

下面这段代码是在 Tcl 中设置跟踪变量的一个简单例子：

```
# \$ tcp tracing its own variable cwnd_
\$ tcp trace cwnd_
# the variable ssthresh_ of \$ tcp is traced by a generic \$ tracer
set tracer [new Trace/Var]
\$ tcp trace ssthresh_ \$ tracer
```

如果一个 C++ 变量是可跟踪的，那么它必定是类 TracedVar 的派生类。虚基类 TraceVar 拥有跟踪变量的名字、所属者和跟踪对象。从类 TracedVar 派生的类必须实现虚方法 value，它把一个字符缓冲区当做一个参数，并把变量的值放入这个缓冲区。如：

```
class TracedVar {
     ......
     virtual char * value(char * buf) = 0;
protected:
     TracedVar(const char * name);
     const char * name_; // name of the variable
     TclObject * owner_; // the object that owns this variable
     TclObject * tracer_; //callback when the variable is changed
     ......
};
```

TclCL 库里有两种 TracedVar 类，分别是 TracedInt 和 TracedDouble。这些类可以分别用于基本的整型和双精度型。TracedInt 和 TracedDouble 都重载了像赋值、增加和减少等可以改变变量值的运算符。这些重载运算用 assign 方法将新值赋给变量，并且当新值和旧值不相同时调用跟踪对象(tracer)。TracedInt 和 TracedDouble 同样也实现了它们的 value 方法，用于将变量的值以字符串输出。

19.4 Command 方法：定义和激活

对于每个建立的 TclObject 对象，NS2 都将建立实例过程 cmd( )，把它作为一个挂钩使编译的影子对象可以执行一些方法。过程 cmd( )自动激活影子对象的方法是 command( )方法，并将 cmd( )的参数以向量的形式传递给 command( )方法。

用户可以通过下面两种方法之一来激活 cmd( )，即显式的调用该过程，将欲进行的操作指定为第一个参数；或隐式调用，就像是存在一个和欲进行操作同名的实例过程一样。大多数模拟脚本都采用后者，因此我们将先介绍这种调用方式。

我们知道 SRM 中的距离计算是在编译对象中执行的；但是，它通常被解释对象以下面这种方式调用：

```
$ srmObject distance? <agentAddress>
```

如果没有 distance 实例过程，那么解释器将调用实例过程 unknown( )，这个过程是在基类 TclObject 中定义的。然后，过程 unknow( )就会执行下面的语句：

```
$ srmObject cmd distance? <agentAddress>
```

通过编译对象的 command( )过程来执行操作。

当然，用户可以显式地直接调用操作，其中一个原因是用一个同名的实例过程来重载这个操作。例如：

```
Agent/SRM/Adaptive instproc distance? addr {
    $ self instvar distanceCache_
    if ! [info exists distanceCache_( $ addr)] {
        set distanceCache_( $ addr) [ $ self cmd distance? $ addr]
    }
    set distanceCache_( $ addr)
}
```

下面，以 ASRMAgent::command( )为例说明 command( )方法是如何定义的：

```
int ASRMAgent::command(int argc, const char * const * argv) {
    Tcl& tcl = Tcl::instance( );
    if (argc == 3) {
        if (strcmp(argv[1], "distance?") == 0) {
            int sender = atoi(argv[2]);
            SRMinfo * sp = get_state(sender);
            Tcl.tesultf("%f", sp->distance_);
            return TCL_OK;
```

```
        }
    }
    return (SRMAgent::command(argc, argv));
}
```

我们可以从上述代码中得到以下几点提示：

(1)函数调用时需要两个参数。第一个参数(argc)代表解释器的命令中参数个数。命令行向量(argv)包括：- argv[0]为方法的名字，"cmd"；- argv[1]为所要求的操作。

如果用户还有其他特殊的参数，它们就被放在 argv[2… (argc - 1)]中。参数是以字符串的形式传递的并被转换成适合的数据类型。

(2)如果操作成功匹配，将通过前面的方法返回操作的结果。

(3)command( )必须以 TCL_OK 或 TCL_ERROR 作为函数的返回代码，来表明成功或者失败。

(4)如果在这个方法中没有相匹配的操作，将调用其父类的 command 方法，并就返回相应的结果。

(5)如果 command 方法是多继承的类，程序员可以自选其一：①可以调用某一个父类的 command 方法，然后返回其相应的结果；②可以以某种顺序依次调用每一个父 command 方法，然后返回第一个调用成功的结果。如果没有调用成功的，将返回错误。

我们把通过 command( )执行的操作称为准成员函数(instproc - likes)，它反映了这些操作作为一个对象的 OTcl 实例过程的用途，但是在实现和使用上还是存在一些微小的差距。

第 20 章　TclClass 类

类 TclClass 是一个纯虚类。从这个基类继承出来的类提供两种功能：建立与编译类镜像的解释类以及提供初始化新的 TclObject 的方法。派生类和编译类之间保持了编译分级的层次结构，同时给 OTcl 对象提供了创建C++对象的方法。

例如，类 RenoTcpClass 是由类 TclClass 派生并和类 RenoTcpAgent 相关联，它将实例化类 RenoTcpAgent 的新对象。RenoTcpAgent 编译类的层次结构是：RenoTcpAgent 由 TcpAgent 派生，TcpAgent 由 Agent 派生，而 Agent 由 TclObject 派生。RenoTcpAgent 定义如下：

```
static class RenoTcpClass:public TclClass {
public:
    RenoTcpClass( ) :TclClass("Agent/TCP/Reno") { }
    TclObject * create(int argc, const char * const * argv) {
        return (new RenoTcpAgent( ));
    }
} class_reno;
```

我们可以从这个定义里面得到如下几点启示：

(1)这个类只定义了构造函数和另外一个方法来创建所关联的 TclObject 的实例。

(2)当静态变量 class_reno 第一次创建时，NS2 将执行 RenoTcpClass 的构造函数，这就建立了适当的方法和解释类层次。

(3)构造函数明确地说明了解释类为 Agent/TCP/Reno，它也同时隐式地说明了解释类的层次结构。

(4)这个类与类 RenoTcpAgent 关联，并将在这个关联类中创建新对象。

(5)方法 RenoTcpClass::create 返回类 RenoTcpAgent 中的 TclObject。

(6)当用户定义一个新 Agent/TCP/Reno 对象时，RenoTcpClass::create 将被激活。

(7)参数向量(argv)包含：

- argv[0]包含对象名；
- argv[1…3]包含 $ self, $ class，和 $ proc，由于 create 通过实例过程创建影子对象来调用的；
- argv[3]中包含 create-shadow；
- argv[4]包含提供给用户的任何附加参数。

由 TclClass 的方法说明类 Trace 的参数控制。如：

```
class TraceClass : public TclClass {
public:
```

```
    TraceClass( ):TclClass("Trace") { }
    TclObject * create(int args, const char * const * argv) {
        if (args >= 5)
            return (new Trace( * argv[4]));
        else
            return NULL;
    }
} trace_class;
```

最后，概括解释层次结构的建立过程如下：

(1)当第一次启动 NS2 时，执行对象的构造函数。

(2)构造函数将以解释类名作为参数调用 TclClass 的构造函数。

(3)TclClass 的构造函数存储这个类名，并把这个对象插入到 TclClass 对象的链表中。

(4)在模拟器初始化过程中，Tcl_AppInit(void)调用 TclClass::bind(void)。

(5)对在 TclClass 对象链表中的每一个对象，bind( )调用 register( )，以解释类名作为参数。

(6)Register( )建立类层次，创建那些需要但是又没有建立的类。

(7)最后，bing( )为这个新类定义实例过程 create - shadow 和 delete - shadow。

20.1 怎样绑定静态 C++ 类成员变量

在上一章中，我们阐述了如何将C++ 对象中的成员变量导入 OTcl 中，但是这种方法并不适用于C++类中的静态成员变量。当然，你可以为每个C++ 对象创建一个 OTcl 静态成员变量，但这显然违反了静态成员的本义。

不能用绑定 TclObject 的方法来解决这种绑定，因为 TclCL 中的 InstVar 需要一个 TclObject 对象。但是我们可以为相应的 TclClass 创建一个方法，可以通过这个方法获取 C++类的静态成员。其过程如下：

(1)创建一个新的 TclClass 的派生类；

(2)在新创建的派生类中，声明 bind( )和 method( )方法；

(3)用 add_method("your_method")实现 bind( )时建立自己的绑定方法，然后用实现 TclClass::method( )相类似的方法实现 method( )中的 handler。注意传递给 TclClass::method( )和 TclObject::command( )的参数个数是不一样的。前者在开始时需要多于两个参数。

例如，在文件~ns/packet.cc 中有一个简单的 PacketHeaderClass。假设 Packet 类中有个静态变量 hdrlen_，下面说明如何从 OTcl 中获取它。

```
class Packet {
    ......
    static int hdrlen_;
```

```
};
```

然后我们通过以下程序创建一个获取这个变量的通道：

```
class PacketHeaderClass:public TclClass {
protected:
    PacketHeaderClass(const char *  classname, int hdrsize);
    TclObject *  create(int argc, const char * const *  argv);
    /* 这是两个 OTcl 类获取方法的实现 */
    virtual void bind( );
    virtual int method(int argc, const char * const *  argv);
};
void PacketHeaderClass::bind( )
{
    /* 调用基类的 bind( )方法必须在 add_method( )方法之前 */
    TclClass::bind( );
    add_method("hdrlen");
}
int PacketHeaderClass:: method(int ac, const char * const *  av)
{
    Tcl& tcl = Tcl::instance( );
    /* 注意这个参数变化:然后就可以像在 TclObject::Command( )里一样控制他们了 */
    int argc = ac - 2;
    const char * const *  argv = av + 2;
    if (argc == 2) {
        if (strcmp(argv[1], "hdrlen") == 0) {
            tcl. resultf(%d", Packet::hdrlen_);
            return (TCL_OK);
        }
        } else if (argc == 3) {
            if (strcmp(argv[1], "hdrlen") == 0) {
            Packet::hdrlen_ = atoi(argv[2]);
            return (TCL_OK);
        }
    }
    return TclClass::method(ac,av);
}
```

在这之后，我们可以使用前面的 OTcl 命令来获得或者改变 Packet::hdrlen_的值：

```
PacketHeader hdrlen 120
set i [PacketHeader hdrlen]
```

20.2 类 TclCommand

类 TclCommand 仅仅是为 NS2 提供一种在全局范围内由解释器执行的一些简单命令的机制。有两个函数，它们的定义在文件～ns/misc. cc：ns－random 和 ns－version 中。这两个函数被 init_misc（void）启动（init_misc（void）定义在～ns/misc. cc）；init_misc 又是被 Tcl_AppInit（void）在启动时调用。

（1）类 VersionCommand　定义命令 ns－version，不需要参数，同时返回表示 ns 当前版本的字符串。如：

％ ns－version ；＃获取当前版本号

（2）类 RandomCommand　定义命令 ns－random，不需要参数，同时返回一个整数。如果给出一个参数，它将把这个参数视为种子。如果这个种子的值为 0，命令将使用自定义的种子值；否则，它将用随机数字产生器设置特定的种子，从而获得特定的值。如：

```
% ns - random ;   # 返回一个随机数
2078917053
% ns - random 0 ;   # 自定义设置种子
858190129
% ns - random 23786 ;   # 设置特定的种子得到特定的值
23786
```

注意：通常不建议创建可以由用户调用的顶层命令。下面以类 say_hello 为例说明如何定义新命令，这个例子定义了命令“hi”，然后打印出字符串“hello world”加上用户后面接的任何参数。例如，

```
% hi this is ns [ns - version]
hello world,this is ns 2.0a12
```

命令必须是类 TclCommand 的派生类。类的定义是：

```
class say_hello:public TclCommand {
public:
    say_hello( );
    int command(int argc,const char * const * argv);
};
```

该类的构造函数必须以命令为参数调用 TclCommand 的构造函数，例如：

```
say_hello( ):TclCommand("hi") { }
```

TclCommand 的构造函数将设置“hi”为全局过程，可以调用如下语句：

TclCommand::dispatch_cmd( )。

command( )方法传递了两个参数。第一个参数是 argc，是用户实际传递参数的个数。用户实际传递的参数将以一个参数向量 argv 被传递，它包括以下几种：

－argv[0]为命令名（hi）。

－argv[1......(argc－1)]为用户在命令行附加的参数。

command( )是被 dispatch_cmd( )调用的。

```
#include <streams.h> /* 因为要用到 I/O 流 */
int say_hello::command(int argc, const char* const* argv) {
    cout << "hello world:"
    for (int i = 1; i < argc; i++)
        cout << ' ' << argv[i];
    cout << '\n';
    return TCL_OK;
}
```

最后，我们需要类 TclCommand 的一个实例，该实例可以在方法 init_misc(void)里面创建。如：

```
new say_hello;
```

注意：通常还有一些函数如 ns-at 和 ns-now 可以通过这种方式调用，大多数这样的函数都包含在已有的类中。特别地，ns-at 和 ns-now 可以通过 TclObject 调用获得。这些函数在文件~ns/tcl/lib/ns-lib.tcl 中定义。

```
% set ns [new Simulator] ;# 获得新的模拟类实例
_o1
% $ns now ;# 向模拟器查询当前时间
0
% $ns at...... ;# 为模拟器定义特定的操作
......
```

20.3　类 EmbeddedTcl

NS2 允许对编译代码或者解释代码的功能进行扩展，这些扩展代码将在初始化的时候被执行。例如，在~tclcl/tcl-object.tcl 或~ns/tcl/lib 里的脚本，这种加载和赋值是通过类 EmbeddedTcl 来完成的。

最简单的扩展 NS2 的方法是在~tclcl/tcl-object.tcl 脚本中加入 OTcl 代码或者在~ns/tcl/lib 目录下加入脚本。注意，对于后一种情况，由于 NS2 是自动读取~ns/tcl/lib/ns-lib.tcl 脚本，因此必须添加代码，以便使新添的这些脚本可以在 NS2 启动时被自动加载到源文件库中。例如，要在文件~ns/tcl/mcast/srm.tcl 定义一些执行 SRM 的实例过程，则在~ns/tcl/lib/ns-lib.tcl 里，就应该添加如下语句：

```
source tcl/mcast/srm.tcl
```

在 NS2 启动时将 srm.tcl 自动加入到源文件库中。使用 EmbeddedTcl 代码有三点需要注意的地方：第一，如果在执行过程中遇到错误，NS2 将停止运行。第二，用户可以显示重载脚本中的任何代码，特别是在做了自己的修正后重新定义整个源文件库脚本。最后，添加新的脚本到文件~ns/tcl/lib/ns-lib.tcl 中后，用户必须重新编译，否则是无效的脚本。

下面讲解如何将单个的脚本直接添加到 NS2 中。第一步是将脚本转化成 EmbeddedTcl 对象。下面的代码行扩展了 ns-lib.tcl，创建了 EmbeddedTcl 对象，命名为 et_ns_lib：

```
tclsh bin/tcl-expand.tcl tcl/lib/ns-lib.tcl | \
```

../Tcl/tcl2c++ et_ns_lib > gen/ns_tcl.cc

脚本～ns/bin/tcl-expand.tcl 通过将 ns-lib.tcl 中所有的 source 行替换成相应的源文件以扩展 ns-lib.tcl。～tclcl/tcl2cc.c 程序将 OTcl 代码转化成等价的 TmbeddedTcl 对象 et_ns_lib。

初始化时，激活 EmbeddedTcl::load 方法显式地给数组赋值。

～tclcl/tcl-object.tcl 是被方法 Tcl::init(void)载入，Tcl_AppInit( )激活 Tcl::Init( )。

准确的加载命令的语法如下：

```
et_tclobject.load( );
```

同样的，～ns/tcl/lib/ns-lib.tcl 直接被～ns/ns_tclsh.cc 中 Tcl_AppInit 加载。

```
et_ns_lib.load( );
```

20.4 类 InstVar

类 InstVar 定义了将编译的影子对象(shadow object)中的一个C++成员变量绑定到与之对应的解释对象中的 OTcl 实例变量上的方法和机制，这种绑定可以使变量既可以从解释器中又可以从编译代码中设置和获得。

有 5 种类型的实例变量类，分别是类 InstVarReal，类 InstVarTime，类 InstVarBandwidth，类 InstVarInt 和类 InstVarBool，分别对应绑定 real，time，bandwidth，integer 和 boolean 类型的变量。

下面用类 InstVarReal 说明实例变量的建立机制，其他四种类型的实例变量的建立与此相同。

如果在解释器中已经建立了一个变量的类，并且解释器已经在那个类中打开了一个对象，那么这个变量必须受到限制(可理解为一个变量不能同时被两个方法调用)。注意：前者要求当一个给定类的方法能通过解释器访问它的变量时，必须定义一个关联类 TclClass 来识别解释器正确的类层次结构。因此可以由下面两种方法来创建。

(1)一个隐式的解决方法是：当一个新的 TclObject 在解释器内被创建时，这将在解释器内建立一个方法执行文本。当一个解释的 TclObject 编译的影子对象(shadow object)创建时，那个编译对象的构造函数可以绑定它的对象成员变量到解释的实例变量。

(2)一个显式的解决方法是：在一个 command 函数中定义一个 bind-varialbles 操作，这个操作可以通过 cmd 方法激活。为了执行 cmd 方法，必须建立正确的执行文本方法。同样地，编译代码对应影子对象(shadow object)绑定需要的成员变量。

实例变量是通过说明解释变量的名字和编译对象中成员变量的地址来创建的。基类 InstVar 的构造函数在解释器里创建一个变量的实例，并设置一个常规陷阱来捕捉通过解释器访问变量的所有通道。

当解释器读取变量时，常规陷阱就会在读取发生之前被激活。按常规再激活相应的 get 函数，然后将返回变量的当前值。这个值常用来设置解释变量的值，最后解释变量的值被解释器读取。

同样地，解释器设置变量、陷阱例程(trap routine)在写操作发生后被激活。通常可以得到解释器的当前值，然后激活相应的 get 函数，用解释器中的当前值去设置编译成员的值。

第五部分　NS2 扩展

第 21 章　NS2 扩展的基础知识

21.1　NS2 的目录结构

在讨论 NS2 的扩展以前，首先简要解释一下 NS2 的目录体系和文件。图 21.1 给出了部分 NS2 的目录结构。

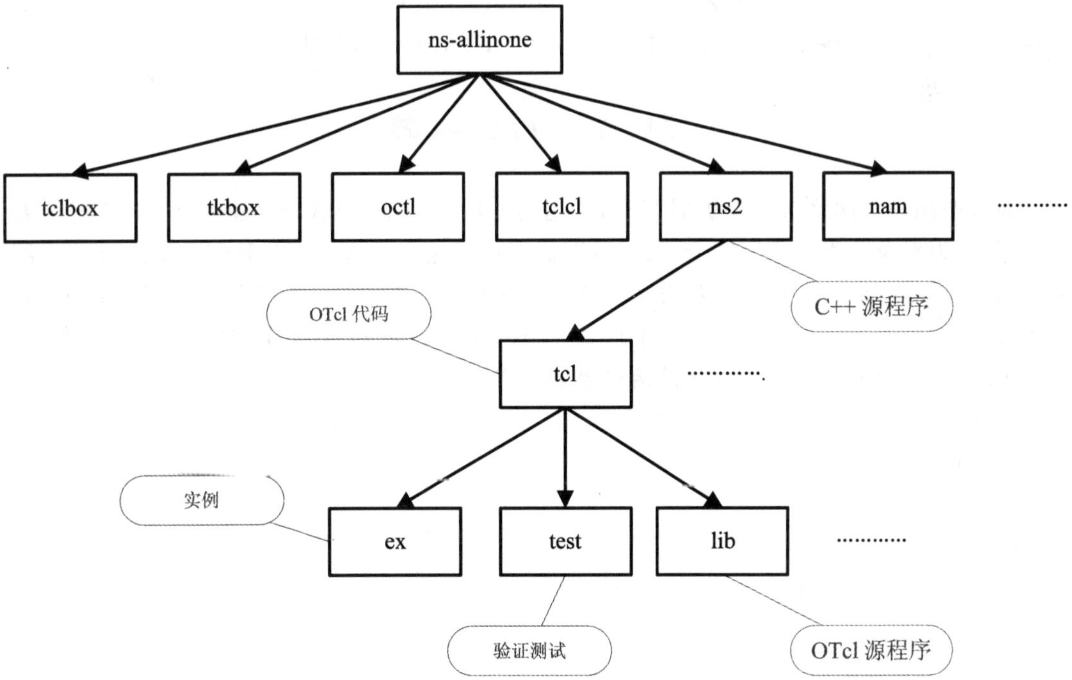

图 21.1　NS2 的目录结构

在图 21.1 的 NS2 目录结构中，目录 ns－allinone 中包含了模拟器的所有源程序(即C＋＋

和 OTcl 的源程序)、验证测试的 OTcl 脚本和一些实例。在这个目录下,所有的 OTcl 代码和测试脚本都位于子目录 tcl 下。大部分C++代码,除了和 WWW 相关的那部分代码以外,其他的主要包括执行事件调度器、基本网络组件对象的类代码都在 NS2 目录下。如果要执行 UDP 代理,就需要在目录“ns-allinone/ns-2”下打开文件“udp. h"和“udp. cc”以及所有包含 UDP 类和其父类的所有文件。

在子目录“lib”下包含 OTcl 源代码,这些源代码是 NS2 中基本应用的,如代理、节点、链路、数据包、地址、路由等,这一部分是用户和程序开发者访问最多的内容。值得注意的是,LAN,Web 和多播的源代码是放在另外一个独立的目录 tcl 中。下面介绍“ns-1/tcl/lib”目录下部分文件的功能。

(1)ns-lib. tcl　类 simulator 和除了 LAN,Web 和多播以外的类 simulator 的大多数成员函数。

(2)ns-default. tcl　各种网络组件的默认配置参数都在此文件中。由于大多数网络组件是用C++编写的,它们的配置参数实际上就是C++变量通过 OTcl 连接功能绑定的 OTcl 变量。

(3)ns-packet. tcl　包头基本格式的初始化。当创建一个新的包头时,应该在这个文件中进行包头注册,并对包头进行初始化,同时将新的头指针存入头指针的堆栈中并给出头指针在堆栈中的偏移地址。

(4)其他 OTcl 文件　在这个目录下的其他 OTcl 文件,主要包括组合网络对象的 OTcl 代码或者是C++中的网络对象的控制部分。

子目录 tcl 下有两个子目录,分别是 ex 和 test,其中 ex 子目录主要是包括各种例子的模拟脚本,test 子目录主要包括各种在机器上安装 NS2 的验证模拟脚本。

21.2　OTcl 连接

通过增加一个网络对象来扩展 NS2,常用的方法是围绕着从C++建立到 OTcl 连接展开的,这是因为对象的类需要用C++来编写以提高执行速度。这一小节我们主要通过一个例子来说明C++/OTcl 连接的建立方法。在这个例子中,创建一个名为“MyAgent”的代理,但这个代理本身并不实现任何功能(即这个代理不创建包也不传输包)。下面的代码是“MyAgent”的C++源程序代码和链接对象的代码。

```
Class Myagent: public Agent {
public:
    Myagent( );
protected:
    int command(int argc, const char * const *  argv);
private:
    int my_val1:
    double my_val2;
    Void MyPrivFund(void);
};
```

```
Static class MyAgentClass : public TclClass {
public:
    MyAgentClass( ) : TclClass("Agent/MyAgentOtck") { }
    TclObject * create {int, const char * const * } {
        Return(new MyAgent( ));
    }
} class_my_agent;
```

21.2.1　将 C++的类传递给 OTcl

假设在C++中创建了一个新的网络对象类，这个类是源自 MyAgent 类，并且希望在 OTcl 中创建这个对象的一个实例。为了实现上述功能，需要建立一个连接对象，我们定义为 MyAgentClass，该对象继承于 TclClass。这个连接对象创建了一个具有特定名称的 OTcl 对象(在此例子中就是 Agent/MyAgentOtcl)，并且创建一个 OTcl 对象和C++对象之间的一个连接(在此例中就是 MyAgent)，实例的创建过程在"create"成员函数中。

```
MyAgent::MyAgent( ):Agent(PT_UDP){
    Bind("my_var1_otcl",&my_var1);
    Bind("my_var2_otcl",&my_var2);
}
```

在 MyAgent 构造函数中的 bind 函数是在对象的实例创建时用来绑定的，NS2 对 5 种不同的变量类型而言有 4 种不同的绑定函数，它们分别是：

- bind( )　实型或者整型变量；
- bind_time( )　时间变量；
- bind_bw( )　带宽变量；
- bind_bool( )　布尔型变量。

因此，用户使用 OTcl 设计和运行一个仿真过程可以改变和访问在C++中网络组件的配置参数(或者变量)。需要注意的是，如果要导出C++变量，可以先在文件~ns/tcl/lib/ns-lib. tcl 中定义，否则在创建新对象的实例时会出现提示信息。

21.2.2　将 C++对象的控制命令传递给 OTcl

在将C++对象变量导出的过程中，同时需要将C++对象的控制也传递给 OTcl，这是由C++对象中的 command 成员函数来完成的，也就是 OTcl 命令的解释器。代码如下：

```
Int MyAgent::command(int argc, const char * const * argv) {
    If(argc == 2) {
        If(strcmp(argv[1],"call-my-priv-func") == 0){
            MyPrivFunc( );
            Return(TCL_OK);
        }
    }
    Return(Agent::command(argc,argv));
```

}

这段程序代码是 OTcl 命令的解释器。当在 OTcl 空间中创建和 MyAgent 对象对应的 OTcl 影子实例时(即 set myagent [new Agent/MyAgentOtcl]),用户试图调用这个对象的成员函数(即 $ myagent call - my - priv - func),在 OTcl 中查找给定的成员函数的名字。如果找不到,就会调用 MyAgent::command 代替所调用 OTcl 的成员函数。如果被调用的 OTcl 成员函数在 command 成员函数中已经定义过了,那么就执行其功能并返回结果。否则,就递归调用其父对象的 command 函数,直到该成员函数被找到为止。如果此成员函数在所有的父类中都没有找到,就会返回一个错误信息。

21.2.3 在 C++中执行 OTcl 命令

正如在C++中执行网络对象一样,用户同样希望从C++对象中执行 OTcl 命令,下面一段代码是 MyAgent 的成员函数 MyPrivFunc 的实现,其功能是创建 OTcl 解释器并打印私有成员变量 my_var1 和 my_var2 的值。

```
Void MyAgent::MyPrivFunc(void) {
      tcl& tcl = Tcl::instance( );
      tcl. eval("puts "Message From MyPrivFunc"");
      tcl. evalf("puts "      my_var1 = %d"", my_var1);
      tcl. evalf("puts "      my_var1 = %f"", my_var2);
}
```

这个例子的C++完整源代码如下,我们定义其文件名为“ex - linkage. cc”。

```
// Example of a aimple and dull Agent that
// illustrates the use of OTcl linkages

#include <stdio. h>
#include <string. h>
#include "agent. h"

class MyAgent : public Agent {
public:
    MyAgent( );
protected:
    int command(int argc, const char * const *  argv);
private:
    int my_var1;
    double my_var2;
    void MyPrivFunc(void);
};

static class MyAgentClass : public TclClass {
```

```
public:
    MyAgentClass( ) : TclClass("Agent/MyAgentOtcl") { }
    TclObject * create(int, const char * const * ) {
        return(new MyAgent( ));
    }
} class_my_agent;

MyAgent::MyAgent( ) : Agent(PT_UDP) {
    bind("my_var1_otcl", &my_var1);
    bind("my_var2_otcl", &my_var2);
}

int MyAgent::command(int argc, const char * const * argv) {
    if(argc == 2) {
        if(strcmp(argv[1], "call-my-priv-func") == 0) {
            MyPrivFunc( );
            return(TCL_OK);
        }
    }
    return(Agent::command(argc, argv));
}

void MyAgent::MyPrivFunc(void) {
    tcl& tcl = Tcl::instance( );
    tcl.eval("puts "Message From MyPrivFunc"");
    tcl.evalf("puts " my_var1 = %d"", my_var1);
    tcl.evalf("puts " my_var2 = %f"", my_var2);
}
```

Tcl 的脚本文件如下，我们定义文件名为："ex-linkage.tcl".

```
#Create MyAgent (This will give two warning messages that
# no default vaules exist my_var1_otcl and my_var2_otcl)
set myagent [new Agent/MyAgentOtcl]

#Set configurable parameters of MyAgent
$ myagent set my_val1_otcl 2
$ myagent set my_val2_otcl 3.14

#Give a command to MyAgent
$ myagent call-my-priv-func
```

21.2.4 编译，运行和测试 MyAgent

到此为止，利用 MyAgent 这个例子已经说明 Tcl 链接的基本作用，按照下面步骤就可以对 MyAgent 进行编译、运行和测试。

(1)将文件 ex－linkage. cc 放在文件夹“ns－2”下面。

(2)打开 makefile，在对象文件的列表后面增加“ex－linkage. o”。

(3)用 make 重新编译 ns。

(4)用 ns ex－linkage. tcl 运行 ex－linkage. tcl 脚本文件。

运行结果如下：

```
warning: no class variable Agent/MyAgentOtcl::my_val1_otcl
        see tcl-object.tcl in tclcl for info about this warning.
warning: no class variable Agent/MyAgentOtcl::my_var2_otcl
Message From MyPrivFunc
My_var1 = 2
My_var2 = 3.140000
```

第 22 章　NS2 扩展的基本方法

为了更好地说明如何新增或者修改 NS2 模块，本章通过一个简单易行的方法和完整实例说明其实现的基本步骤与方法。

22.1　NS2 扩展的基本步骤

对 NS2 进行扩展的基本步骤如下：

(1)编写实现用户功能的文件，包括 *.cc 和 *.h。

(2)如果需要进行初始设定，则修改 ns-default.tcl 文件。

(3)修改 Makefile 文件，将用户的目标文件增加到 makefile 文件中的对象列表中。

(4)重新编译。

(5)测试模块。

22.2　NS2 扩展的简单实例

为了能使读者尽快掌握 NS2 的扩展方法，我们先从修改 NS2 核心模块名开始进行练习，即将 NS2 中已有的文件，改成其他的名字，来了解每个文件的功能。具体步骤如下(本例题以 NS2.29 为例)：

(1)打开 Cygwin 的命令窗口，进入 queue 的目录。命令为：

```
cd ns-allinone-2.29/ns-2.29/queue
```

(2)把文件 drop-tail.cc 和文件 drop-tail.h 分别拷贝到文件 myfifo.cc 和 myfifo.h 中，即实现了文件名称的改变。命令如下：

```
cp drop-tail.cc myfifo.cc
cp drop-tail.h myfifo.h
```

(3)使用文字编辑软件修改 myfifo.h 和 myfifo.cc，具体的修改内容如下：

1)先修改 myfifo.h，将文件中所用的 DropTail 用 myfifo 替换，另外，把 drop_tail 改成 myfifo，修改后的文件清单如下：

```
#ifndef ns_myfifo_h
#define ns_myfifo_h

#include <string.h>
#include "queue.h"
#include "config.h"
```

```
/*
 * A bounded, drop-tail queue
 */
class myfifo : public Queue {
public:
myfifo( ) {
    q_ = new PacketQueue;
    pq_ = q_;
    bind_bool("drop_front_", &drop_front_);
    bind_bool("summarystats_", &summarystats);
    bind_bool("queue_in_bytes_", &qib_); // boolean: q in bytes?
    bind("mean_pktsize_", &mean_pktsize_);
    //_renamed("drop-front_", "drop_front_");
}
    ~myfifo( ) {
        delete q_;
    }
protected:
    void reset( );
    int command(int argc, const char * const * argv);
    void enque(Packet *);
    Packet * deque( );
    void shrink_queue( ); // To shrink queue and drop excessive
                          //packets.
    PacketQueue *q_; /* underlying FIFO queue */
    int drop_front_; /* drop-from-front (rather than from tail) */
    int summarystats;
    void print_summarystats( );
    int qib_; /* bool: queue measured in bytes? */
    int mean_pktsize_; /* configured mean packet size in bytes */
};

#endif
```

2)再修改 myfifo.cc,同样将文件中所有的 DropTail 替换成 myfifo,另外,把 drop_tail 改成 myfifo,把 drop-tail 改成 myfifo。修改后的程序清单如下:

```
#include "myfifo.h"
```

```
static class myfifoClass : public TclClass {
  public:
    myfifoClass( ) : TclClass("Queue/myfifo") { }
    TclObject * create(int, const char * const * ) {
        return (new myfifo);
    }
} class_myfifo;

void myfifo::reset( )
{
    Queue::reset( );
}

int myfifo::command(int argc, const char * const * argv) {
if (argc==2) {
    if (strcmp(argv[1],"printstats") == 0) {
        print_summarystats( );
        return (TCL_OK);
    }
    if (strcmp(argv[1], "shrink-queue") == 0) {
        shrink_queue( );
        return (TCL_OK);
    }
}
if (argc == 3) {
    if (! strcmp(argv[1], "packetqueue-attach")) {
        delete q_;
        if (! (q_ = (PacketQueue * ) TclObject::lookup(argv[2])))
        return (TCL_ERROR);
        else {
            pq_ = q_;
            return (TCL_OK);
        }
    }
}
return Queue::command(argc,argv);
}

/*
```

```
 * drop-tail
 */
void myfifo::enque(Packet * p)
{
    if (summarystats) {
        Queue::updateStats(qib_? q_->byteLength():q_->length());
    }

    int qlimBytes = qlim_ * mean_pktsize_;
    if ((! qib_ && (q_->length()+1) >= qlim_) ||
    (qib_ && (q_->byteLength() + hdr_cmn::access(p)->size()) >=
qlimBytes)){
        // if the queue would overflow if we added this packet...
        if (drop_front_) { /* remove from head of queue */
        q_->enque(p);
        Packet *pp = q_->deque();
        drop(pp);
    } else {
        drop(p);
    }
    } else {
        q_->enque(p);
    }
}

//AG if queue size changes, we drop excessive packets...
void myfifo::shrink_queue()
{
    int qlimBytes = qlim_ * mean_pktsize_;
    if (debug_)
        printf("shrink-queue: time %5.2f qlen %d, qlim %d\n",
    Scheduler::instance().clock(),
    q_->length(), qlim_);
    while ((! qib_ && q_->length() > qlim_) ||
    (qib_ && q_->byteLength() > qlimBytes)) {
        if (drop_front_) { /* remove from head of queue */
            Packet *pp = q_->deque();
            drop(pp);
        } else {
```

```
                Packet *pp = q_->tail( );
                q_->remove(pp);
                drop(pp);
            }
        }
}

Packet* myfifo::deque( )
{
        if (summarystats && &Scheduler::instance( ) ! = NULL) {
            Queue::updateStats(qib_? q_->byteLength( ):q_->length( ));
        }
        return q_->deque( );
}

void myfifo::print_summarystats( )
{
        //double now = Scheduler::instance( ).clock( );
        printf("True average queue: %5.3f", true_ave_);
        if (qib_)
            printf(" (in bytes)");
            printf(" time: %5.3f\n", total_time_);
}
```

3)修改 ns-default.tcl 文件,设定初始值。

①进入目录 ns-allinone-2.29/ns-2.29/tcl/lib/;

②使用文字编辑软件打开 ns-default.tcl;

③使用查找功能将光标定位在 Queue/DropTail,并对 DropTail 设定初始值。

④同样为 Queue/myfifo 设定相同的初始值。

程序代码如下:

```
......
Queue/DropTail set drop_front_ false
Queue/DropTail set summarystats_ false
Queue/DropTail set queue_in_bytes_ false
Queue/DropTail set mean_pktsize_ 500

Queue/myfifo set drop_front_ false
Queue/myfifo set summarystats_ false
Queue/myfifo set queue_in_bytes_ false
```

```
Queue/myfifo set mean_pktsize_ 500
......
```

4)修改 Makefile,把 myfifo. o 加入到对象列表中,并重新编译。

①使用文字编辑软件打开 ns - allinone - 2. 29/ns - 2. 29 目录下的 Makefile。

②使用查找功能定位到 drop - tail. o。

③在 drop - tail. o 后面加上 queue/myfifo。

程序代码如下:

```
......
tools/flowmon. o tools/loss - monitor. o \
queue/queue. o queue/drop - tail. o queue/myfifo. o \
adc/simple - intserv - sched. o queue/red. o \
......
```

5)使用"make"命令重新编译。

第 23 章　增加新的应用和代理

23.1　目　　标

本章的主要目的是在 UDP 连接上模拟建立一个假设的多介质应用实现，该实现为利用"五种不同介质的缩放比例值"通过改变编码、改变与缩放参数有关的成对传输机制来响应网络拥塞。

23.2　应用描述

假设连接已经建立，发送方和接收方都允许和 5 个比例值有关的 5 个不同的编码和成对传输机制。为了简化起见，同时为每个成对编码传输机制设置一个常数的传输率，而且不论是哪一种编码方案，每一对传输的包的大小都是相同的。

"五种不同介质的缩放比例值"的工作原理如下：发送方开始的传输率和比例 0 相关联，然后根据接收方的比例值改变传输率。接收方在监视网络拥塞的同时决定比例值。对于拥塞监控，采用简单的定期包丢失监控，即一旦有一个包丢失了就认为是拥塞发生了。如果检测到网络拥塞，接收方降低比例值到一半，并且将当前值通告发送方。如果没有检测到包丢失，接收方对这个比例值每次加 1，并且通告发送方。

23.3　问题分析

这个应用执行之前，已经实现了 UDP 代理。由于 UDP 代理本身具有分配和发送数据包的功能，所以这个应用通信的所有信息都由 UDP 代理作为一个数据流来处理。但是，由于 UDP 代理只有一个包头堆栈，所以需要为 UDP 增加一个功能，使得 UDP 代理发送数据由这个应用来接收数据。同时，我们更希望利用这个功能来实现 IP 路由队列的管理机制。为此，我们需要寻找一种方法，将数据流的类型数据从其他数据流中分离出来，也就是说，修改 UDP 代理使其能够记录每个 IP 头的数据类型，目前的 UDP 代理中是不具备此功能的。

23.4　设计实现

我们采用 CBR 协议并修改它使其具备"五种不同介质的缩放比例值"的功能。首先检查 C++类的继承性，然后将这个应用的类定义为 MmApp，并且把它作为 Application 类的子类，那么和 OTcl 相对应的继承名是 Application/MmApp。发送方和接收方所实现的功能都在 MmApp 中。为了使得 UDP 代理支持 MmApp,我们定义 UDPMmAgent 作为 UdpAgent 的子类,对应的 OTcl 的继承名为 Agent/UDP/UDPmm。

1. MmApp 头

对这个应用的通信层而言,我们定义在C++中其头结构为 hdr_mm。当这个应用需要传递信息时,把此信息以 hdr_mm 结构的格式传递给 UdpMmAgent。然后,UdpMmAgent 分配一个或者多个包(根据模拟的数据包的大小)并且将数据写入每个包的包头。下面这段代码就是包头的定义,即包头的结构和包头类对象。MultimediaHeaderClass 是从 PacketHeaderClass 继承的,同时 OTcl 对应的包头的名称为 PacketHeader/Multimedia。需要注意的是,函数 bind_offset( )在这个类中是必须调用的。

```
// Multimedia Header Structure
Struct hdr_mm {
    int ack; // is it ack packet?
    int seq; // mm sequence number
    int nbytes; // bytes for mm pkt
    double time; // current time
    int scale; // scale(0-4) associated with data rates

    // Packet header access functions
    static int offset_;
    inline static int& offset( ) { return offset_; }
    inline static hdr_mm * access ( const Packet * p ) {
        return (hdr_mm * ) p->access(offset_);
    }
};

// Multimedia Header Class
Static class MultimediaHeaderClass : public PacketHeaderClass {
Public:
    MultimediaHeaderClass ( ) : PacketHeaderClass
                ("PacketHeader/Multimedia", sizeof(hdr_mm)) {
        bind_offset(&hdr_mm::offset);
    }
} class_mmhdr;
```

把以下这段代码加入“packet. h”文件中。

```
enum packet_t {
        PT_TCP,
        .......
        PT Multimedia,
        PT_NTYPE // This MUST be the LAST one
```

```
};
class p_info {
public:
        p_info( ) {
        name_[PT_TCP] = "tcp";
        ......
        name_[PT_Multimedia] = "Multimedia";
        name_[PT_NTYPE] = "undefined";
        }
        ......
};
```

把下面这段代码加入“ns - packet. tcl”文件中。

```
foreach prot {
     AODV
     ......
     Multimedia
}
{
     add - packet - header  $ prot
}
```

将“Multimedia”头加入头堆栈中。到此为止，包头的创建过程完成了。UdpMmAgent 通过 hdr_mm::access( )成员函数访问新的包头。

2. MmApp Sender

发送方利用定时器来调度数据包的传输。SendTimer 类继承于 TimerHandler 类。成员函数 expire( )调用 MmApp 的成员函数 send_mm_pkt( )。这个对象的一个实例作为 MmApp 对象的私有成员 snd_timer_。下面这段代码是 SendTimer 的实现。

```
class SendTimer : public TimerHandler {
public:
     SendTimer(MmApp * t):TimerHandler( ), t_(t) { }
     inline virtual void expire(Event * );
protected:
     MmApp * t_;
};

void Sendtimer::expire(Event * )
{
     t_->send_mm_pkt( );
}
```

```
class MmApp:public Application {
public:
    MmApp( );
    ....
private:
    ...
    SendTimer snd_timer_;
    ....
};

MmApp::MmApp( ) :running_(0), snd_timer_(this), ack_timer_(this)
{
    bind_bw("rate0_", &rate[0]);
    ......
    bind_bw(rate4_", &rate[4]);
    bind("pktsize_", &pktsize_);
    bind_bool("random_", &random_);
}

void MmApp::send_mm_pkt( )
{
    hdr_mm Mh_buf;
    if(running_) {
      ......
      agent->sendmsg(pktsize_, (char *) &mh_buf); //send to UDP
      //Reschedule the send_pkt timer
      double next_time = next_snd_time( );
      if(next_time_>0) snd_timer_. resched(next_time_);
    }
}
```

在设置定时器之前，MmApp 利用和当前的比例值相关联的传输率重新计算下一次的传输时间以及在输入模拟脚本中给出的应用数据包的大小。当从接收方返回的 ACK 包到达 MmApp 的发送方时，修改比例参数。

3. MmApp Reciever

接收方使用的定时器为 ack_timer_，其作用是为了规划下一个应用的 ACK 包，该包的传输间隔和 RTT 的平均值相等。当接收到来自发送方的数据包时，接收方利用包的序列号计算接收到的数据包数量，同时也计算丢失包的数量。当 ack_timer_ 溢出超时，就调用 MmApp 的 send_ack_pkt 成员函数，根据收到的包的数量和丢失包的数量来调整比例值，并将接收和丢失包的数量重新置 0，发送带有比例值的 ACK 包。值得注意的是，接收方不具备建立连接和关闭连接的方法。因此,从接收到第一个包开始,接收方周期地不间断地发送 ACK 包。

4. UdpMmAgent

UdpMmAgent 是由 UdpAgent 修改后得到的,具有以下一些功能:①从 MmApp 写发送数据包的 MM 头信息;②重新汇编;③设置优先位。

5. 修改 agent. h

为了在 NS 环境中运行这个新的应用和代理,需要为 Agent 增加两个 public 方法。在 MmApp 的 command 成员函数中,定义了各为 attach - agent 的 OTcl 命令,当 OTcl 接收到此命令时,MmApp 要把它附加在它下层的代理上。在附加之前,调用它下层代理的 supportMM( )成员函数来检查下层的代理是否支持多媒体传输,如果支持,则还要调用 enableMM( )成员函数。即使这两个成员函数在类 UdpMmAgent 中已经定义了,但是如果在它的父类 Agent 中也没有定义,在 Agent 类中也要调用这两个成员函数。所以在编译时,如果直接编译就会出现错误信息。要解决此问题,只需在 Agent 类中将这两个成员函数添加为公共的成员函数即可。

```
class Agent: public Connector {
public:
    agent ( int pktType);
    ......
    virtual int supportMM( ) { return 0;}
    virtual void enableMM( )
    virtual void sendmsg(int nbytes, const char *flags =0);
    virtual void send(int nbytes){sendmsg(nbytes);}
    ......
}
```

6. 修改 app. h

需要在 Application 类中增加一个成员函数 recv_msg(int nbytes,const char *msg)。这个成员函数在 NS2 老版本中有,但是在 ns - 2. 1b8a 以后的版本中这个成员函数就被取消了,因此需要在 ns - 2. 1b8a 以后的版本中增加这个成员函数,代码如下:

```
class Application : public Process {
public:
    Appilcation( );
    virtual void send(int nbytes);
    virtual void recv(int nbytes);
    virtual void recv_msg(int nbytes, const char *msg = 0) { }
    virtual void resume( );
    ......
};
```

7. 在 ns - default. tcl 为新参数设置指定的值

在这个应用和代理的所有部分都实现后,最后就应在文件 ns - default. tcl 中为新的配置参数设置指定的值。代码如下:

```
......
Application /MmApp set rate0_ 0.3mb
Application /MmApp set rate1_ 0.6mb
Application /MmApp set rate2_ 0.9mb
Application /MmApp set rate3_ 1.2mb
Application /MmApp set rate4_ 1.5mb

Application /MmApp set pktsize_ 1000
Application /MmApp set random_ false
......
```

8. 编译

将这个应用的完整代码放在 ns-2.29 目录下。

(1)确定已经对 packet.h 和 ns-packet.tcl 进行修改,并将本应用的包头进行了注册。

(2)在 Agent 类中和 Agent.h 中增加 supportMM( )和 enableMM( )方法。

(3)在 app.h 中为 Application 类增加 recv_msg( )方法。

(4)在 ns-default.tcl 中为参数设置指定的值。

确保上述的 5 个步骤都已经完成后,修改 makefile 文件,在它的对象文件列表中增加 mm-app.o 和 udp-mm.o,并重新进行编译。同时在重新编译以前,先执行 make clean 和 make depend 命令。否则,新的应用有可能不传送任何包。在修改了 makefile 文件之后,重新编译之前,执行 make depend 是一个很好的解决方法。

9. 测试模拟

测试模拟的拓扑图如图 23.1 所示。

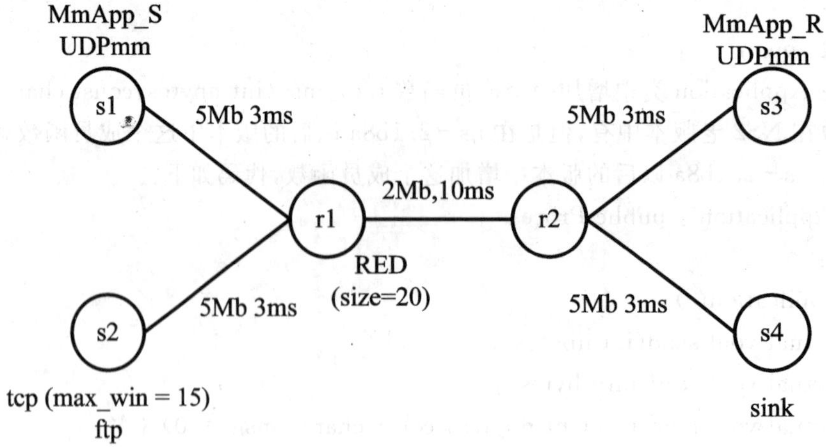

图 23.1 测试模拟的拓扑图

仿真脚本如下:

```
set ns [new Simulator]
```

```
#Define different colors for data flows
$ns color 1 Red
$ns color 2 Blue

#Open the nam trace file
set nf [open out.nam w]
set tf [open out.tr w]
$ns namtrace-all $nf
$ns trace-all $tf

#Define a 'finish' procedure
proc finish { } {
      global ns nf tf
      $ns flush-trace
      #Close the trace file
      close $nf
      close $tf
      #Execute nam on the trace file
      exec nam out.nam &
      exit 0
}

set node_(s1) [$ns node]
set node_(s2) [$ns node]
set node_(r1) [$ns node]
set node_(r2) [$ns node]
set node_(s3) [$ns node]
set node_(s4) [$ns node]

$ns duplex-link $node_(s1) $node_(r1) 5Mb 3ms DropTail
$ns duplex-link $node_(s2) $node_(r1) 5Mb 3ms DropTail
$ns duplex-link $node_(r1) $node_(r2) 2Mb 10ms RED
$ns duplex-link $node_(s3) $node_(r2) 5Mb 3ms DropTail
$ns duplex-link $node_(s4) $node_(r2) 5Mb 3ms DropTail

#Setup RED queue parameter
$ns queue-limit $node_(r1) $node_(r2) 20
Queue/RED set thresh_ 5
Queue/RED set maxthresh_ 10
```

```
            If (node == NULL) {
                tcl.add_errorf("Invalid node object %s", argv[2]);
                return TCL_ERROR;
            }
            if (node != n_) {
                tcl.add_errorf ("Node object %s different from n_", argv[2]);
                return TCL_ERROR;
            }
            n_->route_notify(this);
            return TCL_OK;
        }
    /* 下面语句的功能是从通知路由更新链表中删除该 PEP 路由模块 */
    if (strcmp(argv[1], "unreg-route-notify") == 0) {
        Node *node = (Node *)(TclObject::lookup(argv[2]));
        if (node == NULL) {
          tcl.add_errorf("Invalid node object %s", argv[2]);
          return TCL_ERROR;
        }
        if (node != n_) {
          tcl.add_errorf("Node object %s different from n_", argv[2]);
          return TCL_ERROR;
        }
        n_->unreg_route_notify(this);
        return TCL_OK;
    }
  }
  return (RoutingModule::command(argc, argv));
}
```

4)将文件 classifier-pep.h 和 classifier-pep.cc 拷贝到文件夹 ns-2.29\classifier 中，这两个文件实现了 PEP 结点分类器中的功能：接收数据包（从源端）或 ACK 信号（从目的端）及其相应的处理过程。

(5)修改 ns-2.29\makefile 文件：

在源标准文件 160 行左右的位置加入语句：

classifier/classifier-pep.o \

在源标准文件 390 行左右的位置加入语句：

tcl/lib/ns-pep.tcl\

(6)在终端中进到文件夹 ns-2.29 下，运行 make 命令，重新编译 ns 。

25.2　实例 2:Internet 主动式队列管理机制

当前的队列管理算法可以分为两大类:被动式队列管理(Passive Queue Management, PQM)和主动式队列管理(Active Queue Management, AQM)。管理路由器队列长度的传统技术是对每个队列设置一个最大值(以包为单位),然后接收包进入队列,直到队列长达到最大值,接下来到达的包就会被拒绝进入队列,直到队列的长度下降。这种技术也就是所谓的"去尾"(Drop-tail)算法。虽然这个方法在当前 Internet 上得到了广泛的使用,但其存在几个重大缺陷,其中之一就是全局同步(Global Synchronization)问题。由于 Internet 上数据(Traffic)的突发性(Burstiness),到达路由器的包也往往是突发的。如果队列是满的或者几乎是满的,就会导致在短时间内连续大量地丢包。而 TCP 流具有自适应特性(Adaptiveness),来源端发现包丢失就急剧地减小发送窗口(Congestion Window),包到达速率就会迅速下降,于是网络拥塞得以解除,但来源端得知网络不再拥塞后又开始增加发送速度,最终又造成网络拥塞,而且这种现象常常会周而复始地进行下去,从而在一段时间内网络处于网络利用率(Network Utilization)非常低下,降低了整体吞吐量(Throughput),这就是所谓地"TCP 全局同步"现象。

而本小节最主要的目的就是要利用 NS2 把全局同步的现象展现出来。

25.2.1　网络拓扑结构

网络拓扑结构如图 25.2 所示。

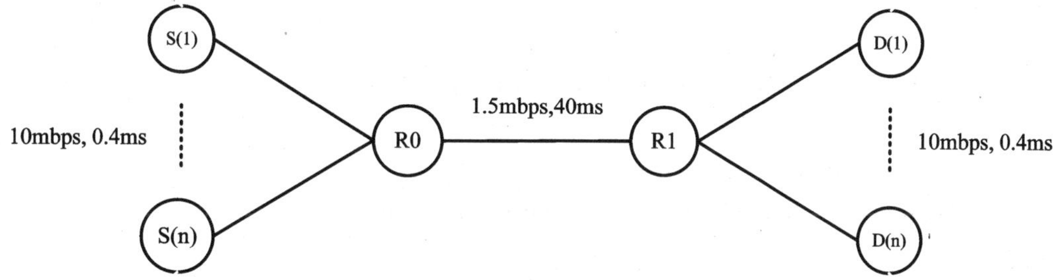

图 25.2　网络拓扑图

25.2.2　Tcl 脚本文件

```
#number of connections
set n_con 2

#Create a simulator object
set ns [new Simulator]

#Define a "finish" procedure
proc finish {output_} {
    upvar $output_ output
```

```
    global ns n_con
    for {set i 0} { $i < $n_con} {incr i} {
        close $output( $i)
    }
    $ns flush-trace
    exit 0
}

proc record {tcp_ output_} {
    upvar $tcp_ tcp
    upvar $output_ output
    global ns n_con
    # Set the time after which the procedure should be called again
    set time 0.02
    # Get the current time
    set now [ $ns now]

    for {set i 0} { $i < $n_con} {incr i} {
        puts $output( $i) " $now [ $tcp( $i) set cwnd_]"
    }

    puts " $now cwnd_=[ $tcp(0) set cwnd_]"

    # Re-schedule the procedure
    $ns at [expr $now+ $time] "record tcp output"
}

# Create four nodes
set r0 [ $ns node]
set r1 [ $ns node]

# Create links between the nodes
$ns duplex-link $r0 $r1 1.5Mb 40ms DropTail

# Set Queue Size of link (r0-r1) to 20
$ns queue-limit $r0 $r1 20

for {set i 0} { $i < $n_con} {incr i} {
    set s( $i) [ $ns node]
```

```
    set d( $ i) [ $ ns node]
    $ ns duplex - link $ s( $ i) $ r0 10Mb 0.4ms DropTail
    $ ns duplex - link $ r1 $ d( $ i) 10Mb 0.4ms DropTail
    set output( $ i) [open output $ i.ns w]
}

for {set i 0} { $ i < $ n_con} {incr i} {
    set tcp( $ i) [new Agent/TCP]
    set sink( $ i) [new Agent/TCPSink]
    $ ns attach - agent $ s( $ i) $ tcp( $ i)
    $ ns attach - agent $ d( $ i) $ sink( $ i)
    $ ns connect $ tcp( $ i) $ sink( $ i)
    $ tcp( $ i) set fid_ $ i
    $ tcp( $ i) set window_ 128
    $ tcp( $ i) set packetSize_ 512

    # Setup a FTP over TCP connection
    set ftp( $ i) [new Application/FTP]
    $ ftp( $ i) attach - agent $ tcp( $ i)
    $ ftp( $ i) set type_ FTP
}

# Schedule events for the FTP agents
$ ns at 0.0 "record tcp output"
$ ns at 0.0 " $ ftp(0) start"
for {set i 0} { $ i < $ n_con} {incr i} {
$ ns at 0.0 " $ ftp( $ i) start"
}

$ ns at 30.0 "finish output"

# Run the simulation
$ ns run
```

25.2.3 实验结果

(1)当只有两条数据流时,两条 TCP 发送窗口的变化情况。从下图可看出,两条 TCP 流的发送窗口在约 15s 以后,变化情况就一致了。

(2)当有四条数据流时,四条 TCP 发送窗口的变化情况。变化情况如同两条 TCP 流,只不过一致的时间提早了。如图 25.4 所示。

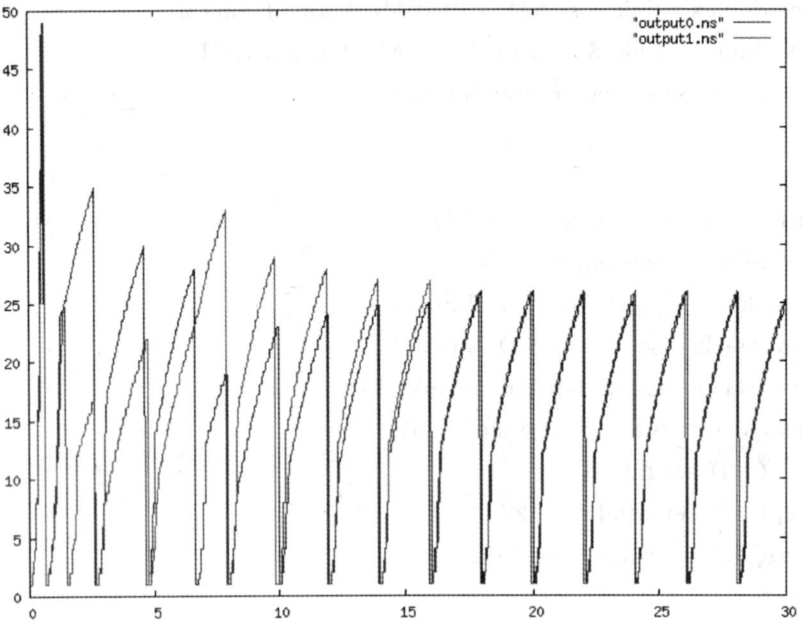

图 25.3　实验结果显示图(1)

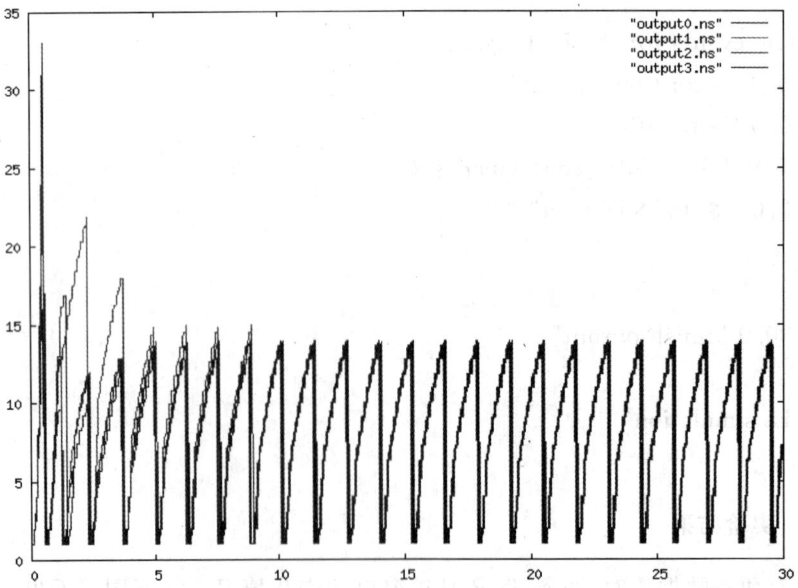

图 25.4　实验结果显示图(2)

25.3 实例 3:UDP 协议下的数据测量

在本节中,将介绍如何在 NS2 核心中通过新增模块,在 UDP 传输协议下测量 One Way Delay (OWD),IP Delay Variance (IPDV,或是 Jitter)和 Packet Loss 数量等。使用这个方法的好处就是当模拟结束后,所需要的数据就直接存放到文件内,然后就可以直接进行分析。

我们所采用的方法是在包的接收端查看包头内的信息以计算出 OWD,IPDV,或者是 Packet Loss 数量,其中最重要的信息就是 Sending Time(传送时间)和 Sequence Number(包的序列号)。Sending Time 可以用来计算出 OWD 和 IPDV,计算的方式如下:

One Way Delay = 接收时间 - 传送时间

IPDV = 目前测量到的 OWD - 上一次测量到的 OWD

而 Packet Loss 数量则可以由包的序列号的不连续性来计算,每一个包在传送端发送前,传送端都会给包一个序号,序号是连续的,因此若是在接收端发现序号有不连续的现象发生,则可视为有丢包出现(注意:这里不考虑乱序的情况)。

25.3.1 方法

在 NS2 中,在 RTP 表头中已经有表示包顺序号的字段。目前第一步要做的就是去增加一个 Sending Time 的字段,并且当包在发送端发送时,把发送时间记录到此字段内。

新增字段 sendtime_记录到 packet common header 内 (修改 common/packet. h),程序代码如下:

```
struct hdr_cmn {
    enum dir_t { DOWN= -1, NONE= 0, UP= 1 };
    packet_t ptype_; // packet type (see above)
    int size_; // simulated packet size
    int uid_; // unique id
    int error_; // error flag
    int errbitcnt_; // # of corrupted bits jahn
    int fecsize_;
    doublets_; // timestamp: for q-delay measurement
    int iface_; // receiving interface (label)
    dir_tdircction_; // direction: 0=none, 1=up, -1=down
    double sendtime_; // 新增的 sendtime_字段
    ......
    inline int& addr_type( ) { return (addr_type_); }
    inline int& num_forwards( ) { return (num_forwards_); }
    inline int& opt_num_forwards( ) { return (opt_num_forwards_); }
    //monarch_end
    inline double& sendtime( ) { return (sendtime_); }
}
```

(1)当 UDP 传送包时,把当前的时间写入 sendtime 这个字段(修改 apps/udp. cc),程序代码如下:

```
void UdpAgent::sendmsg(int nbytes, AppData * data, const char * flags)
{
    ......
    double local_time = Scheduler::instance( ). clock( );
    while (n-- > 0) {
        p = allocpkt( );
        hdr_cmn::access(p)->size( ) = size_;
        hdr_rtp * rh = hdr_rtp::access(p);
        rh->flags( ) = 0;
        rh->seqno( ) = ++seqno_;
        hdr_cmn::access(p)->timestamp( ) = (u_int32_t)(SAMPLERATE * local_time);
        hdr_cmn::access(p)->sendtime_ = local_time;
        // add "beginning of talkspurt" labels (tcl/ex/test-rcvr. tcl)
        if (flags && (0 == strcmp(flags, "NEW_BURST"))) {
            rh->flags( ) |= RTP_M;
            p->setdata(data);
            target_->recv(p);
        }
    n = nbytes % size_;
    if (n > 0) {
        p = allocpkt( );
        hdr_cmn::access(p)->size( ) = n;
        hdr_rtp * rh = hdr_rtp::access(p);
        rh->flags( ) = 0;
        rh->seqno( ) = ++seqno_;
        hdr_cmn::access(p)->timestamp( ) = (u_int32_t)(SAMPLERATE * local_time);
        hdr_cmn::access(p)->sendtime_ = local_time;
        // add "beginning of talkspurt" labels (tcl/ex/test-rcvr. tcl)
        if (flags && (0 == strcmp(flags, "NEW_BURST")))
            rh->flags( ) |= RTP_M;
        p->setdata(data);
        target_->recv(p);
    }
    idle( );
}
```

(2)在 tools 的目录内,新增 mymeasure. h 和 mymeasure. cc,mymeasure. h 的内容如下:

```
#include <tclcl. h>
```

```
#include <stdio.h>
#include "agent.h"
#include "config.h"
#include "packet.h"
#include "ip.h"
#include "rtp.h"

class mymeasure : public Agent {
public:
    mymeasure( );
    virtual int command(int argc, const char * const * argv);
    virtual void recv(Packet * pkt, Handler * );
protected:
    int nlost_;          //丢包的数量
    int npkts_;          //接收到的包数量
    int expected_;
    int bytes_;          //接收到的包总长度(bytes)
    int seqno_;          //包的序列号
    double last_packet_time_;    //上一次包的接收时间

    char buf[100];
    FILE  * pFile;
    double now;
    double sum_ipdv_;        //jitter 总和,可以用来算 average jitter
    double sum_owd_;         //one way delay 总和,可以用来算 average
                             //owd
    double current_owd_;  //目前所测量到的 one way delay 值
    double current_ipdv_; //目前所测量到的 jitter 值
    double min_owd_;      //最小的 one way delay 值
    double previous_owd_; //上一次测量到的 one way delay 值
};
```

Mymeasure.cc 的内容如下:

```
#include <tclcl.h>
#include "agent.h"
#include "config.h"
#include "packet.h"
#include "ip.h"
#include "rtp.h"
```

```
#include "mymeasure.h"

static class mymeasureClass:public TclClass {
public:
    mymeasureClass( ): TclClass("Agent/mymeasure") { }
    TclObject * create(int, const char * const * ) {
        return (new mymeasure( ));
    }
} class_mymeasure;

Mymeasure::mymeasure( ):Agent(PT_NTYPE)
{
    bytes_ = 0;
    nlost_ = 0;
    npkts_ = 0;
    expected_ = -1;
    last_packet_time_ = 0。;
    seqno_ = 0;

    sum_ipdv_= 0;
    sum_owd_= 0;
    current_owd_= 0;
    current_ipdv_= 0;
    previous_owd_= 0;
    min_owd_= 100000000;

    bind("nlost_", &nlost_);
    bind("npkts_", &npkts_);
    bind("bytes_", &bytes_);
    bind("lastPktTime_", &last_packet_time_);
    bind("expected_", &expected_);
}

void mymeasure::recv(Packet * pkt, Handler * )
{
    hdr_rtp * p = hdr_rtp::access(pkt);
    seqno_ = p->seqno( );
    bytes_ += hdr_cmn::access(pkt)->size( );
    ++npkts_;
```

```
    now = Scheduler::instance( ). clock( );

    //计算 One Way Delay
    current_owd_ = (Scheduler::instance( ). clock( ) - hdr_cmn::access(pkt) - >sendtime_);

    //检查测量到的 owd 是否是最小值
    if (current_owd_<min_owd_)
       min_owd_ = current_owd_;

    sum_owd_ + = current_owd_; // one way delay 总和,可以用来计算 average owd

    if (previous_owd_! =0){ //Jitter
        ipdv = |current_owd_ - previous_owd_|
        if (previous_owd_<current_owd_)
            current_ipdv_ = (current_owd_ - previous_owd_);
        else
            current_ipdv_ = (previous_owd_ - current_owd_);

        sum_ipdv_ + = current_ipdv_; //ipdv 总和,可以用来计算 average ipdv (Jitter)
    }
    previous_owd_ = current_owd_; //在这里,只把 one way delay
                                  //的信息写到文件内。若是有不同
                                  //的需要,可以参照下面这行程序
                                  //把所需的数据写到文件
    fprintf(pFile, "%0.1f %0.1f\n", now * 1000, current_owd_ * 1000);
                                  //检查包是否有丢失

    if (expected_ >= 0) { //从包序列号的不连续性,就可以得知是否有包丢失
        int loss = seqno_ - expected_;
        if (loss > 0) {
            nlost_ + = loss;
            Tcl::instance( ). evalf("%s log - loss", name( ));
        }
    }
    last_packet_time_ = Scheduler::instance( ). clock( );
    expected_ = seqno_ + 1;
    Packet::free(pkt);
}
```

```
int mymeasure::command(int argc, const char * const *  argv)
{
    if (strcmp(argv[1],"clear") == 0) {
        expected_ = -1;
        return (TCL_OK);
    }

//设定文件名
    if (strcmp(argv[1], "set_filename") == 0) {
        strcpy(buf,argv[2]);
        pFile = fopen(buf, "w");
        return (TCL_OK);
    }
//关闭文件
    if (strcmp(argv[1], "close_file") == 0) {
        fclose(pFile);
        return (TCL_OK);
    }
    return (Agent::command(argc, argv));
}
```

3. 修改 ns-default. tcl 文件,把下面的程序代码加入:

```
Agent/mymeasure set nlost_ 0
Agent/mymeasure set npkts_ 0
Agent/mymeasure set bytes_ 0
Agent/mymeasure set lastPktTime_ 0
Agent/mymeasure set expected_ 0
```

(4)在 Makefile 内把 tools/mymeasure. o 加入 OBJ_CC 内。

(5)重新 Make。

(6)测试。下面的程序代码是用来测试 One Way Delay 的。

```
set ns [new Simulator]

set testTime 85.0

set s [$ns node]
set d [$ns node]

$ns duplex-link $s $d 10Mb 5.5ms DropTail
```

```
set udp [new Agent/UDP]
 $ ns attach - agent  $ s  $ udp
set cbr [new Application/Traffic/CBR]
 $ cbr attach - agent  $ udp
 $ cbr set packet_size_ 1000
 $ udp set packetSize_ 1000
 $ cbr set rate_ 1000000
set null [new Agent/mymeasure]
 $ ns attach - agent  $ d  $ null
 $ ns connect  $ udp  $ null
 $ null set_filename owd_flow0

proc finish { } {
     global ns
     exit 0
}

 $ ns at 0.0 " $ cbr start"
 $ ns at  $ testTime " $ cbr stop"
 $ ns at  $ testTime " $ null close_file"
 $ ns at [expr  $ testTime + 1.0] "finish"

 $ ns run
```

上述程序执行结束后,会产生一个文件 owd_flow( ),里面纪录了每个包的 one - way - delay,即

```
6.3 6.3
14.3 6.3
22.3 6.3
30.3 6.3
38.3 6.3
46.3 6.3
54.3 6.3
62.3 6.3
70.3 6.3
78.3 6.3
……
```

由于测试的程序是 CBR,所以所有的数据都是 6.3ms(包含了 5.5ms 的传输延时和包被节点处理时间)。

25.4 实例 4:在 NS2 中增加计算网络流量模块

在本节中将介绍如何在 NS2 中增加测量实际网络流量的功能。

25.4.1 方法

在 NS2 仿真软件中,NS2 提供了一种类型的应用程序为 Traffic Trace,它可以读取使用者所提供的信息,然后产生出对应的包。在使用 Traffic Trace 时,需要使用者提供一个二进制的文件(Binary File),里面包含了两个字段的数据,第一个字段的数据是 inter - packet time,单位是 us (10^{-6}s);第二个字段是包的大小,若是第二个字段的值大于网络仿真环境中 UDP 包的最大值,则所提供的值就会被切割成许多包,然后在同一时间发送出去。例如,提供的值是 2050,而 UDP 的 packetSize_是设为 1000,则会产生三个包(1 000B,1 000B,50B)并且会在同一时间送出。

下面是一个 Traffic Trace 的应用例子。

25.4.2 Tcl 脚本文件

```
set ns [new Simulator]

set nf [open out. nam w]
$ns namtrace-all $nf

# generate the sending node:
set send_node [$ns node]

# generate the routers:
set router_node_1 [$ns node]
set router_node_2 [$ns node]

# generate the receiving node:
set recv_node [$ns node]

# define the links between the nodes:
$ns duplex-link $send_node $router_node_1 1Mb 10ms DropTail
$ns duplex-link $router_node_1 $router_node_2 1Mb 10ms DropTail
$ns duplex-link $router_node_2 $recv_node 1Mb 10ms DropTail

# set the maximal queue lengths of the routers:
$ns queue-limit $router_node_1 $router_node_2 10
$ns queue-limit $router_node_2 $recv_node 10
```

```
# define the source
set udp [new Agent/UDP]
$ns attach-agent $send_node $udp

# define the destination:
set snk [new Agent/Null]
$ns attach-agent $recv_node $snk

$ns connect $udp $snk

# generate the video trace file ("Verbose_Jurassic_64.dat" is only an 例 3):
set original_file_name Verbose_Jurassic_64.dat
set trace_file_name video.dat
set original_file_id [open $original_file_name r]
set trace_file_id [open $trace_file_name w]

set last_time 0

while ([eof $original_file_id] == 0) {
    gets $original_file_id current_line
    if ([string length $current_line] == 0 ||
        [string compare [string index $current_line 0] "#"] == 0) {
            continue
    }
    scan $current_line "%d%s%d" next_time type length
    set time [expr 1000 * ($next_time - $last_time)]
    set last_time $next_time

    puts -nonewline $trace_file_id [binary format "II" $time $length]
}

close $original_file_id
close $trace_file_id

# set the simulation end time:
set end_sim_time [expr 1.0 * $last_time/1000 + 0.001]

# read the video trace file:
```

```
set trace_file [new Tracefile]
$trace_file filename $trace_file_name
set video [new Application/Traffic/Trace]
$video attach-agent $udp
$video attach-tracefile $trace_file

# start the simulation:
$ns at 0.0 "$video start"

# stop the simulation:
$ns at $end_sim_time "finish"

proc finish { } {
    global ns nf
    $ns flush-trace
    close $nf
    exec nam out.nam &
    exit 0
}

$ns run
```

25.5 实例 5:建立 Agent 以计算传输时间

本节主要是介绍如何计算两个节点间的传输响应时间,并将之显示于 Console Mode 之下。假设两个节点之间为直接连接,中间不经过其他节点转发包。

仿真连接时,显示画面如图 25.5 所示。

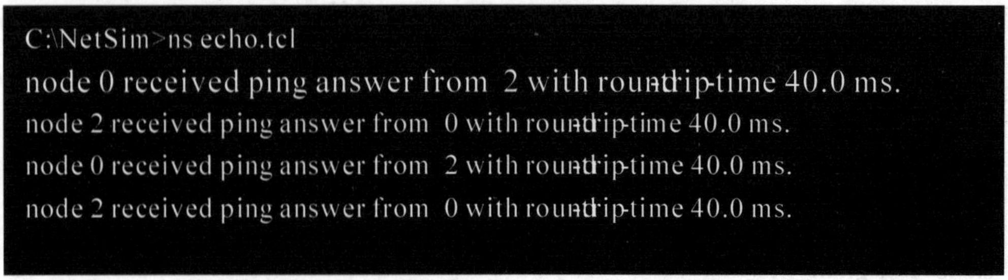

图 25.5 两节点连接时的显示界面

25.5.1 建立 EchoAgent 协议

1. 建立 EchoAgent 所需包的格式

```
struct hdr_echo {
```

```
    double send_time;
    char state;
    static int offset_;
    inline static int& offset( ) { return offset_; }
    inline static hdr_echo * access(const Packet * p) {
    return (hdr_echo * ) p->access(offset_);
}
```

首先,由于本例是希望输出两节点之间的响应时间。因此在自定义的包格式中,需记录时间和状态等信息。

从上面的程序段中可以看出,send_time 为记录发送端传送要求响应的时间,state 为记录包状态的信息,系统时间可由 Scheduler::instance( ).clock( )函数获得,若当 state = 0 时,则表示该包为要求响应的包,当 state = 1 时,则表示该包为目的端响应的包。

但是,由于本例中的包为自定义包,NS2 无法直接使用。为了使得 NS2 能够使用自定义的 struct hdr_echo{ },必须提供一个可供 PacketManager 存取的地方,在自定义的包中加入 offset_参数,并由 Packet::access( )函数获取 struct hdr_echo 内自定义包。

因此,如果要获取 struct hdr_echo 中的数据,可将接收(或传送)的包传入 Packet::access( )中,并在 struct * hdr_echo 中获得相关的包。

2. 继承 Agent 类,并建立 EchoAgent 类

```
class EchoAgent : public Agent {
public:
    EchoAgent( );
    int command(int argc, const char * const * argv);
    void recv(Packet * , Handler * );
    }
```

class Agent{ }为建立协议的 base class,因此欲建立新的协议时,必须继承该对象。

3. 建立C++与 Tcl 间的接口模块

```
int hdr_echo::offset_;
static class EchoHeaderClass : public PacketHeaderClass {
public:
    EchoHeaderClass( ) : PacketHeaderClass("PacketHeader/ECHO",
                                HDR_ECHO SIZE) {
        bind_offset(&hdr_echo::offset_);
    }
}class_echohdr;

static class EchoClass : public TclClass {
public:
    EchoClass( ) : TclClass("Agent/ECHO") { }
    TclObject * create( int, const char * const * ) {
```

```
        return (new EchoAgent( ));
    }
}class_echo;
```

PacketHeaderClass{ }是管理包头的类,因此我们必须给该包头一个名称,并标明其继承关系。而 TclClass{ }为 Tcl 获得C++对象,因此也需要为自定义的协议赋予名称。

4. 为 EchoAgent 类命名

```
EchoAgent::EchoAgent( ) : Agent(PT_ECHO) { }
```

Agent 中最重要的两个函数为:

```
Agent::command(int argc, const char * const * argv);
Agent::recv(Packet * pkt,Handler * );
```

5. 编写 EchoAgent::command( )程序代码

```
int EchoAgent::command(int argc, const char * const * argv) {
    if (argc == 2) {
        if (strcmp(argv[1], "send") == 0) {
            Packet * pkt = allocpkt( );
            struct hdr_echo * hdrcom = (hdr_echo * )hdr_echo::access(pkt);
            hdrcom->state = 0;
            hdrcom->send_time = Scheduler::instance( ). clock( );
            send(pkt, 0);
            return (TCL_OK);
        }
    }
    return (Agent::command(argc, argv));
}
```

6. 编写 EchoAgent::recv( )程序代码

```
void EchoAgent::recv(Packet * pkt, Handler * ){
        struct hdr_ip * hdrip = (hdr_ip * )hdr_ip::access(pkt);
        struct hdr_echo * hdrecho = (hdr_echo * )hdr_echo::access(pkt);
        if (hdrecho->state == 0) { //表示接收到 ping 要求.
            double stime = hdrecho->send_time;
            Packet::free(pkt);
            Packet * pktret = allocpkt( );
            struct hdr_echo * hdrret = (hdr_echo * )
                                   hdr_echo::access(pkt);
            hdrecho->state = 1;
            hdrecho->send_time = stime;
            send(pktret, 0);
        }
```

```
        else {
            char out[100];
            sprintf(out, "%s showecho %d %3.1f", name( ),
            hdrip->src_.addr_ >> Address::instance( ).
            NodeShift_[1],
            (Scheduler::instance( ).clock( )- hdrecho->send_time) * 1000);
            Tcl& tcl = Tcl::instance( ); //创建一个实例
            tcl.eval(out);
            Packet::free(pkt);
        }
    }
```

在 Agent 中,另一个重要函数是 Agent::recv(Packet * pkt, Handler *),该函数的作用是处理接收到的包。

首先,我们对 struct hdr_ip{ }和 struct hdr_echo{ }等结构中得到的数据进行判断。第一,先判断接收到的包为何种状态,在上文中已经提到,本例中包的状态有两种:一是要求响应;二是接收响应。当接收端收到 state = 0 的包时,就将包内的时间记录下来,并将此时间记录写入一个新的包中,将 state 改成 1,再利用 Agent::send( )返回发送端。

当发送端接收到包时,同样先检查 state 的状态,如果 state = 1,则表示该包为目的端处理后的包。在系统时间后,减去包的时间记录,即为目的端的响应时间。

25.5.2 NS2 中自定义协议

在 25.5.1 节中我们已经建立了一个简单的 Agent,在本小节中讲述如何将所建立的 Agent 嵌入 NS2 中。

1. 在 packet.h 中新增 EchoAgent

```
    enum packet_t {
        PT_TCP,
        PT_UDP,
        ......
        PT_AODV,
        PT_ECHO, //add new Agent
        ......
        insert new packet types here
        PT_NTYPE // This MUST be the LAST one
    };
    class p_info {
    public:
        p_info( ) {
            name_[PT_TCP]= "tcp";
            name_[PT_UDP]= "udp";
```

```
        ......
        name_[PT_AODV] = "AODV";
        name_[PT_ECHO] = "ECHO";
        ......
    }
};
```

首先，我们必须在 packet. h 中新增自定义包的定义，以便让 CMUTrace 类能够识别自定义包。

2. 在 CMUTrace 类中增加记录包

```
void CMUTrace::format(Packet * p, const char * why){
  ......
  case PT_GAF:
      break;
      case PT_ECHO:
      break;
  ......
}
```

必须在包的传递过程中拦截包才能为后面的分析所用。因此当程序中拦截到 PT_ECHO 包时，由于在本例中并不需要这些包，因此对这些拦截的包并未给予任何处理而直接跳离处理循环。若没有加入此拦截的话，该包会传递至 default 处，而显示接收到错误型态的包，并且跳出整个处理程序，而无法进行我们所需的实验。

3. 在 ns-lib. tcl 中新增自定义协议

```
Simulator instproc create-wireless-node args {
    ......
    switch-exact $routingAgent_ {
        ECHO {
            set ragent [$self create-echo-agent $node]
        }
        ......
    }
}
```

在进行无线环境模拟时，在 Tcl 程序中，通过 node-config 去设定 node 的选项。

4. 在 ns-lib. tcl 中增加供 Tcl 调用的构造函数

```
Simulator instproc create-echo-agent { node } {
    # Create ECHO routing agent
    set ragent [new Agent/ECHO [$node id]]
    $self at 0.0 "$ragent start"
    $node set ragent_ $ragent
```

```
    return $ ragent
}
```

然后在 ns-lib.tcl 文件中增加 wireless-node 创建实例的函数，通过此函数调用自定义协议的对象，并启动。

5. 在 makefile 中增加 Echo.o 代码

```
OBJ_CC = \
......
aodv/aodv_logs.o aodv/aodv.o \
Echo/echo.o\
......
simulator.o \
$ (OBJ_STL)
```

在新增自定义并将其嵌入 NS2 后，利用 make -f makefile 进行编译。

25.5.3　利用 Tcl 程序操作 C++ 对象

1. 输出由对象传递

```
#Define a "recv" function for the class "Agent/ECHO"
Agent/ECHO instproc showecho {from rtt} {
    $ self instvar node_
    puts "node [ $ node_ id] received ping answer from \
    $ from with round-trip-time $ rtt ms."
}.
```

由 tcl.eval( )函数调用 Tcl 函数，此函数处理显示响应输出的要求，而其中的 $ from 以及 $ rtt 参数由 out 字符串传递。

2. Tcl 脚本文件

无线连接的参数设定如下：

```
set val(nn) 50
set val(rp) ECHO
```

有线连接的程序代码如下：

```
set ns [new Simulator]

set n0 [ $ ns node]
set n1 [ $ ns node]
$ ns duplex-link $ n0 $ n1 1Mb 10ms DropTail

set p0 [new Agent/ECHO]
$ ns attach-agent $ n0 $ p0
set p1 [new Agent/ECHO]
$ ns attach-agent $ n2 $ p1
```

```
$ ns connect $ p0 $ p1

$ ns at 0.2 " $ p0 send"
$ ns at 0.4 " $ p1 send"
$ ns run
```

从上述代码中可以看出，由 Tcl 产生一个 ECHO 新对象，并利用它去进行包的传输处理。

25.6 实例 6：在 NS2 中模拟无线网络

在本节中，我们主要讲述在 NS2 中模拟无线移动网络，主要包括两个部分：①讨论一个简单的有 2 个节点的无线网络；②把第一部分中例子进行扩展，创建更加复杂的无线网络环境。

25.6.1 创建一个简单的无线网络环境

首先，我们创建一个非常简单的网络环境，由两个移动节点组成，分别是 node_(0)和 node_(1)。两个移动节点的活动范围为 500 m×500 m。两个节点起初从两个端点向相反方向运动，在模拟进行到一半时相遇，然后继续向相反方向移动。在两个移动节点间为 TCP 连接，当其中一个节点监听到另一个节点时进行包交换。一旦脱离，包就被丢失。

和其他的网络模拟一样，需要创建一个无线的模拟的 Tcl 脚本。一个移动网络是由链路层(LL)、接口队列(IfQ)、MAC 层、无线通道的节点组成。在 Tcl 脚本中，首先定义每个网络组件的类型，然后定义天线的类型、无线延时模型、ad－hoc 路由协议类型等参数。用数组 val( )来定义这些参数。代码如下：

```
# simple-wireless.tcl
# A simple example for wireless simulation


#
# Define options
#
set val(chan) Channel/WirelessChannel ;# channel type
set val(prop) Propagation/TwoRayGround ; # radio-propagation model
set val(netif) Phy/WirelessPhy ;# network interface type
set val(mac) Mac/802_11 ;# MAC type
set val(ifq) Queue/DropTail/PriQueue ;# interface queue type
set val(ll) LL ;# link layer type
set val(ant) Antenna/OmniAntenna ;# antenna model
set val(ifqlen) 50 ;# max packet in ifq
set val(nn) 2 ;# number of mobilenodes
set val(rp) DSDV ;# routing protocol
```

接下来进入程序的主要部分，先创建一个 simulator 的实例如下：

```
set ns [new simulator]
set tracefd [open simple.tr w]
$ns_ trace-all $tracefd
```

创建网络的拓扑对象，使得节点的移动范围在给定的范围内，大小为500 m×500 m，设置边界的坐标值分别为x=500，y=500。

```
# set up topography object
set topo [new Topography]
$topo load_flatgrid 500 500
```

接下来，创建God对象：

```
Create-god $val(nn)
```

GOD(General Operations Director)对象是用来存储环境状态、网络、节点的全局变量，但是在模拟中并不一定都需要让用户了解。通常情况下，GOD对象存储移动节点的总数以及从一个节点到另一个节点中间需要经过的步数。下一跳的信息通常是从传输的模版文件中在模拟开始前存入到GOD对象中的，这是因为在模拟运行过程中，这种计算是需要花费很多时间的。为了保持本例的简单性，我们不使用移动的模版文件，因此在GOD中就不保存下一跳的信息。

创建GOD对象的过程在文件~ns/tcl/mobility/com.tcl中定义，在模拟过程中只允许创建一个GOD对象的全局实例，另外，在移动节点中，GOD对象是由MAC对象内部调用的。因此即使在本例中没有使用God对象，我们依然要创建它。

接下来，我们创建移动节点。首先，在创建节点之前，需要配置节点。节点的配置包括地址的类型、adhoc路由协议的类型、链路层、MAC层和IfQ等。其配置的代码如下：

```
# configure node
$ns_ node-config -adhocRouting $val(rp) \
        -llType $val(ll) \
        -macType $val(mac) \
        -ifqType $val(ifq) \
        -ifqLen $val(ifqlen) \
        -antType $val(ant) \
        -propType $val(prop) \
        -phyType $val(netif) \
        -channelType $val(chan) \
        -topoInstance $topo \
        -agentTrace ON \
        -routerTrace ON \
        -macTrace OFF \
        -movementTrace OFF
```

所有的设置的默认值都是空，除了addressingType为flat。

其次，创建两个移动节点，代码如下：

```
for {set i 0} {$i < $val(nn) } {incr i} {
```

```
    set node_($i) [$ns_ node]
    $node_($i) random-motion 0; # disable random motion
}
```

目前节点不能随机移动，只有在接下来提供了节点的位置和运动后才可以。现在我们创建移动节点，首先给出它们的位置。代码如下：

```
# Provide initial (X,Y, for now Z=0) co-ordinates for mobilenodes node(0) and node(2)

$node_(0) set X_ 5.0
$node_(0) set Y_ 2.0
$node_(0) set Z_ 0.0

$node_(1) set X_ 390.0
$node_(1) set Y_ 385.0
$node_(1) set Z_ 0.0
```

节点 0 从位置(5,2)开始，节点 1 从(390,385)开始。

下面这段代码是节点的运动过程：

```
# Now produce some simple node movements
# Node_(1) starts to move towards node_(0)
#
$ns_ at 50.0 "$node_(1) setdest 25.0 20.0 15.0"
$ns_ at 10.0 "$node_(0) setdest 20.0 18.0 1.0"

# Node_(1) then starts to move away from node_(0)
$ns_ at 100.0 "$node_(1) setdest 490.0 480.0 15.0"
```

其中，$ns_ at 50.0 "$node_(1) setdest 25.0 20.0 15.0"表示在 50s 节点 1 开始向目标地址(x=25,y=20)以 15m/s 的速度移动。接下来在两个节点间设置传输协议和数据流。将 node0 设为 TCP 连接的源点。代码如下：

```
# Setup traffic flow between nodes
# TCP connections between node_(0) and node_(1)
set tcp [new Agent/TCP]
$tcp set class_ 2
set sink [new Agent/TCPSink]
$ns_ attach-agent $node_(0) $tcp
$ns_ attach-agent $node_(1) $sink
$ns_ connect $tcp $sink
set ftp [new Application/FTP]
$ftp attach-agent $tcp
$ns_ at 10.0 "$ftp start"
```

下面这段代码给出模拟的结束时间，并且重新设置内部网络组件的参数。在 150s 时，模拟过程结束。在稍后的 150.01s 调用 $ ns_halt,将所有的节点复位。代码如下：

```
#
# Tell nodes when the simulation ends
#
for {set i 0} { $i < $val(nn) } {incr i} {
    $ns_ at 150.0 "$node_($i) reset";
}
$ns_ at 150.0 "stop"
$ns_ at 150.01 "puts "ns EXITING..." ; $ns_ halt"
proc stop { } {
    global ns_ tracefd
    $ns_ flush-trace
    close $tracefd
}
```

模拟结束后,创建了跟踪输出文件 tr。由于已经打开了 AgentTrace 和 RouterTrace 两个选项,所以我们可以看到 DSDV 路由信息和 TCP 包信息被节点 0 和节点 1 的 Router 和 Agent 对象所接收或者发送。所有的无线跟踪都是从 WL 开始的,详细的内容看本书的第 16 章。在这个例子中我们可以看到,节点 0 从 10s 开始出现 TCP 流。最初两个节点离得很远,因此节点 0 的 TCP 包被丢弃,是因为节点 0 没有监听到节点 1。大概在 81s 的时候,路由信息开始在两个节点之间进行交换,大约在 100s 的时候,第一个 TCP 包被节点 1 的 Agent 所接收,并且发送 ACK 给节点 0,至此,表明 TCP 连接已建立。但是,随着节点 1 远离节点 0,大约在 116s 的时候 TCP 连接又断开,包又开始被丢失。

25.6.2 利用节点运动、传输模版文件和其他特性模拟无线网络

为了进一步学习,我们把 25.6.1 节的例子扩展成由 3 个节点组成的具有多次反射的无线网络。和前面一样,节点移动的范围已经确定。但是在这个例子中,节点的移动是从一个节点移动的文件中读取的,这个文件的文件名为 scen-3-test。文件 Scen-3-test 定义了在 670 m×670 m范围内的三个移动节点的随机运动。这个文件和其他节点运动文件一样作为 NS2 的一部分存放在～ns/tcl/mobility/scene 目录下。Scen-3-test 可以利用 CMU 的节点运动发生器 setdest 来产生。有关节点运动文件的产生在后面的章节中会有详细的介绍。

对于节点运动来说,传输流就是在节点之间进行的数据流,它可以从传输模板文件中读取,文件名为 cbr-3-test。同样的,cbr-3-test 文件也在～ns/tcl/mobility/scene 目录下。随机的 CBR 和 TCP 流在三个移动节点之间建立,数据包在监听范围之内的节点间被发送、传递或者被接收。阅读文件 cbr-3-test 可以找到更多的已经建立的传输流。传输模板文件同样是利用 CMU 的 TCP/CBR 传输发生器产生的,有关这方面的内容在后面的章节中会有详细的介绍。

下面我们对代码进行分析。

除了上例中的 LL、MAC、天线的参数的设置外,在本例中还需要增加诸如连接模板、节点运动文件、移动拓扑范围、随机数的种子发生器、模拟时间等参数,具体代码如下：

```
#
# Define options
#

set val(chan) Channel/WirelessChannel
set val(prop) Propagation/TwoRayGround
set val(netif) Phy/WirelessPhy
set val(mac) Mac/802_11
set val(ifq) Queue/DropTail/PriQueue
set val(ll) LL
set val(ant) Antenna/OmniAntenna
set val(x) 670 ;# X dimension of the topography
set val(y) 670 ;# Y dimension of the topography
set val(ifqlen) 50 ;# max packet in ifq
set val(seed) 0.0
set val(adhocRouting) DSR
set val(nn) 3 ;# how many nodes are simulated
set val(cp) "../mobility/scene/cbr-3-test"
set val(sc) "../mobility/scene/scen-3-test"
set val(stop) 400.0 ;# simulation time
```

移动节点数为3,采用DSR(动态源路由)作为adhoc的路由协议来替代DSDV(目标序列距离向量)协议。

在创建了simulator的实例后,将wireless1-out.tr作为跟踪文件,同时进行NAM跟踪。代码如下:

```
# create simulator instance
set ns_[new Simulator]

# setup topography object
set topo[new Topography]

# create trace object for ns and nam
set tracefd[open wireless1-out.tr w]
set namtrace [open wireless1-out.nam w]

$ns_ trace-all $tracefd
$ns_ namtrace-all-wireless $namtrace $val(x) $val(y)
```

接下来,源节点运动和连接的模版文件分别在val(sc)和val(cp)中定义:

```
#
# Define node movement model
#
puts "Loading connection pattern..."
```

```
source $val(cp)

#
# Define traffic model
#
puts "Loading scenario file..."
source $val(sc)
```

在节点运动文件 scen－3－test 中，节点的运动命令为：

$ns_ at 50.000000000 "$node_(2) setdest 369.463244915743 \170.519203111152 3.371785899154"

这表示在 50s 时，节点 2 开始向目标(368.4，170.5)以 3.37m/s 的速度移动。

$god_ set－dist 1 2 2

这个命令表示用最少的步数调入 GOD 对象，即表示在节点 1 和节点 2 中最少的步数为 2。通过这些信息，利用 GOD 对象在模拟期间计算节点间最小距离的时间就可以省去了。

Setdest 程序是创建运动模版文件的。由 setdest 产生的节点运动文件已经包含着上述语句在适当的时间调入含有适当信息的 GOD 对象。

Calcdest 程序(～ns/indep－utilities/cmu－scen－gen/setdest/calcdest)通过 God 对象中的信息来注释运动模版文件。在 calcdest 文件中有这样几个假设是关于输入运动模版文件的格式的，如果格式不正确，就会导致失败。如果 caledest 抵制用户创建的运动模版文件，最简单的办法就是修改格式，通常是将它装入 adhoc 中并重新保存。如果 adhoc 可以正确地读出输入，那么它的输出对 calcdest 而言就是合适的。

不论是 setdest 还是 calcdest 在计算节点间最小跳数时都是基于名义上的无线范围，忽略在实际模拟中的任何延时因素。名义上的无线范围通常是由程序中的参数提供或者由节点运动模版文件的头给出。

由 GOD 提供的路径长度信息由 CMU 分析 adhoc 网络路由协议中的路径长度优化方案，因此在 CMUTrace 的跟踪输出文件中显示。

下面这段代码是在 NAM 中提供节点的初始位置。注意只有当前的节点运动可以在 NAM 中看见，而无线网络中数据的传输和数据包的运动在 NAM 中依然是看不见的。

```
# Define node initial position in nam

for {set i 0} {$i < $val(nn)} {incr i} {
    # 20 defines the node size in nam, must adjust it according to your scenario
    # The function must be called after mobility model is defined
    $ns_ initial_node_pos $node_($i) 20
}
```

接下来的代码是在 CMUTrace 文件中增加头信息。如：

```
puts $tracefd "M 0.0 nn $val(nn) x $val(x) y $val(y) rp $val(adhocRouting)"
puts $tracefd "M 0.0 sc $val(sc) cp $val(cp) seed $val(seed)"
puts $tracefd "M 0.0 prop $val(prop) ant $val(ant)"
```

程序运行结束后，生成了 CMUTrace 的输出文件 wireless1－out.tr 和 NAM 的输出文件

wireless1 - out. nam。运行 wireless1 - out. nam 从 CMUTrace 中可以看出,节点 0 和节点 2 超出范围,彼此间不能通信。节点 1 和节点 0,节点 1 和节点 2 之间都在范围之内,因此它们之间可以通信,所有以节点 0 和节点 2 为目标地址的包都通过节点 1 传递。

25.7 实例 7:在 NS2 中模拟有线网络和无线网络混合以及移动 IP

25.7.1 创建一个简单的有线网络和无线网络的混合模型

在上一节中的无线网络的例子是支持多跳的 adhoc 网络或者无线局域网。在本节中主要是模拟连接有线节点的多个局域网,即有线和无线混合的拓扑结构。数据在移动节点和非移动节点间传输。完整的程序代码见文件 wireless2. tcl。

在本例的拓扑中,有 2 个有线节点,分别是 W(0)和 W(1),和无线网络中的 3 个节点(0,1,2)通过基站 BS 进行连接。基站节点就相当于无线网络和有线网络之间的网关,并且允许数据在这两个类型的网络间进行转换。图 25.6 为本例的网络拓扑结构。

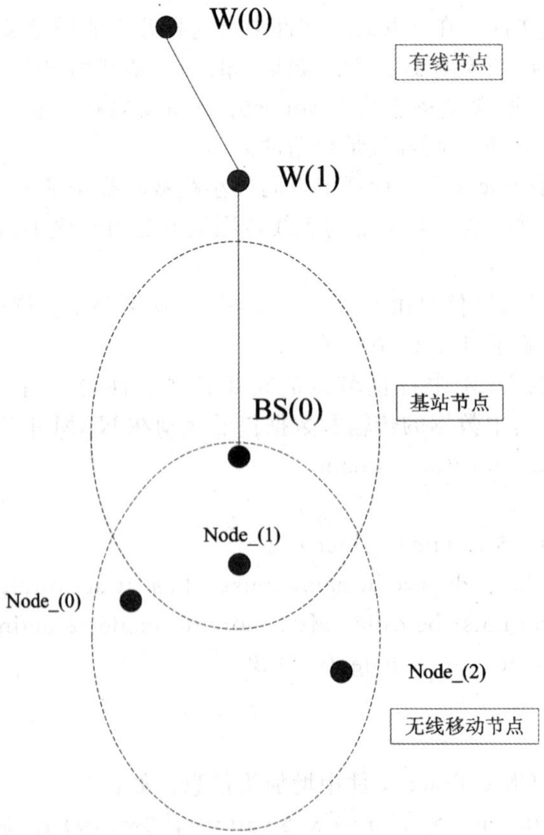

图 25.6 有线和无线混合的网络拓扑图

下面我们只描述与 25.6 节不同的地方。在本例中，adhoc 路由协议为 DSDV，在无线和有线之间的连接为 TCP 和 CBR。所以在本例中不需要传输模版文件。利用数组 opt( )代替 val( )来表示数组 opt( )不再是个全局变量，仅仅是在本例中使用。

```
set opt(adhocRouting) DSDV ;# routing protocol
set opt(cp) "" ;# connection pattern file
set opt(sc) "../mobility/scene/scen-3-test" ;# node movement file.
set opt(stop) 250 ;# time to stop simulation
```

下面代码定义 TCP 流的开始时间：

```
set opt(ftp1-start) 160.0
set opt(ftp2-start) 170.0
```

下面代码定义基站和有线节点的数目：

```
set num_wired_nodes 2
set num_bs_nodes 1
```

接下来，让我们来看主程序。在这里，需要使用分级路由在无线网络和有线网络之间转发数据包。有线节点的路由信息是和路由有关的，但是无线节点间是没有“链路”的概念的，数据包在无线网络中的路由是利用 adhoc 协议在邻居节点间交换路由队列。因此，为了在无线和有线的节点间转发数据包，利用基站充当这两个网络的网关，将无线的节点和有线的节点分别隔离在两个不同的域中，域和子域(在本例中也称为“簇”)是按层次拓扑结构来定义的。代码如下：

```
# set up for hierarchical routing
$ns_ node-config -addressType hierarchical
AddrParams set domain_num_ 2 ;# number of domains
lappend cluster_num 2 1 ;# number of clusters in each domain
AddrParams set cluster_num_ $cluster_num
lappend eilastlevel 1 1 4 ;# number of nodes in each cluster
AddrParams set nodes_num_ $eilastlevel ;# of each domain
```

在上述代码中，首先为节点对象配置地址类型为分级地址(Hierarchical)。其次，是定义拓扑层次结构。在本例中，定义了两个域(一个有线域和一个无线域)。在域中的簇的数目为“2-1”，表示在有线域中有 2 个簇，在无线域中有 1 个簇。下一行定义了每个簇中的节点数为“1-1-4”，表示在有线域的两个簇中每个簇有 1 个节点，在无线域中的簇中有 4 个节点。因此这个拓扑结构是个三层结构。

接下来设置模拟的跟踪文件。在有线和无线混合的模拟网络中跟踪也是由有线和无线两者产生的，并且都写在跟踪文件 wireless2-our.tr 中。为了将无线跟踪从有线跟踪中区别出来，所有的无线跟踪都以“WL”开头。

```
set tracefd [open wireless2-out.tr w]
set namtrace [open wireless2-out.nam w]
$ns_ trace-all $tracefd
$ns_ namtrace-all-wireless $namtrace $opt(x) $opt(y)
```

接下来是创建有线、无线和基站的节点。所有节点的创建都必须使用节点的分级地址。

所以，有线节点的创建如下：

```
#create wired nodes
set temp {0.0.0 0.1.0} ;# hierarchical addresses for wired domain
for {set i 0} { $i < $num_wired_nodes} {incr i} {
     set W( $i) [ $ns_ node [lindex $temp $i]]
}
```

创建基站节点时需要配置节点的结构。这就需要配置新节点的 API。由于基站节点是有线网络和无线网络的网关，所以它需要具备有线路由的机制，这就要求把节点配置选项中的 wiredRouting 设为“ON”。基站节点配置完毕后，配置无线节点，将 wiredRouting 选项设为“OFF”。基站节点配置的其他选项和移动节点相同。在无线域中，BS(0)作为所有移动节点的基站节点，所有的从移动节点发出、目标在无线域之外的数据包将从移动节点传递给它们的基站节点。

基站节点和在同一个域中的无线节点是同等重要的。所有从有线域发出的目标为无线域的数据包将先到达基站，然后利用 adhoc 路由协议将它转发给正确的目标节点。因此，将有线和无线节点混合模拟是非常有必要的。

(1)将分级路由打开；

(2)分别创建有线和无线的不同的域可以模拟复杂的网络结构；

(3)在每个无线域设立一个基站，这样无线节点就可以和无线域以外的节点进行通信。

让我们分步骤来分析如何创建分级路由。域 0 为有线域，域 1 为无线域。两个有线节点分别放在 2 个分开的簇中，簇 0 和簇 1。因此它们的地址分别为 0.0.0 和 0.1.0。

对无线节点来说，在域 1 中，只有一个簇，所以所有的节点都在这个簇中。地址为：

基站节点为：1.0.0；

无线节点 1：1.0.1；

无线节点 2：1.0.2；

无线节点 3：1.0.3。

```
# configure for base-station node
$ns_ node-config -adhocRouting $opt(adhocRouting) \
     -llType $opt(ll) \
     -macType $opt(mac) \
     -ifqType $opt(ifq) \
     -ifqLen $opt(ifqlen) \
     -antType $opt(ant) \
     -propType $opt(prop) \
     -phyType $opt(netif) \
     -channelType $opt(chan) \
          -topoInstance $topo \
          -wiredRouting ON \
          -agentTrace ON \
          -routerTrace OFF \
```

```
        -macTrace OFF

# create base-station node
set temp {1.0.0 1.0.1 1.0.2 1.0.3}        ;# hier address to be used for
                                          # wireless domain
set BS(0) [$ns_ node [lindex $temp 0]]
$BS(0) random-motion 0 ;# disable random motion

# provide some co-ord (fixed) to base station node
$BS(0) set X_ 1.0
$BS(0) set Y_ 2.0
$BS(0) set Z_ 0.0

# create mobilenodes in the same domain as BS(0)
# note the position and movement of mobilenodes is as defined
# in $opt(sc)

# configure for mobilenodes
$ns_ node-config -wiredRouting OFF

  for {set j 0} {$j < $opt(nn)} {incr j} {
     set node_($j) [ $ns_ node [lindex $temp \
     [expr $j+1]] ]
     $node_($j) base-station [AddrParams addr2id \
     [$BS(0) node-addr]]
  }
```

接下来,连接有线节点和BS,并且在无线节点、node_(0)和有线节点W(0)、W(1)和node_(2)之间设置TCP传输,代码如下:

```
# create links between wired and BS nodes

$ns_ duplex-link $W(0) $W(1) 5Mb 2ms DropTail
$ns_ duplex-link $W(1) $BS(0) 5Mb 2ms DropTail

$ns_ duplex-link-op $W(0) $W(1) orient down
$ns_ duplex-link-op $W(1) $BS(0) orient left-down

# setup TCP connections
set tcp1 [new Agent/TCP]
```

```
 $ tcp1 set class_ 2
set sink1 [new Agent/TCPSink]
 $ ns_ attach - agent  $ node_(0)  $ tcp1
 $ ns_ attach - agent  $ W(0)  $ sink1
 $ ns_ connect  $ tcp1  $ sink1
set ftp1 [new Application/FTP]
 $ ftp1 attach - agent  $ tcp1
 $ ns_ at  $ opt(ftp1 - start) " $ ftp1 start"

set tcp2 [new Agent/TCP]
 $ tcp2 set class_ 2
set sink2 [new Agent/TCPSink]
 $ ns_ attach - agent  $ W(1)  $ tcp2
 $ ns_ attach - agent  $ node_(2)  $ sink2
 $ ns_ connect  $ tcp2  $ sink2
set ftp2 [new Application/FTP]
 $ ftp2 attach - agent  $ tcp2
 $ ns_ at  $ opt(ftp2 - start) " $ ftp2 start"
```

运行这个脚本，得到跟踪文件 wireless2 - out. tr，从中我们看到，在 160s 时，在 node_(0) 和 W(0)之间建立 TCP 连接。在 170s 的时候，另一个 TCP 连接在相反方向建立，从有线域到无线域。

25.7.2 运行移动 IP

到目前为止，我们已经创建了有线和无线的混合网络模型，并且通过基站在有线和无线之间进行了数据交换。但是，如果移动节点漫游到它的基站域以外是否还能够接收到以它为目的的数据包，换句话说，就是在上一小节创建的网络模型中应该支持移动 IP。

在这个例子中，在有线域中依然有 2 个有线节点，分别是 W(0)和 W(1)；有两个基站节点，分别是家代理 HomeAgent(HA)和外代理 ForeignAgent(FA)。有线节点 W1 和 HA，FA 相连，如图 25.7 所示。有一个漫游移动节点为 MobileHost(MH)，在家代理和外代理之间移动。我们在 W0 和 MH 之间建立 TCP 流。当 MH 移出它的 HA 域进入 FA 域时，可以观察到以 MH 为目的的数据包是如何由它的 HA 到 FA 作为移动 IP 协议而改变方向。

下面的代码修改移动节点的数量和模拟时间：

```
set opt(nn) 1    ;#  number of mobilenodes
set opt(stop) 250                 ;#  time to stop simulation
```

定义 MH 的运动的同时设置 TCP 连接，因此要使用 cp 和 sc 文件。如：

```
set opt(cp) ""    ;#  cp file not used
set opt(sc) ""    ;#  node movement file.
```

定义 TCP 流的开始时间，如：

```
set opt(ftp1 - start) 100.0
```

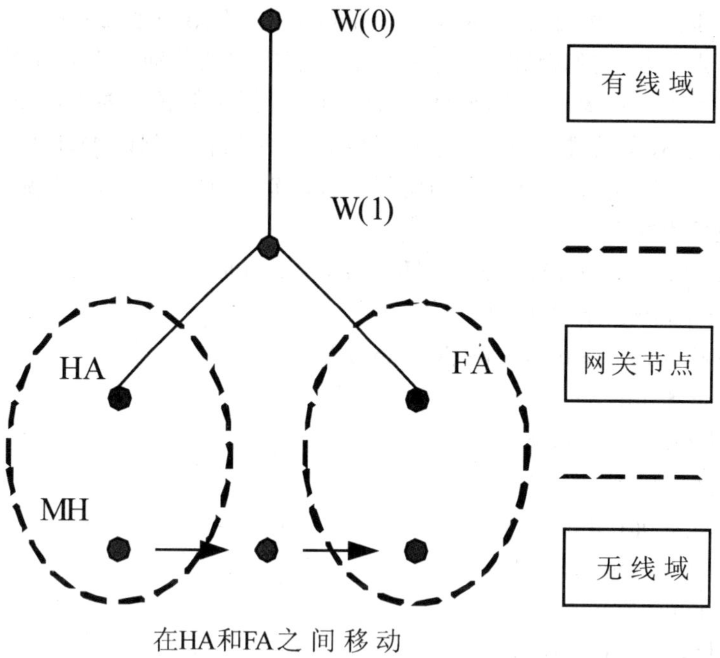

图 25.7　移动 IP 的网络拓扑图

改变有线节点、基站节点和移动节点的数量。但是在脚本文件中是没有 num_bs_nodes 变量的，基站节点 HA 和 FA 是独立创建和处理的。

```
set num_bs_nodes 2 ;# this is not really used here.
```

接下来的代码是用来设置网络拓扑的层次结构，除了在本例中有第三个域以外，其他都和上一节的定义非常相似。

```
# set up for hierarchical routing
$ ns_ node-config -addressType hierarchical

AddrParams set domain_num_ 3     ;# number of domains
lappend cluster_num 2 1 1    # number of clusters in each
                             # domain
AddrParams set cluster_num_ $ cluster_num
lappend eilastlevel 1 1 2 1    ;# number of nodes in each cluster
AddrParams set nodes_num_ $ eilastlevel ;# of each domain
```

接下来设置 NS2 的跟踪文件和 NAM 的显示文件。

```
set tracefd [open wireless3-out. tr w]
set namtrace [open wireless3-out. nam w]
$ ns_ trace-all $ tracefd
$ ns_ namtrace-all-wireless $ namtrace $ opt(x) $ opt(y)
```

在本例的拓扑结构中，有一个有线域(定义为0)和两个无线域(分别定义为1和2)。因此有线节点的地址和上一节相同，分别是0.0.0和0.1.0。在第一个无线域中(域1)，有基站节点HA和移动节点MH，它们都在同一个簇中。它们的地址分别为1.0.0和1.0.1。在第二个无线域中(域2)，有一个基站FA，地址为2.0.0。根据本例题的要求，MH将要移动到FA的域中，我们要观察从有线域中出发的包利用移动IP协议转发到以MH为目标的域中。

有线节点在前面已经创建，接下来创建两个基站节点，HA和FA。在配置节点时，需要将mobileIP选项设置为“ON”。

```
# Configure for ForeignAgent and HomeAgent nodes
$ ns_ node-config -mobileIP ON \
      -adhocRouting $ opt(adhocRouting) \
      -llType $ opt(ll) \
      -macType $ opt(mac) \
      -ifqType $ opt(ifq) \
      -ifqLen $ opt(ifqlen) \
      -antType $ opt(ant) \
      -propType $ opt(prop) \
      -phyType $ opt(netif) \
      -channelType $ opt(chan) \
      -topoInstance $ topo \
      -wiredRouting ON \
      -agentTrace ON \
      -routerTrace OFF \
      -macTrace OFF
# Create HA and FA
set HA [ $ ns_ node 1.0.0]
set FA [ $ ns_ node 2.0.0]
$ HA random-motion 0
$ FA random-motion 0

# Position (fixed) for base-station nodes (HA & FA).
$ HA set X_ 1.000000000000
$ HA set Y_ 2.000000000000
$ HA set Z_ 0.000000000000

$ FA set X_ 650.000000000000
$ FA set Y_ 600.000000000000
$ FA set Z_ 0.000000000000
```

接下来创建移动主机。在这之前，我们已经在创建移动节点之前将选项wiredRouting设置为“OFF”。HA对于移动主机而言被设置为家代理，MH的地址被称为care-of-address

(COA)。由于 MH 和基站之间的交换,因此基站地址也是 MH 的 COA。HA 的地址是 MH 的 COA,当 MH 移动到 FA 域中时,它的 COA 就变为 FA 的 COA。

```
# create a mobilenode that would be moving between HA and # FA.
# note address of MH indicates its in the same domain as HA.
$ ns_ node-config -wiredRouting OFF

set MH [$ ns_ node 1.0.1]
set node_(0) $ MH
set Haaddress [AddrParams addr2id [$ HA node-addr]]
[$ MH set regagent_] set home_agent_ $ Haaddress

# movement of the MH
$ MH set Z_ 0.000000000000
$ MH set Y_ 2.000000000000
$ MH set X_ 2.000000000000

# MH starts to move towards FA
$ ns_ at 100.000000000000 "$ MH setdest 640.000000000000 610.000000000000 20.000000000000"
# goes back to HA
$ ns_ at 200.000000000000 "$ MH setdest 2.000000000000 2.000000000000 20.000000000000"
```

接下来,在有线和 HA/FA 之间建立链路并设置 TCP 连接。

```
# create links between wired and BaseStation nodes
$ ns_ duplex-link $ W(0) $ W(1) 5Mb 2ms DropTail
$ ns_ duplex-link $ W(1) $ HA 5Mb 2ms DropTail
$ ns_ duplex-link $ W(1) $ FA 5Mb 2ms DropTail

$ ns_ duplex-link-op $ W(0) $ W(1) orient down
$ ns_ duplex-link-op $ W(1) $ HA orient left-down
$ ns_ duplex-link-op $ W(1) $ FA orient right-down

# setup TCP connections between a wired node and the
# MobileHost

set tcp1 [new Agent/TCP]
$ tcp1 set class_ 2
set sink1 [new Agent/TCPSink]
$ ns_ attach-agent $ W(0) $ tcp1
```

```
$ ns_ attach-agent $MH $sink1
$ ns_ connect $tcp1 $sink1
set ftp1 [new Application/FTP]
$ ftp1 attach-agent $tcp1
$ ns_ at $opt(ftp1-start) "$ftp1 start"
```

这个脚本运行后，会出现一个提示："warning: Route to base_stn not known: dropping pkt"。这表示 MH 从一个基站域移动到域时，中间出现了间断，这是因为对某些基站而言，它可能还没有注册，因此基站不知道是谁以它为目标向它发数据包。该脚本运行结束后，产生跟踪输出文件 wireless3-out.tr 和 wireless3-out.nam。

25.8 实例 8：复杂无线网络中创建节点运动和传输连接文件

在 25.6 节和 25.7 节的实例中，我们都使用了传输模板和节点运动文件。在这一节中，我们主要介绍如何使用 CMU 来创建这些文件。这一节分为两小节，第一小节介绍传输模板产生的脚本，以及工作原理和它产生的随机 TCP 流和 CBR 流。第二小节介绍 CMU 的节点运动发生器 setdest，用来创建移动节点的随机运动。

25.8.1 为无线网络创建随机传输模板

利用移动节点间的传输场景发生器脚本可以设置随机的 TCP 和 CBR 传输连接。传输发生器的脚本文件为 cbrgen.tcl，在~ns/indep-utils/cmu-scen-gen 目录下。它的作用是在无线移动节点间建立 CBR 和 TCP 传输连接。为了创建一个传输连接文件，需要首先定义传输连接类型，是 CBR 还是 TCP，然后定义节点的数目和它们之间建立的最大连接数，在 CBR 连接中的随机种子以及计算 CBR 数据包的内部时间比率等。

```
ns cbrgen.tcl [-type cbr|tcp] ]-nn nodes] [-seed seed] [-mc connnects] [-rate rate]
```

TCP/CBR 连接的起始时间是随机的，但是最大不超过 180s。例如，如果要在 10 节点之间创建 CBR 连接，最大连接数为 8，种子值为 1.0，比率为 4.0，其语句如下：

```
ns cbrgen.tcl -type cbr -nn 10 -seed 1.0 -mc 8 -rate 4.0 >cbr-10-test
```

文件 cbr-10-test 被创建，其中一个 CBR 连接如下：

```
#
# 2 connecting to 3 at time 82.557023746220864
#
set udp_(0) [new Agent/UDP]
$ ns_ attach-agent $node_(2) $udp_(0)
set null_(0) [new Agent/Null]
$ ns_ attach-agent $node_(3) $null_(0)
set cbr_(0) [new Application/Traffic/CBR]
```

```
$ cbr_(0) set packetSize_ 512
$ cbr_(0) set interval_ 0.25
$ cbr_(0) set random_ 1
$ cbr_(0) set maxpkts_ 10000
$ cbr_(0) attach - agent $ udp_(0)
$ ns_ connect $ udp_(0) $ null_(0)
$ ns_ at 82.557023746220864 " $ cbr_(0) start"
```

同样,TCP 连接只需将类型改为 TCP 即可,例如:

```
ns cbrgen.tcl - type tcp - nn 25 - seed 0.0 - mc 8 > tcp - 25 - test
```

详细的内容如下:

```
#
# 5 connecting to 7 at time 163.0399642433226
#
set tcp_(1) [ $ ns_ create - connection TCP $ node_(5) TCPSink
$ node_(7) 0]
$ tcp_(1) set window_ 32
$ tcp_(1) set packetSize_ 512
set ftp_(1) [ $ tcp_(1) attach - source FTP]
$ ns_ at 163.0399642433226 " $ ftp_(1) start"
```

25.8.2　为无线网络创建节点运动

节点运动的文件为 setdest.{cc,h},在目录～ns/indep - utils/cmu - scen - gen/setdest 下,CMU 的 setdest 版本依照/dev/random 的版本。为了编辑 setdest.cc,需要完成以下工作:

(1)在 NS2 目录下运行 configure;

(2)进入 indep - utils/cmu - scen - gen/setdest 目录,运行 make,生成可执行的 setdest;

(3)运行下面命令:

```
./setdest [ - n num_of_nodes] [ - p pausetime] [ - s maxspeed] [ - t simtime] \[ - x
maxx] [ - y maxy] > [outdir/movement - file]
```

假设我们希望创建一个由 20 个节点组成,最大运动速度为 10.0 m/s,平均每 2 s 一次运动暂停的节点运动场景;模拟时间为 200 s,运动拓扑边界为 500×500。命令如下:

```
./setdest - n 20 - p 2.0 - s 10.0 - t 200 - x 500 - y 500 > scen - 20 - test
```

输出文件为 scen - 20 - test,文件中首先定义了节点的初始位置和节点的运动:

```
$ ns_ at 2.000000000000 " $ node_(0) setdest 90.441179033457 44.896095544010
1.373556960010"
```

节点 0 在 2 s 开始向目标(90.44, 44.89)运动,速度为 1.37 m/s。这些命令可以改变移动节点的方向和速度。

对象 GOD 用来存储环境、网络、节点等的全球信息,但是对模拟中的对象而言可能是不透明。

目前，GOD 对象仅仅是个数组，用来存储从一个节点到另一个节点的最小跳数，但是不是在模拟运行期间计算的，因为这样计算需要花费比较长的时间。利用下面的语句将上述信息调入到 GOD 对象中：

```
$ ns_ at 899.642 "$ god_ set-dist 23 46 2"
```

表示在 899.642s 节点 23 和节点 46 之间的最小路径变为 2。

参考文献

[1] The Network Simulator - NS2 - 2. http://www. isi. edu/NS2nam/NS2.
[2] The Network Simulator NS2 - 2. http://www. isi. eud.
[3] NS2 教学手册. http://140. 116. 72. 80/~smallko/NS2/NS2. htm.
[4] NS2 by Example. http://nile. wpi. edu/NS2/.
[5] Tcl Manual Page. http://www. tcl. tk/man/.
[6] http://www. tclchina. com.